教育部实用型信息技术人才培养系列教材

Java

程序设计

教程与上机实验

边金良 孙红云 | 编著

全国信息技术应用培训教育工程工作组 | 审定

人民邮电出版社

北 京

图书在版编目（CIP）数据

Java程序设计教程与上机实验 / 边金良，孙红云编
著. -- 北京 : 人民邮电出版社，2015.5
教育部实用型信息技术人才培养系列教材
ISBN 978-7-115-38222-1

Ⅰ. ①J… Ⅱ. ①边… ②孙… Ⅲ. ①JAVA语言－程序
设计－教材 Ⅳ. ①TP312

中国版本图书馆CIP数据核字(2015)第040089号

内 容 提 要

本书是在编者多年从事 Java 教学和项目开发的基础上编写而成的，以面向对象的编程思想为指导，通过大量的项目案例，详细讲述了 Java 程序设计的基本方法和技巧。

全书共 11 章，第 1 章主要讲解 Java 的基础知识；第 2 章主要介绍 Java 语言的程序基础，包括 Java 中的常量和变量、运算符、语句、数组和方法。第 3～4 章主要介绍面向对象的程序设计，包括继承、封装和多态。第 5～11 章主要介绍 Java 语言中的一些高级应用，包括异常处理机制、线程、常用 API、IO 输入输出、图形用户界面、网络编程、Java 数据库操作等。

本书知识点讲解精细，编程实例切合工作实际，具有很强的操作性和代表性。通过本书的学习，读者能在快速掌握 Java 语言核心内容的基础上，学会使用 Java 语言进行程序开发的流程、方法和技巧。

本书不仅可以作为高等学校、高职高专院校的教材，也可以作为相关培训机构的培训教材。同时，对于正在使用 Java 作为编程语言的程序员也有一定的参考价值。

◆ 编　著　边金良　孙红云
　　责任编辑　李　莎
　　责任印制　杨林杰

◆ 人民邮电出版社出版发行　　北京市丰台区成寿寺路 11 号
　　邮编 100164　　电子邮件 315@ptpress.com.cn
　　网址 http://www.ptpress.com.cn
　　北京鑫正大印刷有限公司印刷

◆ 开本：787×1092　1/16
　　印张：18.5
　　字数：491 千字　　　　　　　　　2015 年 5 月第 1 版
　　印数：1 - 2 500 册　　　　　　　2015 年 5 月北京第 1 次印刷

定价：39.00 元

读者服务热线：(010)81055410　印装质量热线：(010)81055316
反盗版热线：(010)81055315

教育部实用型信息技术人才培养系列教材编辑委员会

（暨全国信息技术应用培训教育工程专家组）

主任委员　　侯炳辉　　（清华大学　教授）

委　　员　　（以姓氏笔划为序）

方美琪　　（中国人民大学　教授）

甘仞初　　（北京理工大学　教授）

孙立军　　（北京电影学院动画学院　院长）

刘　灵　　（中国传媒大学广告学院　副院长）

许　平　　（中央美术学院设计学院　副院长）

张　骏　　（中国传媒大学动画学院　副院长）

陈　明　　（中国石油大学　教授）

陈　禹　　（中国人民大学　教授）

杨永川　　（中国人民公安大学　教授）

彭　澎　　（云南财经大学现代艺术设计学院　教授）

蒋宗礼　　（北京工业大学　教授）

赖茂生　　（北京大学　教授）

执行主编　　薛玉梅　（全国信息技术应用培训教育工程负责人
　　　　　　　　　　　教育部教育管理信息中心开发处处长 高级工程师）

执行副主编

于　泓　　（教育部教育管理信息中心）

王彦峰　　（教育部教育管理信息中心）

薛　佳　　（教育部教育管理信息中心）

出　版　说　明

　　信息化是当今世界经济和社会发展的大趋势，也是我国产业优化升级和实现工业化、现代化的关键环节。信息产业作为一个新兴的高科技产业，需要大量高素质复合型技术人才。目前，我国信息技术人才的数量和质量远远不能满足经济建设和信息产业发展的需要，人才的缺乏已经成为制约我国信息产业发展和国民经济建设的重要瓶颈。信息技术培训是解决这一问题的有效途径，如何利用现代化教育手段让更多的人接受到信息技术培训是摆在我们面前的一项重大课题。

　　教育部非常重视我国信息技术人才的培养工作，通过对现有教育体制和课程进行信息化改造、支持高校创办示范性软件学院、推广信息技术培训和认证考试等方式，促进信息技术人才的培养工作。经过多年的努力，培养了一批又一批合格的实用型信息技术人才。

　　全国信息技术应用培训教育工程（又称 ITAT 教育工程）是教育部于 2000 年 5 月启动的一项面向全社会进行实用型信息技术人才培养的教育工程。ITAT 教育工程得到了教育部有关领导的肯定，也得到了社会各界人士的关心和支持。通过遍布全国各地的培训基地，ITAT 教育工程建立了覆盖全国的教育培训网络，对我国的信息技术人才培养事业起到了极大的推动作用。

　　ITAT 教育工程被专家誉为"有教无类"的平民学校，以就业为导向，以大、中专院校学生为主要培训目标，也可以满足职业培训、社区教育的需要。培训课程能够满足广大公众对信息技术应用技能的需求，对普及信息技术应用起到了积极的作用。据不完全统计，在过去 8 年中共有 150 余万人次参加了 ITAT 教育工程提供的各类信息技术培训，其中有近 60 万人次获得了教育部教育管理信息中心颁发的认证证书。ITAT 教育工程为普及信息技术、缓解信息化建设中面临的人才短缺问题做出了一定的贡献。

　　ITAT 教育工程聘请来自清华大学、北京大学、人民大学、中央美术学院、北京电影学院、中国传媒大学等单位的信息技术领域的专家组成专家组，规划教学大纲，制订实施方案，指导工程健康、快速地发展。ITAT 教育工程以实用型信息技术培训为主要内容，课程实用性强，覆盖面广，更新速度快。目前工程已开设培训课程 20 余类，共计 50 余门，并将根据信息技术的发展，继续开设新的课程。

　　本套教材由清华大学出版社、人民邮电出版社、机械工业出版社、北京希望电子出版社等出版发行。根据教材出版计划，全套教材共计 60 余种，内容将汇集信息技术应用各方面的知识。今后将根据信息技术的发展不断修改、完善、扩充，始终保持追踪信息技术发展的前沿。

　　ITAT 教育工程的宗旨是：树立民族 IT 培训品牌，努力使之成为全国规模最大、系统性最强、质量最好，而且最经济实用的国家级信息技术培训工程，培养出千千万万个实用型信息技术人才，为实现我国信息产业的跨越式发展做出贡献。

全国信息技术应用培训教育工程负责人　薛玉梅

系列教材执行主编

编 者 的 话

Java 是目前最为流行的网络开发语言之一，目前已经在桌面级、企业级以及移动通信方面得到了广泛的应用。本书以 Java 2 为基础，以 Eclipse 作为开发工具，全面介绍了 Java 程序设计的知识。

本书内容及特点

本书重点讲解了 Java 程序设计的基础知识，自始至终贯彻"边用边学，实例导学"的思想模式，在内容的安排上，充分考虑到初学者的接受能力和实际需要，首先将相关知识融合到短小精悍的实际案例中进行详细讲解，最后通过对实际项目案例的操作，对相关知识进行综合巩固，教会读者运用 Java 进行程序设计的方法。另外，为了使读者做到手脑结合、理论与实践相结合，真正掌握并巩固所学知识，在每章最后都安排了习题与操作题。

本书共 11 章，具体内容如下。

第 1 章：Java 基础概述。本章主要对 Java 语言做了一个简单的介绍，具体包括 Java 的发展简史及特点，Java 开发环境的搭建，JDK 的下载与安装，编写、编译和运行 Java 应用程序，Eclipse 的下载及使用等。

第 2 章：Java 程序基础。本章主要讲解了 Java 的编程基础，具体包括 Java 中的常量和变量，Java 中的运算符，Java 中的各种语句，数组的各种语言、数组的使用方法等。

第 3 章：面向对象程序设计。本章主要讲解了 Java 面向对象程序设计的基础，具体包括面向对象和面向过程的区别、类和对象、对象在内存中的存储、类的封装、类的构造方法、this 关键字的用法、static 关键字的作用等。

第 4 章：面向对象的高级属性。本章主要讲解了 Java 面向对象程序设计的高级属性，具体包括继承、final 关键字、多态、抽象类和接口、包等。

第 5 章：Java 的异常处理机制。本章主要讲解了 Java 中对异常的处理，具体包括异常和异常处理、Java 中异常的体系结构、异常捕获和异常处理、throws 关键字、自定义异常等。

第 6 章：线程。本章主要讲解了 Java 中线程的基本知识，具体包括进程和线程、单线程和多线程、多线程的创建、后台线程和前台线程、联合线程、线程的安全问题、同步代码块、同步函数、线程的死锁、线程的各个状态等。

第 7 章：Java 常用 API。本章主要讲解了 Java API 的知识，具体包括 API 的作用、String 类和 StringBuffer 类、基本数据类型的包装类、Collection 接口和 Map 接口、System 类和 Runtime 类等。

第 8 章：IO 输入输出。本章主要讲解了 Java IO 输入流和输出流的知识，具体包括 File 类、RandomAccessFile 操作文件、流的概念和分类、字符流和字节流的转换、IO 包中类层次的关系等。

第 9 章：图形用户界面。本章主要讲解了 Java 图形用户界面的知识，具体包括图形用户界面所用到的包和常用术语、常用的容器类、常用组件、AWT 事件处理的机制、布局管理器等。

第 10 章：网络编程。本章主要讲解了 Java 网络通信的知识，具体包括网络编程的基础知识和基础概念、TCP 和 UDP、Socket、URL 等。

第 11 章: Java 数据库操作。本章主要讲解了 Java 操作数据库的知识, 具体包括 JDBC 的用途、JDBC 的体系结构、JDBC 访问数据库的步骤等。

随书教学资料包

为了使读者能更好地学习、使用本书, 本书提供以下教学资料包, 该资料包可在人民邮电出版社教育服务与资源网（http://www.ptpedu.com.cn）上下载。

Java 源程序文件: 本书所有案例的源代码文件。

视频文件: 本书所有案例的视频文件。

读者对象

本书主要面向初级用户, 尤其适合立志从事 Java 程序开发的人员或相关专业的学生。

本书由边金良、孙红云执笔。此外, 参加本书编写的还有史宇宏、张传记、白春英、陈玉蓉、林永、刘海芹、卢春洁、秦真亮、史小虎、孙爱芳、唐美灵、王莹、张伟、徐丽、张伟、赵明富、朱仁成、王海宾、樊明、张洪东、罗云风、郑成栋、安述照等。在此感谢所有关心和支持我们的同行们。由于编者水平有限, 书中难免有不妥之处, 恳请广大读者批评指正。

我们的联系信箱是 lisha@ptpress.com.cn, 欢迎读者来信交流。

编　者

目　　录

第1章
Java 基础概述

📖 **学习目标**

学习有关 Java 的基本知识,并能用 Java 开发一个简单的程序,掌握 Java 程序的结构。主要内容包括 Java 语言平台、Java 程序接口、Java 运行环境的搭建、Java 常用术语介绍、Java 程序的开发方式、Java 程序的组成结构以及 Java 中的标识符和关键字等。同时,通过完成本章上机实训,更好地掌握 Java 的基本框架。

📖 **学习重点**

掌握 Java 开发环境的搭建,主要是 JDK 的下载与安装;能够编写、编译和运行 Java 应用程序;掌握 Eclipse 的下载及使用。

📖 **主要内容**

◆ Java 语言简介
◆ Java 开发环境的搭建
◆ Java 中的常用术语
◆ Java 程序的开发方式
◆ Java 中的标识符和关键字
◆ Java 程序的组成结构
◆ Java 源程序的结构与分析
◆ 上机实训
◆ 编写程序过程中常见的问题

1.1 Java 语言简介

Java 是由 Sun Microsystems 公司（简称 Sun 公司）于 1995 年 5 月推出的一种适合于各类计算环境、纯面向对象的高级计算机编程语言。随着其功能的不断完善，Java 已逐步从一种单纯的计算机高级编程语言发展成为一种重要的 Internet 平台，被广泛应用于企业系统开发、桌面系统开发，以及消费电子产品软件开发等方面。这一节首先了解 Java 语言的平台及特点。

1.1.1 了解 Java 语言平台及其应用编程接口

Java 平台是由 Java 虚拟机和 Java 应用编程接口构成的。Java 引进了虚拟机原理，并运行于虚拟机中。同时，Java 应用编程接口为独立于操作系统的标准接口，这使得用户在个人计算机硬件或操作系统平台上安装一个 Java 平台之后，就可以顺利运行 Java 应用程序。现在，Java 平台又嵌入了几乎所有的操作系统，这样，用户只要编译一次 Java 程序，就可以在各种系统中顺利运行。

1.1.2 Java 语言的特点

Java 作为一款高级计算机编程语言，其具有以下特点。

◆ 跨平台与数据共享的特点。

由于 Java 引进了虚拟机原理，并运行于虚拟机中，Java 虚拟机（Java Virtual Machine）又是建立在硬件和操作系统之上的，它实现了 Java 二进制代码的解释执行功能，提供了不同平台的接口，因此，使用 Java 编写的程序能运行于各种操作系统，并能在世界范围内进行数据共享。

提示：Java 语言的跨平台，可以理解为任何写好的 Java 程序既可以运行在 Windows 平台上也可以运行在 Linux 平台上，目前流行的 Android 智能机的应用程序就是 Linux 平台上运行的 Java 应用程序。

◆ 易掌握与安全可靠的特点。

Java 的编程类似于 C++的编程，对于有 C++语言基础的用户来说，掌握 Java 的精髓是轻而易举的事，即使是没有 C++语言基础的用户，只要用心学习，也能轻松掌握 Java 的编程技能。另外，Java 舍弃了 C++的指针对存储器地址的直接操作，程序运行时，内存由操作系统来分配，这样就避免了病毒通过指针侵入系统，非法访问 Java 语言，因此，Java 的安全可靠是其他计算机语言无法比拟的。

◆ 程序的简洁性和易于维护的特点。

由于 Java 吸取了 C++面向对象的概念，将数据封装于类中，用户只须把主要精力用在类和接口的设计和应用上，只须编写一次程序代码，就可以利用类的封装性、继承性等优点，对程序进行反复利用，这就使得 Java 程序更简洁和便于维护。

◆ 子类单一继承父类的特点。

Java 提供了众多的一般对象的类，类的继承关系是单一的，而非多重的。一个子类只有一个父类，子类的父类又有一个父类，其相互关系成树状，树的根部就相当于父类，为 Object 类。Object 类功能强大，它所派生的子类就相当于树的枝杈。在 Java 程序开发中，经常会使用 Object 类来派生出其他子类，子类通过继承可以使用父类。这种子类单一继承父类的特点，即使得 Java 用户在编写程序时省却了许多重复性的工作，同时也使程序便于维护。

◆ 方便的网络文件的使用特点。

Java 建立在扩展 TCP/IP 网络平台上，库函数提供了用 HTTP 和 FTP 协议传送和接收信息的方法，这使得用户使用网络上的文件时非常方便，如同使用本机文件一样。

◆ 强大的数据检测的特点。

计算机程序在编译和运行的过程中出错是难免的，一旦程序出错，要想快速、准确地找到出错的原因似乎不太容易。Java 自己操纵内存，同时实现了真数组；另外，Java 还提供了 Null 指针检测、数组边界检测、异常出口、Byte Code 校验等功能，因此减少了内存出错和覆盖数据的可能性；其类型检查还能够帮助用户检查出开发早期出现的许多错误。Java 的这些功能特征,大大缩短了开发 Java 应用程序的周期。

1.2 Java 开发环境的搭建

Java 程序一个显著的特点就是跨平台操作,也就是我们常说的"一次编译,到处运行",其根本原因是 Java 应用程序需要一套自己的运行环境。通常把这个运行环境称为 JDK,这一节就来学习 JDK 的安装以及系统环境变量的设置的知识。

1.2.1 JDK 的安装

Sun Microsystems 公司免费提供了 Java 开发工具包,用户可以登录 Sun 公司的网站(http://java.sun.com/javase/downloads/index.jsp)获取免费的 Java 开发包安装程序。本书中所给出的例子程序均在版本为 1.6.0_13 的 JDK 下运行通过,目前最新版本为 1.7.0_09。下面下载并安装 Java 程序。

【任务 1】在 Windows 操作系统下搭建 JDK 环境。

Step 1　登录 Sun 公司的网站,找到 JDK 的开发包安装程序并进行下载。

Step 2　下载完 Java 开发包后需要进行安装。双击 Java 开发包安装程序,出现的安装启动界面如图 1-1 所示。

图 1-1　安装启动界面

Step 3　单击"下一步"按钮,弹出"许可证协议"界面,如图 1-2 所示,阅读相应条款后,

单击"接受"按钮继续安装。

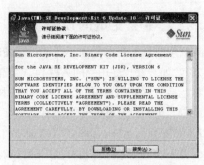

图 1-2　"许可证协议"界面

Step 4　用户可以选择安装开发包的部分或全部内容,如图 1-3 所示。

图 1-3　安装内容选择

Step 5　如果用户想要更改开发包的安装路径,则单击"更改"按钮,弹出如图 1-4 所示的对话框。在该对话框中更改了安装路径,单击"确定"按钮关闭该对话框。

图 1-4　安装路径选择

Step 6　在选定了安装内容和安装路径后,单击"下一步"按钮进入正式安装环节。其他版本的开发包安装过程中除了显示界面略有不同,

操作方法类似。

1.2.2　环境变量的设定

设定环境变量的目的是为了能够正常使用所安装的开发包，如开发程序用到的 API 包。配置的 Java 环境变量包括 JAVA_HOME、CLASSPATH 和 Path，其中，JAVA_HOME 为 JDK 安装路径（Java 安装目录），CLASSPATH 为 Java 加载类（Class 或 Lib）路径，Path 为 Java 编译程序和运行程序的目录。

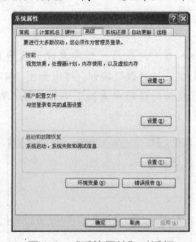

提示： 初次接触 Java 的读者可能对"类"、"对象"等相关名词有些陌生，没关系，在本章的 1.3 节将对 Java 中的相关名词做详细解释。另外，在本书的后面章节中，还会对相关名词及其作用和应用方法做更深入的讲解。

下面学习环境变量的设置方法。

【任务 2】 为本机设置环境变量并进行测试。

Step 1　在桌面上右击"我的电脑"图标，在弹出的快捷菜单中选择"属性"命令，打开"系统属性"对话框，切换至"高级"选项卡，如图 1-5 所示。

图 1-5　"系统属性"对话框

Step 2　单击"环境变量"按钮，打开"环境变量"对话框。

Step 3　新建 JAVA_HOME 环境变量。单击"新建"按钮，弹出"新建用户变量"对话框，设置变量名为"JAVA_HOME"，变量值为"C:\Program Files\Java\ jdk1.6.0_13"，然后单击"确定"按钮。

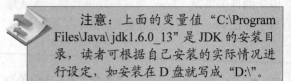

注意： 上面的变量值"C:\Program Files\Java\ jdk1.6.0_13"是 JDK 的安装目录，读者可根据自己安装的实际情况进行设定，如安装在 D 盘就写成"D:\"。

Step 4　新建 CLASSPATH 变量。单击"新建"按钮，弹出"新建用户变量"对话框，设置变量名为"CLASSPATH"，变量值为";%JAVA_HOME%\lib;%JAVA_HOME%\lib\tools.jar"，然后单击"确定"按钮。

Step 5　编辑 Path 变量。在"系统变量"列表中双击变量名为"Path"的变量，弹出"编辑系统变量"对话框，在"变量值"文本框中把"%JAVA_HOME%\bin;%JAVA_HOME%\jre\bin"添加在原变量值的开头处，如图 1-6 所示。

图 1-6　编辑环境变量

Step 6　测试 Java 环境变量。选择"开始"→"运行"命令，在弹出的"运行"对话框中输入"cmd"，单击"确定"按钮，即可进入 DOS 控制台窗口，如图 1-7 所示。需要注意的是，用这种方式进入 DOS 控制台窗口后，当前目录为系统默认目录。如果想转换到其他盘符，例如 D 盘，可以在提示符后输入"D:"，然后按 Enter 键即可。

输入"java –version"，然后按 Enter 键，控制台会输出当前所使用的 JDK 的版本信息，说明我们已经正确地构建 Java 的开发环境，如图 1-8 所示。

图 1-7　DOS 控制台窗口

图 1-8　正确构建 Java 的开发环境

1.3 Java 中的常用术语

在正式学习 Java 之前，首先了解 Java 中的一些常用术语，这对于初次接触 Java 的读者非常重要。

1. 关键字

关键字是指在 Java 中具有专门的意义和用途的一些字符，也被称为保留字（Reserved Word）。关键字不能当作一般的标识符使用。例如：

```
int age;
```

其中，int 是关键字，整条语句表示 age 是一个 int 类型的数据。

　　提示：Java 中的关键字有很多，有关关键字及其含义的内容将在本章 1.5 节进行详细讲解。

2. 类

在面向对象的程序设计语言中，类是对一类"事物"的属性与行为的抽象。例如，Person（人）是对地球上包括你、我、他、张三、李四等的所有具有特殊智能的生物的抽象。"你"、"我"、"他"、"张三"、"李四"等都属于"Person（人）"这一类所包含的个体。现实世界中可以抽象出许许多多的类，如汽车类、书籍类、水果类等。

3. 对象

简单地说，对象是类的具体的个体。比如，张三是 Person 类的一个对象。Person 可能存在无数个对象（就好像地球上存在数十亿人一样）。

4. 属性和方法

属性就是对象具有的各种特征，这些特征使得任何一个对象都能区别于其他的对象；方法就是对象执行的操作。例如，Person 类具有姓名、身份证号、出生日期等属性，具有吃饭、睡觉、学习、跑、跳等方法。

5. 类和对象的关系

（1）类是一个抽象的概念，它不存在于现实中的时间和空间里。类仅仅是为所有的对象定义了抽象的属性与行为，就像"Person（人）"这个类，它虽然可以包含很多个体，但它本身不存在于现实世界中。

（2）对象是类的一个具体实例，它是一个实实在在存在的东西。

（3）类是一个静态的概念。类本身不携带任何数据，当没有为类创建任何对象时，类本身不存在于内存空间中。

（4）对象是一个动态的概念。每一个对象都存在着有别于其他对象的属于自己的独特的属性和行为。对象的属性可以随着它自己的行为而发生改变。

6. 类和对象在 Java 中的表示

在 Java 中用关键字 class 表示一个类，用大括号"{"和"}"定义属性和方法，如下。

```
class  person {
        //定义属性部分
        string name;
        string personId;
```

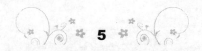

```
//定义方法部分
public void eat(){
…
}
public void sleep(){
…
}
}
```

上述语句表示一个类，类的名字为 person，该类有两个属性（分别是 name 和 personId）和两种方法（分别是 eat 和 sleep）。

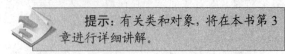

提示：有关类和对象，将在本书第 3 章进行详细讲解。

7. 访问控制修饰符

访问控制修饰符说明类或类的成员的可访问范围，即可以被哪些类和对象访问。修饰符一共有 4 个：public、protected、default 和 private。

访问修饰符的作用如表 1-1 所示。

表 1-1　常用的访问修饰符

修饰符	同一类中	同一包中	不同包中的子类	不同包中的非子类
public	Yes	Yes	Yes	Yes
protected	Yes	Yes	Yes	No
default	Yes	Yes	No	No
private	Yes	No	No	No

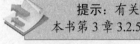

提示：有关访问控制修饰符，将在本书第 3 章 3.2.5 节进行详细讲解。

8. 数组

所谓数组，就是在程序设计中，为了处理方便，把具有相同类型的若干变量有序地组织起来的一种形式。这些按序排列的同类数据元素的集合称为数组。数组用"数组名+[]"表示，例如，String[] args 表示一个 args 的字符串数组类型。

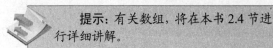

提示：有关数组，将在本书 2.4 节进行详细讲解。

1.4 了解 Java 程序的开发方式

Java 是一个跨平台的高级计算机语言，其程序的开发主要有两种方式，分别是使用任何一种文本编辑器（如记事本）开发程序和使用集成开发环境开发程序，不管使用哪种方式开发 Java 应用程序，一般都要遵循以下三步。

第一步：编写源程序，可用任意的文本编辑程序保存为扩展名为.java 的文件。

第二步：编译源程序，将.java 文件编译为.class 文件。编译程序需要使用可执行文件 javac.exe，该文件位于 Java 安装目录的 bin 子目录中，称为 Java 编译器（Java Compiler——javac 名称的由来），用于对指定的 Java 源代码进行编译。

格式为：javac 文件名.java

第三步：运行程序，在 Java 虚拟机下将.class 文件解释并运行。

格式为：java 文件名

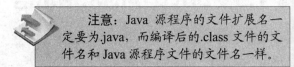

注意：Java 源程序的文件扩展名一定要为.java，而编译后的.class 文件的文件名和 Java 源程序文件的文件名一样。

下面对这两种程序开发方式分别进行讲解。

1.4.1 使用记事本开发第一个 Java 程序

这一小节首先学习使用记事本开发一个 Java 应用程序，重点掌握 Java 应用程序的结构。

【任务3】使用记事本开发一个 Java 应用程序，要求输出"Hello World 欢迎使用本系统"，程序效果如图 1-9 所示。

Step 1 编写源程序。使用记事本输入下列源代码。

```
public class HelloWorld {
public static void main(String[] args) {
    System.out.println("Hello World");
```

```
    System.out.println("欢迎使用本系统");
    }
}
```

图 1-9　程序运行效果

Step 2　保存源代码。代码输入完毕后，将文件保存为 HelloWord.java，并存放到一个指定的目录中（如 C:\java\），如图 1-10 所示。

图 1-10　使用记事本保存 Java 源程序

> **注意**：在"另存为"对话框的"文件名"文本框处输入的"HelloWorld.java"要有扩展名。"保存类型"下拉列表框处，一定要选择"所有文件"，不能选择"文本文档(*.txt)"选项。

Step 3　编译源程序。选择"开始"→"运行"命令，在打开的【运行】对话框的文本框中输入"cmd"，如图 1-11 所示。

Step 4　单击"确定"按钮进入 DOS 控制台窗口。在 DOS 控制台中，输入"cd c:\java"，将路径转换到"C:\java\"目录下，如图 1-12 所示。

图 1-11　输入 cmd 命令进入 DOS 控制台

图 1-12　编译 Java 源程序

Step 5　继续在命令提示行中输入以下命令并按 Enter 键。

```
javac HelloWorld.java
```

> **提示**：在编译程序的过程中，输入"javac HelloWorld.java"命令，如果屏幕上没有出现错误提示，则表示已经正常完成了编译工作。查看文件目录（C:\java），可以发现目录下多了一个 HelloWorld.class 文件，即编译好的中间字节码（Byte Code）文件，如图 1-13 所示。编译好的中间字节码可以在不同平台的 Java 虚拟机上运行。

图 1-13　源文件和编译好的.class 文件

Step 6　运行程序。在命令提示行输入命令"java HelloWorld"并按 Enter 键，其运行结果是在屏幕上输出"Hello World, 欢迎使用本系统"，如图 1-14 所示。

图 1-14　运行程序

注意：在运行程序时输入命令 "java HelloWorld"，读者一定要注意 java 后面紧跟文件名，不用添加扩展名，否则会报 Java 类找不到的错误。

1.4.2　使用集成开发环境开发 Java 程序

在上一小节中我们使用文本编程器来编写 Java 程序。实际上，IDE（集成开发环境）可以帮更大的忙。它不仅可以检查代码的语法，还可以自动补全代码、调试和跟踪程序。此外，编写代码的时候，它会自动进行编译；运行 Java 程序的时候，只需要单击按钮就可以了。因此，大大缩短了开发时间。

目前市场上有各种各样的 Java IDE，它们中最优秀的几个都是免费的，具体如下。

- NetBeans（免费和开源）。
- Eclipse（免费和开源）。
- Sun 公司的 Java Studio Enterprise（免费）。
- Sun 公司的 Java Studio Creator（免费）。
- Oracle JDeveloper（免费）。
- Borland Jbuilder。
- IBM 公司的 WebSphere Studio Application Developer。
- BEA WebLogic Workshop。
- IntelliJ IDEA。

目前最流行的两款是 NetBeans 和 Eclipse，本书中所有的程序均使用 Eclipse 进行开发。下面介绍 Eclipse 的安装方法和使用 Eclipse 开发 Java 程序的技能。

1. Eclipse 简介与安装

Eclipse 是一个开放源代码，并基于 Java 的可扩展开发平台，它附带了一个标准的插件集，包括 Java 开发工具以及插件开发环境。这个插件主要针对希望扩展 Eclipse 的软件开发人员，因为它允许开发人员构建与 Eclipse 环境无缝集成的工具。

用户可以到官方网站 http://www.eclipse.org/downloads/ 下载 Eclipse 软件包，它可以安装在各种操作系统上。需要说明的是，在 Windows 下安装 Eclipse 时，除了需要 Eclipse 软件包之外，还需要 Java 的 JDK 来支持 Eclipse 的运行。此外，还要设置相关环境变量。

Eclipse 的安装非常简单，它属于绿色软件，不需要运行安装程序，不需要往 Windows 的注册表写信息，只要将 Eclipse 压缩包解压，就可以运行 Eclipse。

下面学习 Eclipse 的下载及安装技能。

【任务 4】下载并安装 Eclipse。

Step 1　下载 Eclipse-indigo 版本。下载地址为 http://www.eclipse.org/downloads/。

Step 2　解压。首先把 eclipse-jee-indigo-SR2-win32.zip 压缩包解压到一个本地目录（例如 D:\eclipse），然后双击此目录中的 eclipse.exe 文件，即可打开 Eclipse。Eclipse 的启动画面如图 1-15 所示。

Step 3　弹出 Workspace Launcher 对话框，选择或新建一个文件夹用于保存创建的项目。这个文件夹就是 Eclipse 默认的项目保存目录，在这里我们选择 "C:\java"，如图 1-16 所示。

图 1-15　Eclipse 的启动画面

图 1-16　Workspace Launcher 对话框

Step 4　单击 OK 按钮，打开 Eclipse 工作界面，如图 1-17 所示。

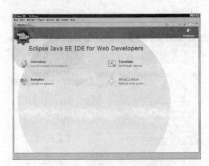

图 1-17　Eclipse 工作界面

2. 使用 Eclipse 开发 Java 项目

下面学习使用 Eclipse 开发 Java 项目的方法。使用 Eclipse 开发 Java 应用程序和用记事本开发 Java 应用程序不同，用记事本开发 Java 应用程序只要创建一个类文件即可，但使用 Eclipse 开发 Java 应用程序时，需要创建一个项目。

【任务 5】使用 Eclipse 开发 Java 应用程序

Step 1　新建 Java 项目。

打开 Eclipse 后，在菜单栏中选择 File→New→Java Project 命令，如图 1-18 所示。进入 New Java

图 1-18　新建 Java Project

Project 对话框，单击 Next 按钮，在 Project name 文本框中输入项目名称 "MyFirstProgram"，如图 1-19 所示。最后单击 Finish 按钮，即完成项目的创建。

图 1-19　设置项目名称

 **提示：**如果在 File→New 下面没有 Java Project，可选择 Other，在弹出的对话框中选择 Java Project。如图 1-20 所示。

图 1-20　通过 other 菜单选择 Java Project

Step 2　新建 Java 类。

在 MyFirstProgram 项目上单击右键，在弹出的快捷菜单中选择 New→Class 命令，如图 1-21 所示。打开 New Java Class 对话框，在 Name 文本框中输入类名 "HelloWorld"，并且设置包名为 "com.bjl"，然后选中 "public static void main(String[] args)" 复选框，如图 1-22 所示。

Step 3　Eclipse 生成代码。

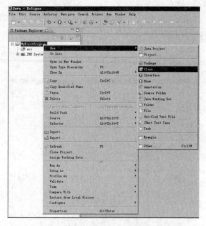

图 1-21　新建类

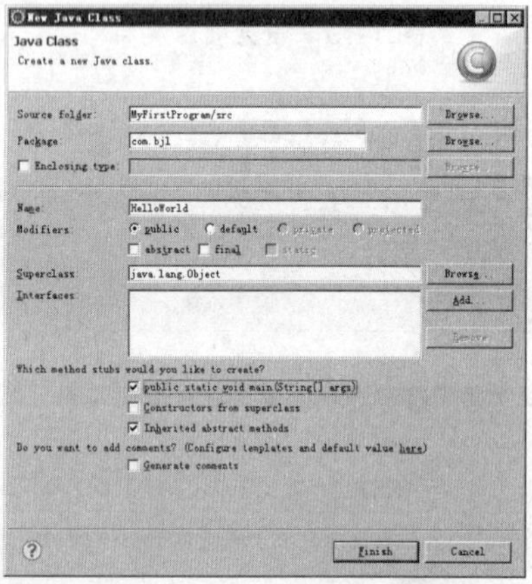

图 1-22　设置包名和类名

单击图 1-22 中的 Finish 按钮，Eclipse 会自动生成代码框架，如图 1-23 所示。

图 1-23　Eclipse 自动生成代码框架

Step 4　在 main 方法中添加代码。

用户只须在 main 方法中写入代码即可，如图 1-24 所示。

Step 5　运行程序。

在默认设置下，Eclipse 会自动在后台编译，先

将它保存，然后在菜单栏中选择 Run→Run As→Java Application 命令，如图 1-25 所示，即可在 Eclipse 的控制台看到输出结果，如图 1-26 所示。

图 1-24　在 main 方法中写入代码

图 1-25　通过 Run 菜单运行程序

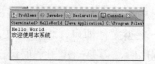

图 1-26　程序运行的结果

提示：除了通过菜单命令 Run→Run As→Java Application 之外，还可以通过右键单击类文件，选择 Run As→Java Application 菜单命令的方法运行程序；单击工具栏中的 图标，选择 Run As→Java Application 也可以运行程序。另外，在 Java 项目中创建的所有的类文件（java 文件）都必须放在 src 目录下。JRE 系统库目录用于存放程序运行必需的系统库文件。项目在文件系统中是一个和项目同名的目录；而对于包 com.bjl，在 Eclipse 中显示在 src 目录下，在文件系统中，其实就是一个文件夹。读者可通过查看项目所在目录下的 src 目录看到。

1.5 Java 中的标识符和关键字

在本章 1.3 节中对 Java 中的常用术语做了简单介绍，其中就包括标识符和关键字，这一节对标识符和关键字做详细讲解。

1.5.1 标识符

Java 中的类、方法、参数和变量都要加以命名，用户在给这些元素命名的时候使用的命名记号被称为标识符（Identifier）。

在 Java 语言中，标识符是以字母、下划线（_）、美元符（$）等开始的一个字符序列，后面可以跟字母、下划线、美元符、数字。

Java 标识符对大小写非常敏感，但没有长度限制，可以为标识符取任意长度的名字，但不能是 Java 中的关键字保留字。

例如，合法的标识符如下。

```
Age, group_7, opendoor, boolean_1
```

非法的标识符如下。

```
Age#, 7group, open-door, boolean
```

1.5.2 关键字

关键字在 Java 中具有专门的意义和用途，关键字也被称为保留字（Reserved Word），不能当作一般的标识符使用。下面是 Java 语言中的常用的关键字及其含义。

- class: 用于类的定义。
- private: 用在方法或变量的声明中。它表示这个方法或变量只能被这个类的其他元素所访问。
- protected: 在方法和变量的声明中使用，它表示这个方法或变量只能被同一个类中的、子类中的或者同一个包中的类中的元素所访问。
- public: 在方法和变量的声明中使用，它表示这个方法或变量能够被其他类中的元素访问。
- abstract: 用在类的声明中来指明一个类是不能被实例化的，但是可以被其他类继承。一个抽象类可以使用抽象方法，抽象方法不需要实现，但是需要在子类中被实现。
- final: 只能定义一个实体一次，以后不能改变它或继承它。更严格地讲，一个 final 修饰的类不能被子类化，一个 final 修饰的方法不能被重写，一个 final 修饰的变量不能改变其初始值。
- return: 用来结束一个方法的执行。它后面可以跟一个方法声明中要求的值。
- void: 用在 Java 语言的方法声明中说明这个方法没有任何返回值。void 也可以用来表示一句没有任何功能的语句。
- static: 用来定义一个变量为类变量。类只维护一个类变量的副本，不管该类当前有多少个实例。static 同样能够用来定义一个方法为类方法。类方法通过类名而不是特定的实例调用，并且只能操作类变量。
- this: 用来代表它出现的类的一个实例。this 可以用来访问类变量和类方法。
- char: 用来定义一个字符类型。
- double: 用来定义一个双精度浮点类型。
- float: 用来定义一个单精度浮点类型。
- int: 用来定义一个整型变量。
- long: 用来定义一个长整型的变量。
- string: 用来定义一个字符串类型的变量。
- short: 用来定义一个 short 类型的变量。
- if: 用来生成一个条件测试，如果条件为真，就执行 if 下的语句。
- else: 如果 if 语句的条件不满足就会执行该语句。
- for: 用来声明一个循环。程序员可以指定要循环的语句、退出条件和初始化变量。
- do: 用来声明一个循环，这个循环的结束条件可以通过 while 关键字设置。
- while: 用来定义一段反复执行的循环语句。

循环的退出条件是 while 语句的一部分。

- ◆ continue：用来打断当前循环过程，从当前循环的最后重新开始执行，如果后面跟有一个标签，则从标签对应的地方开始执行。

- ◆ break：用来改变程序执行流程，立刻从当前语句的下一句开始执行。如果后面跟有一个标签，则从标签对应的地方开始执行。

- ◆ case：用来定义一组分支选择，如果某个值和 switch 中给出的值一样，就会从该分支开始执行。

- ◆ try：用来定义一个可能抛出异常的语句块。如果一个异常被抛出，一个可选的 catch 语句块会处理 try 语句块中抛出的异常。同时，一个 finally 语句块会被执行，无论是否抛出异常。

- ◆ catch：用来声明当 try 语句块中发生运行时错误或非运行时异常时运行的一个块。

- ◆ finally：用来执行一段代码，不管在前面定义的 try 语句中是否有异常或运行时错误发生。

- ◆ throw：允许用户抛出一个 exception 对象或者任何实现 throwable 的对象。

- ◆ throws：用在方法的声明中来说明哪些异常是这个方法不处理的，而是提交到程序的更高一层。

- ◆ implements：在类的声明中是可选的，用来指明当前类实现的接口。

- ◆ import：在源文件的开始部分指明后面将要引用的一个类或整个包，这样就不必在使用的时候加上包的名字。

另外，goto 和 const 虽然从未使用，但也被作为 Java 关键字保留。所有的 Java 保留字都是小写的。

在本章和以后的学习中，我们将使用 Eclipse 进行应用程序的编写。用 Eclipse 编写程序，其一般结构如图 1-27 所示。

 提示：在 Eclipse 中关键字都用红色的字体标记，如图 1-27 中的 import、public 和 class，关键字一定不能作为标识符使用。

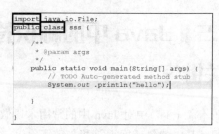

图 1-27　Eclipse 的一般程序结构

1.6 了解 Java 的组成结构

Java 程序的组成主要包括 Java 程序的一般结构和 Java 中的注释两部分，这一节继续学习这些相关内容。

1.6.1　Java 程序的一般结构

首先了解 Java 程序的一般结构。在 1.4.1 节中，我们编写过一个程序，该程序输出"Hello World"的欢迎语，其完整代码如下。

```java
public class HelloWorld {
public static void main(String[] args) {
  System.out.println("Hello World");
  System.out.println("欢迎使用本系统");
  }
}
```

通过上面的程序，我们将 Java 程序的结构总结如下。

- ◆ Java 中所有的程序代码必须存在于一个类中，用 class 关键字定义类。
- ◆ 在 class 关键字前面可以有一些修饰符。
- ◆ class 后面跟着类的名字。
- ◆ 代码要写在类的里面，即一对大括号（{和}）内。

所以，Java 程序中类的一般格式如下。

```
修饰符 class 类名{

    程序代码

}
```

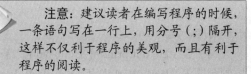

注意：当修饰符号为 public 关键字，文件名必须与类名相同。在一个.java 的文件中可以有多个类，但是只能有一个类用 public 关键字修饰。

需要注意的是，Java 有严格的区分大小写制度，例如，不能将 class 写成 Class；如果用 age 表示一个整型的变量，那么还可以定义 Age 作为另外一个变量的名字，读者在今后的学习中要特别注意。

另外，Java 中所有程序代码分为结构定义语句和功能执行语句，一条语句可以写在若干行上，功能执行语句必须以分号（;）结束，不必对齐或缩进一致。

例如：

```java
public class HelloWorld {
    public static void main(String[] args){
        System.out.println("Hello world");
    }
}
```

和

```java
    public class HelloWorld
    {
public static void main(String[] args)
System.out.println("Hello world");
    }
    }
```

是一样的。

注意：建议读者在编写程序的时候，一条语句写在一行上，用分号（;）隔开，这样不仅利于程序的美观，而且有利于程序的阅读。

1.6.2　Java 中的注释

下面继续了解 Java 中的注释。为程序添加注释可以解释程序的某些部分的作用和功能，提高程序的可读性。编译器不会编译这些注释。

Java 中，可以根据不同的用途将注释分为三种类型。

- ◆ 单行注释。
- ◆ 多行注释。
- ◆ 文档注释。

1. 单行注释

使用双斜线（//）表示注释的内容。例如：

```java
char ch='A';        //定义一个字符型的变量 ch
```

2. 多行注释

在注释内容前面以单斜线加一个星号（/*）开头，并在注释内容结束处以一个星号加单斜线（*/）结束，例如：

```java
/*
char ch='A';
int age=20;
*/
```

3. 文档注释

在注释内容前以单斜线加两个星号（/**）开头，并以一个星号加单斜线（*/）结束，例如：

```java
/**
    * 该方法用来初始化文件
    * @param fileName：文件的路径和全名
*/
```

使用这种方法注释的内容会被解释成程序的正式文档，并能用 JavaDoc 之类的工具软件生成文档——类似于 Java Api 的文档。

▌1.7▌ Java 源程序的结构与分析

这一节继续通过另一个例子讲解 Java 源程序的结构，这对于深入学习 Java 非常重要。

1.7.1　功能需求与分析

【功能需求】系统的欢迎界面通常会设计为输出一段文字。下面设计欢迎界面显示"Hello World。当前时间是："的欢迎语，结果如图 1-28 所示。

【需求分析】该应用程序要输出"Hello World"的欢迎语，然后另起一行输出"当前时间是："，最后输出当前的时间。

对于上面的要求，我们通过下面的步骤来完成程序的开发。

【步骤 1】新建项目并编写源程序。

（1）根据题意，输出"Hello World"后另起一行，然后输出"当前时间是："，紧跟着输出当前的时间。调用 System.out.println()可以向控制台输出想要的结果。

程序中只要实现下面的语句即可。

```
System.out.println("Hello World");
System.out.print("当前时间为：");
```

（2）输出当前的时间需要调用日期类，可以使用下面的方法调用。

```
SimpleDateFormat format = new Simple
DateFormat("yyyy-MM-dd HH:mm:ss");
    System.out.println(format.format(ne
w Date()));
```

详细代码实现如下。

```
import java.text.SimpleDateFormat;
import java.util.Date;

public class HelloWorld {
    public static void main(String[]
args) {
        // TODO Auto-generated method stub
        System.out.println("Hello World");
        System.out.print("当前时间为：");
        SimpleDateFormat format =
        new SimpleDateFormat("yyyy-MM-dd
HH:mm:ss");
        format.setLenient(false);
        System.out.println(format.format
(new Date()));
    }
}
```

【步骤 2】编译并运行程序。

单击 Eclipse 中的运行按钮，运行结果如图 1-28 所示。

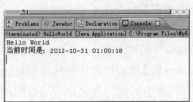

图 1-28　显示 Hello World

1.7.2　程序结构分析

1.7.1 节中程序的结构主要包括以下几点。

（1）在 Java 中，所有的东西都是对象，即类的实例，所以在一个 Java 文件中要定义这个类。"public class HelloWord"这一句定义了一个名为 HelloWorld 的类，类的内容从类名后的花括号"{"开始，到与之匹配的"}"为止。

（2）public static void main(String[] args)是类中的方法，方法名为 main。main 方法是 Java 程序执行的入口点，也就是说，如果一个类中没有 main 方法，则说明这个类是不能执行的。

main 方法有如下 4 个要素，这 4 个要素缺一不可。

- ◆ public：main 方法的修饰符必须是公共的。
- ◆ static：表示静态方法，即不用创建类的实例，即可调用该方法。
- ◆ void：表示该方法没有返回值。
- ◆ String[] args：表示该方法可以带参数，即如果用 java HelloWorld zhangsan lisi 执行 Java 程序时，可以用 args 数组得到 zhangsan 和 lisi 的值。

（3）main 方法中的{}是方法体的内容，也就是程序开始执行后所做的事情。注意，每一行代码结束后都要以分号（;）作为这句话的结束；{和}一一对应，缺一不可。

（4）System.out.println("HelloWorld")表示向控制台输出"HelloWorld"字符串，HelloWorld 必须用双引号引起来。

（5）System.out.println 和 System.out.print 都是向控制台输出信息，两者的区别是：println 输出信息并换行；print 输出信息不执行换行。所以，System.out.println("HelloWorld")和 System.out.print("HelloWorld\n")的效果一样。

（6）import 语句表示引入一个包，包里面含有很多事先写好的类。引入了包，就可以使用这些类了，如要使用 SimpleDateFormat 这个语句，必须引入 java.text.SimpleDateFormat 包。

提示：对于有些概念读者可能不是很清楚，请不用担心，因为这些内容在后面的章节中将陆续详细介绍，读者在这一节中只要掌握 Java 应用程序的结构。

1.8 上机实训

1.8.1 【实训一】使用记事本开发 Java 程序

1. 实训内容

使用记事本编写程序，要求能在控制台打印出如下图形。

```
*
**
***
****
*****
```

2. 实训目的

（1）熟练掌握使用记事本编写 Java 程序。

（2）理解 Java 的编译和运行过程。

（3）掌握 Java 向控制台打印输出的方法。

（4）掌握 Java 程序的结构。

3. 完成实训

Step 1　启动记事本，并在记事本中输入如下的代码。

```java
public class FirstProgram{
    public static void main(String[]
args) {
        // TODO Auto-generated method stub
        System.out.println("*");
        System.out.println("**");
        System.out.println("***");
        System.out.println("****");
        System.out.println("*****");
    }
}
```

Step 2　将文件保存为 FirstProgram.java。

Step 3　启动命令行程序，编译 FirstProgram.java 文件。

```
javac FirstProgram.java
```

得到 FirstProgram.class 文件。

Step 4　执行命令 java FirstProgram 运行程序，其输出结果如图 1-29 所示。

图 1-29　打印出图形

1.8.2 【实训二】使用 Eclipse 开发程序

1. 实训内容

使用 Eclipse 编写程序，要求能在控制台打印出如下图形。

```
*
***
*****
***
*
```

2. 实训目的

（1）熟练掌握使用 Eclipse 创建 Java 项目。

（2）熟练掌握在 Eclipse 创建 Java 类。

（3）掌握 Java 向控制台打印输出的方法。

（4）理解 Java 项目的组成。

3. 完成实训

Step 1　启动 Eclipse，创建 Java 项目——Chapter1。

Step 2　在项目 Chapter1 中创建新的 Java 类——SecondProgram.java，并输入如下的代码。

```java
public class SecondProgram {
    public static void main(String[]
args) {
```

```
        // TODO Auto-generated method stub
        System.out.println("*");
        System.out.println("***");
        System.out.println("*****");
        System.out.println("***");
        System.out.println("*");
    }
}
```

Step 3 保存并运行程序，其输出结果如图 1-30 所示。

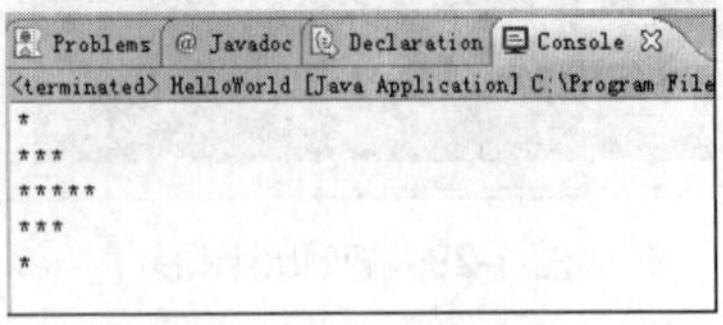

图 1-30　打印出图形

1.8.3　实训中的技术要点

所谓的注释就是只对代码起到功能描述的作用，在程序运行时不起作用的语句。Java 中的注释分为三种，我们先来介绍单行注释和多行注释。单行注释以//开始，以行末结束，例如：

```
public class Hello {
    public static void main(String[ ] args) {
                //输出消息到控制台
                System.out.println("你好! ");
    }
}
```

多行注释以/*开始，以*/结束，符号 /* */ 指示中间的语句是该程序中的注释，例如：

```
/*
 * Hello.java
 * 2012-10-8
 * 第一个 Java 程序
 */
public class Hello {
    public static void main(String[ ] args) {
        System.out.println("你好! ");
    }
}
```

▌1.9▌编写程序过程中常见的问题

【问题1】去掉 class 前面的 public，是否可以？

```
class Hello {
    public static void main(String[ ] args) {
        //输出消息到控制台
        System.out.println("你好! ");
    }
}
```

【答】去掉 public，程序可以运行，但不规范。规范要求类名必须使用 public 修饰。

【问题2】类名和文件名不一致，是否可以？

```
文件名为 Hello.java
//public class hello {
    public static void main(String[]args) {
        //输出消息到控制台
        System.out.println("你好!");
    }
}
```

【答】public 修饰的类的名称必须与 Java 文件同名，而且区分大小写。

【问题3】main 方法可以这样写吗？

```
public class Hello {
    public static main(String[ ] args) {
        //输出消息到控制台
        System.out.println("你好! ");
    }
}
```

【答】main 方法作为程序入口，void 必不可少。

【问题4】System.out.println 方法

```
public class Hello {
    public static void main(String[ ] args) {
        //输出消息到控制台
        system.out.println("你好! ");
    }
}
```

【答】编译出错，无法解析 system，Java 对大小写敏感！该程序中，system 应该修改为 System。

【问题 5】Java 代码中每一行结束需要分号

```
public class Hello {
    public static void main(String[ ]
args) {
        //输出消息到控制台
        System.out.println("你好！")
    }
}
```

【答】编译出错，每一条 Java 语句必须以分号结束！该程序中，在 System.out.println 这行语句结束后应该加一个;，注意中英文的分号区别。

1.10 练习与上机

1. 选择题

（1）比较适合企业开发的是 Java 的（　　）版本。

　　A．J2SE　　　　　　B．J2EE

　　C．J2ME　　　　　　D．J2DK

（2）在 Java 中，负责对字节代码解释执行的是（　　）。

　　A．垃圾回收器　　　　B．虚拟机

　　C．编译器　　　　　　D．多线程机制

（3）下列描述中，错误的是（　　）。

　　A．Java 要求编程者管理内存

　　B．Java 的安全性体现在多个层次上

　　C．Applet 要求在支持 Java 的浏览器上运行

　　D．Java 有多线程机制

（4）在 Java 语言中，不允许使用指针体现出的 Java 特性是（　　）。

　　A．可移植　　　　B．解释执行

　　C．健壮性　　　　D．安全性

（5）Java 语言具有许多优点和特点，下列选项中，（　　）反映了 Java 程序并行机制的特点。

　　A．安全性　　　　B．多线程

　　C．跨平台　　　　D．可移植

2. 实训操作题

（1）编程输出以下信息，并添加必要注释。

```
****************************************
欢迎进入 Java 编程世界
****************************************
```

（实训目的：掌握 Java 程序的基本结构并能运行程序。）

（2）编写一个程序，从命令行接收 2 个参数，并将接收的 2 个参数打印输出到屏幕。（提示：第一个参数可用 args[0]取到，第二个参数可用 args[1]取到，使用命令"java 文件名 参数 1 参数 2"的形式执行程序；也可在 Eclipse 里选择菜单"Run →Run Configuration"，在弹出的对话框中第二个选项 Arguments 中输入参数，然后再执行）。

（3）下面的程序试图在屏幕上输出字符串"This is my first java program!"（不包括引号），观察该程序的编译出错信息，并根据出错信息的提示修改程序，使其能正确运行。

```
public class Simple {
    public static void main(String []args) {
        System.out.println(This is my
first Java program!");
    }
}
```

（实训目的：掌握 Java 程序的编写，对出现的错误能够予以改正。）

读书笔记

第2章

Java 程序基础

📖 **学习目标**

学习 Java 程序的编程基础。主要内容包括 Java 中的常量和变量、Java 中的数据类型及不同数据类型的转换、Java 中的运算符、Java 的结构化程序设计语句、数组的概念和使用、方法的定义和调用。通过本章的学习，更好地掌握 Java 中程序的组成元素和编程基础，为今后的工作和学习打下基础。

📖 **学习重点**

熟练掌握 Java 程序的组成结构，包括类的定义、注释；Java 中变量的命名规则；Java 中的常量和变量，包括不同常量的表示、变量的含义、变量的类型、变量的声明和赋值、变量的使用、不同数据类型的转换、变量的作用域；掌握 Java 中的运算符；熟练掌握 Java 中的各种语句，包括顺序结构语句、选择结构语句和循环结构语句；掌握数组的使用，包括数组的定义、使用数组；掌握方法的使用，包括方法的定义、方法的调用、方法的参数传递和方法的重载。

📖 **主要内容**

◆ Java 中的常量和变量
◆ Java 中的运算符
◆ Java 的结构化程序设计
◆ 数组
◆ Java 中的方法
◆ 上机实训

2.1 Java 中的常量和变量

常量和变量是 Java 中的重要内容，这一节首先了解常量和变量的相关知识。

2.1.1 常量

常量就是程序在执行过程中持续不变的量，是不能改变的数据。Java 中的常量包含整型常量、浮点型常量、布尔常量等，下面对其进行一一讲解。

1. 整型常量

整型常量分为十进制常量、十六进制常量和八进制常量。

十进制：0 1 2 3 4 5 6 7 8 9

十六进制：0 1 2 3 4 5 6 7 8 9 a b c d e f

（用十六进制表示时，必须以 0x 或 0X 开头，例如 0X15D）

八进制：0 1 2 3 4 5 6 7

（用八进制表示时，必须以 0 开头，例如 076）

长整型必须以 L 做结尾，如 9L。

2. 浮点型常量

浮点型常量分为 float（32 位）和 double（64 位）两种类型，分别叫做单精度浮点数和双精度浮点数，要在后面加上 f（F）或 d（D）用以区分。

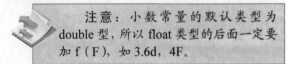

注意：小数常量的默认类型为 double 型，所以 float 类型的后面一定要加 f（F），如 3.6d，4F。

3. 布尔常量

布尔常量用于区分一个事物的正反两面，不是真就是假，值为 true 或 false。

4. 字符常量

字符常量由英文字母、数字、特殊字符等表示，值为字符本身，由两个单引号括起来。Java

中的字符占用两个字节，如'a'，'7'。

5. 字符串常量

字符串常量是用两个双引号括起来的常量，如"hello world"，"123"。

有些时候，我们无法直接往程序里写一些特殊的按键和字符，比如一句带引号的字符串。对于这些特殊字符，需要一个反斜杠（\）后跟一个普通字符来表示，反斜杠（\）在这里就成了转义字符。表 2-1 所示为常见的一些转义字符的意义。

表 2-1　常见转义字符的意义

转义字符	意义
\r	表示接受键盘输入，相当于按下了 Enter 键
\n	表示换行
\t	表示制表符，相当于 Tab 键
\b	表示退格键，相当于 BackSpace
\'	表示单引号
\"	是双引号
\\	是一个斜杠\

例如：我们想输出一个字符串"He says I came from Beijing"，这时候，不能直接写这样的语句。

```
System.out.println("He says"I came from Beijing"");
```

上述的语句会报"Syntax error, insert ";" to complete Statement"的错误。原因是 says 后面的引号（"）会和 He 前面的引号（"）匹配，而后面的 I came from Beijing 编译器就不知道它是什么。这时候需要将上面的语句修改如下。

```
System.out.println("He says\"I came from Beijing\"");
```

读者可以自己试一下。

6. null 常量

null 常量只有一个值，用 null 表示，表示对象的引用为空。

2.1.2 变量

变量是相对于常量来说的，变量就是程序在

执行过程中可以变化的量。所谓变量，就是由标识符命名的数据项。

1. 变量的含义

关于变量，有如下几点说明。

- 变量是存储数据的一个基本单元。
- 变量的值是存储在内存中的。
- 变量由变量名、变量类型和变量值三个要素组成。
- 通过变量可以对内存中存储的数据进行操作。

例如，在图 2-1 中，是内存中的一块区域。我们在程序中将 100 存入内存地址 0x804a020 这块内存单元，随着程序的执行，我们将该内存单元存储的值修改为 40。因此，在程序的执行过程中，该内存存储的值不断变化，符合变量的定义。

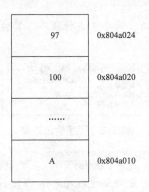

图 2-1　变量和内存的关系

由于内存地址不太好记，所以我们用变量名来代表内存的地址，用数据类型指定内存单元的大小（占用多少字节），变量值代表该内存单元存储的值。

> **提示：** 读者一定要牢记，变量的真正含义是内存区域，变量的三个要素是变量名、变量类型和变量值。

2. 变量的命名规则和命名规范

变量的命名规则：Java 语言中，变量命名要符合一定规则，遵循前面所讲的 Java 标识符的命名规则。

变量命名规范：简短且能清楚地表明变量的作用，通常，第一个单词的首字母小写，其后单词的首字母大写，例如 myScore、studentAge。

3. Java 的变量类型

Java 语言的数据类型有简单数据类型和引用数据类型两种。简单数据类型包括以下几种。

- 整数类型(Integer)——byte、short、int、long，其取值范围如表 2-2 所示。

表 2-2　整数类型

整 数 类 型	字 节 数	位 数	精 度
byte	1	8	$-128 \sim 127$
short	2	16	$-2^{15} \sim 2^{15}-1$
int	4	32	$-2^{31} \sim 2^{31}-1$
long	8	64	$-2^{31} \sim 2^{31}-1$

- 浮点类型(Floating)——float、double，其取值范围如表 2-3 所示。

表 2-3　浮点类型

浮点类型	字节数	位数	精度
float	4	32	3.4e-45～1.4e38
double	8	64	4.9e-324～1.8e308

- 字符类型(Textual)——char，字符类型只能表示单个字符，表示字符类型的值是在字符两端加上单引号，如'g'。char 类型占 2 字节，位数为 16 位。
- 布尔类型(Logical)——boolean，布尔类型(boolean)的值只有两个：true 和 false，分别表示真和假，用于逻辑条件的判断。

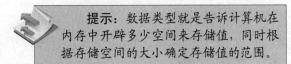

> **提示：** 数据类型就是告诉计算机在内存中开辟多少空间来存储值，同时根据存储空间的大小确定存储值的范围。

引用数据类型包括类（class）、接口(interface)和数组，将在后面的章节中陆续介绍。

4. 变量的声明和赋值

在 Java 中，变量的使用要遵循先声明并赋值后使用的原则。变量的声明和赋值有两种方式。第一种方式是将声明和赋值一起完成，格式如下。

数据类型　变量名　＝　数值；

举例如下。

```
int x=10;
char ch='A';
```

第二种方式是将声明和赋值分开，格式如下。

数据类型 变量名；
变量名 = 数值；

举例如下。

```
int x;
x=10;
char ch;
ch='A';
```

5. 变量的使用

变量的使用，一般遵循下列步骤。

第一步：声明变量，其实质是计算机根据数据类型开辟内存空间。

第二步：给变量赋值，其实质是将数据存入内存空间。

第三步：使用变量，取出数据使用或者将新数据存入内存空间。

举例如下。

```
public class Hello1 {
        public static void main(String[ ]
args) {
                int price= 1000; //存数据
                System.out.println(price);
                        //使用数据
        }
}
```

【任务 1】使用变量完成如下功能：张三同学的身高为 187cm，是班里最高的。输出该同学的姓名、性别和身高。

Step 1　启动 Eclipse，并新建项目 Charpter2。

Step 2　在项目 Charpter2 中创建类 Charpter2_01。

Step 3　在类 Charpter2_01 中，输入如下代码。

```
package com.bjl;

public class Charpter2_01 {
```

```
/**
 * @param args
 */
public static void main(String[]
args) {
        // TODO Auto-generated method
stub

        int height = 187;
        String name = "张三"; //张三
是汉字，占用四个字节，所以得用 String 类型
        char sex = '男'; //字符类型
的常量必须用单引号引起来

        System.out.println("本班身高最
高为: " + height);
        System.out.println("本班身高
最高的同学为: " + name);
        System.out.println("该同学的
性别是: " + sex)
    }
}
```

Step 4　保存并运行程序，其结果如图 2-2 所示。

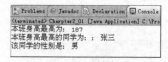

图 2-2　程序输出效果

注意：在 Java 中，在使用变量之前，一定要为变量赋值，否则会报 "×××× cannot be resolved to a variable" 的错误。

2.1.3　数据类型的转换

1. 变量的有效取值范围

系统为不同的变量类型分配不同的空间大小，如 double 型变量在内存中占 8 个字节，float 型变量占 4 个字节，byte 型变量占 1 个字节等。

举例如下。

```
byte b=129;     //编译报错，因为 129 超
出了 byte 类型的取值范围
float f=3.5;     //编译报错，因为小数常量
的默认类型为 double 类型的
```

double 类型的常量在内存中占用 8 个字节，

而 float 类型的变量只分配 4 个字节的空间，4 个字节的空间是无法保存 8 个字节的数据，所以会出现编译错误。因此上面的代码要修改如下。

```
float f=3.5f;
```

2. 数据类型的转换

有时候需要将一种数据类型的值赋给另外一种不同数据类型的变量，由于数据类型的差异（内存分配的不同），在赋值时需要进行类型转换。

（1）自动类型转换（隐式类型转换）

当不同的数据类型满足如下两个条件时，可以进行自动转换。

- ◆ 两种类型兼容。例如，int 和 double 兼容。
- ◆ 目标类型占用空间大于源类型。例如，double 型大于 int 型。

举例如下。

```
byte b = 3;
int x = b;  //没有问题，b 的结果自动转换
为 int 类型
```

（2）强制类型转换（显式类型转换）

当两种类型彼此不兼容，或目标类型取值范围小于源类型时，自动转换无法进行，就须进行强制类型转换。强制类型转换的格式如下。

目标类型 变量=（目标类型）值

```
byte a;
int b=266;
a=(byte) b;
```

上述语句在强制数据类型转换时，在内存中的存储如图 2-3 所示。

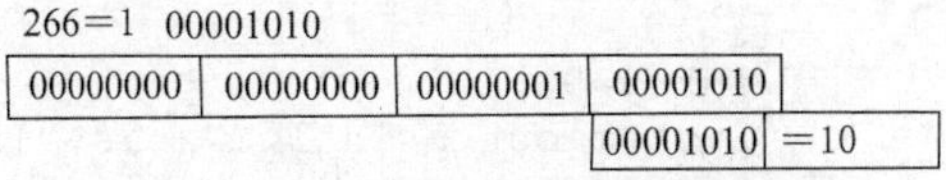

266=1 00001010

00000000	00000000	00000001	00001010
			00001010	= 10

图 2-3　强制类型转换的内存变化

从图 2-3 中可以看出，整型常量 266 转换成二进制为 100001010，在内存中占用 4 个字节，而 byte 类型的变量只占用 1 个字节，所以当强制类型转换发生时，就会将变量 b 的 4 个字节的数据放到一个字节中，所以，变量 a 的值变为 10。

特别注意：当强制类型转换发生时，要注意精度降低或者溢出。

```
double price = 10.4;
int intPrice = (int)price;    //intPrice
的值为 10
```

（3）表达式数据类型的自动提升

当一个表达式的操作数类型不一致时，会发生怎样的状况？

```
byte b=5;
b=b-2;
```

b-2 这个表达式就是一个 byte 类型的数减去一个整型的数，结果是一个整型的数，而整型的数赋值给一个 byte 类型的变量，要进行强制类型转换。这就是表达式数据类型的自动提升。

表达式数据类型自动提升的一般规则如下。

- ◆ 所有的 byte 型、short 型和 char 型的值都将被提升到 int 型。
- ◆ 如果一个操作数是 long 型，则整个表达式可提升为 long 型。
- ◆ 如果一个操作数是 float 型，则整个表达式可提升为 float 型。
- ◆ 如果一个操作数为 double 型，则整个表达式可提升为 double 型。

【任务 2】某商品的售价为 19.99 元，最近由于原材料成本上涨，需要提价 2 元，计算提交后该商品的售价。

Step 1　在项目 Charpter2 中创建类 Charpter2_02，输入如下代码：

```
package com.bjl;

public class Charpter2_02 {
    public static void main(String[]
args){
        double firstPrice = 19.99;
                //开始的价格
        double adjustPrice;
                //调整后的价格
        int rise = 2; //提交的金额

        adjustPrice=firstPrice+rise;

        System.out.println("调整后
```

的价格为：" + adjustPrice);

```
        }
    }
```

Step 2　保存并运行程序，结果如图 2-4 所示。

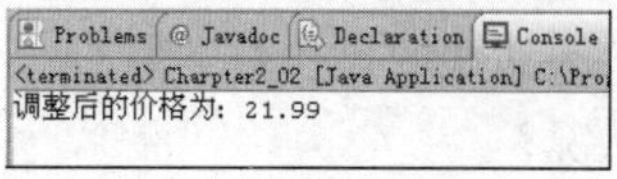

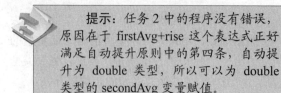

图 2-4　程序输出结果

提示：任务 2 中的程序没有错误，原因在于 firstAvg+rise 这个表达式正好满足自动提升原则中的第四条，自动提升为 double 类型，所以可以为 double 类型的 secondAvg 变量赋值。

【任务 3】去年某品牌的笔记本电脑所占的市场份额是 20%，今年增长的市场份额是 9.8%，计算今年所占的份额。

Step 1　在项目 Charpter2 中创建类 Charpter2_03，输入如下代码。

```java
package com.bjl;

public class Charpter2_03 {
    public static void main(String[] args){
        int lastyear = 20;  //市场份额
        double increase = 9.8;
                        //增长的份额

        int thisyear=lastyear+increase;
                        //现在的份额
        System.out.println("今年的市场份额为："+ thisyear);
    }
}
```

Step 2　保存并运行程序，会出现错误 "Type mismatch: cannot convert from double to int"。

Step 3　修改程序，将 "int thisyear = lastyear + increase;" 修改为 "int thisyear = lastyear + (int) increase;"。

Step 4　再次保存并运行，结果如图 2-5 所示。

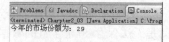

图 2-5　程序修改后运行的结果

提示：任务 3 中之所以一开始就出现错误，是因为 before+rise 会自动提升为 double 类型，而我们定义的是 int 类型，所以必须进行强制类型转换。另外，Eclipse 为我们提供了快速解决问题的途径。方法是：将鼠标移至发生错误的代码上，就会出现错误更正，如图 2-6 所示。我们只要单击正确的修改方法即可。

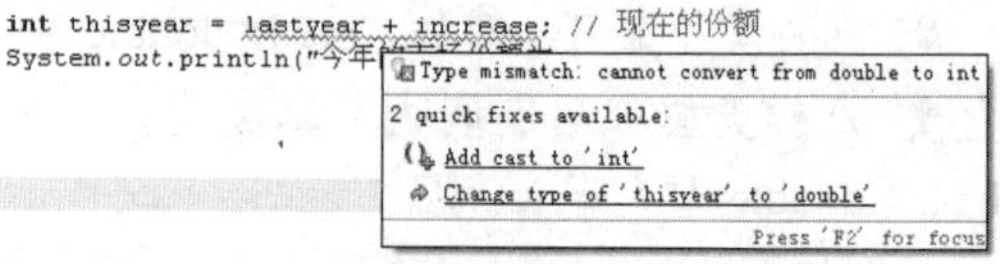

图 2-6　Eclipse 出现的错误更正

2.1.4　变量的作用域

在 C、C++、Java 中，一对花括号中间的部分就是一个代码块，代码块决定其中定义的变量的作用域。代码块由若干语句组成，必须用花括号括起来形成一个复合语句。多个复合语句可以嵌套在另一对花括号中形成更复杂的复合语句。

代码块决定了变量的作用域，作用域决定了变量的"可见性"和"存在时间"。

```java
public class Test Scope
{
    public static void main(String [] args)
    {
        int x=12;
        {
            int y=96;
            System.out.println("x is "+x);
            System.out.println("y is "+y);
        }
        y=x;
        System.out.println("y is "+y);
    }
}
```

上面的代码将会在"y=x;"这一句上出现错误，原因是变量 y 的作用域只在它所在的代码块中有效，超出这个范围，变量 y 就会无效，所以会出现错误。

2.2 Java 中的运算符

Java 语言有着相当广泛的运算功能。所谓运算，就是通过某些运算符将一个或多个运算对象连接起来，组成一个符合 Java 语法的式子，这个式子被称为表达式。系统经过对表达式的处理，产生一定的结果。其中，运算对象必须属于某种确定的数据类型。对大多数的运算符来说，运算符的前后都需要有运算对象，这种运算符称为二元运算符。但也有些运算符，它的运算对象只有一个，例如，对一个数进行取负值（−）的运算，这种运算符便称为一元运算符。Java 的运算符主要有以下几类。

- 赋值运算符。
- 算术运算符。
- 关系运算符。
- 逻辑运算符。
- 复合赋值运算符。

2.2.1 赋值运算符

当需要为各种不同的变量赋值时，就必须使用赋值运算符"="，这里的"="不是"等于"的意思，而是"赋值"的意思，例如：

```
a1=10;
```

这个语句的作用是将整数 10 赋值给变量 a1，使变量 a1 的值为 10。再看下面的语句。

```
a1=a1+1;
```

这个语句的功能是：把 a1 加 1 后的结果赋值给变量 a1，若执行此语句前 a1 的值为 10，则执行本语句后，a1 的值将变为 11。

Java 中也可以把赋值语句连在一起，如下。

```
j = i =3;
```

对于这种语句，系统的处理方式是：首先将整数 3 赋值给变量 i，然后将（i=3）这部分内容转换成赋值表达式，这个表达式的值（运算结果）也是 3，最后再将表达式（i=3）的值赋值给 j，因此，此时变量 j 的值为 3。

【任务 4】班级中，张三的年龄为 19 岁，李四和张三一样大，输出李四的年龄。

Step 1 在项目 Charpter2 中创建类 Charpter2_04，输入如下代码。

```
package com.bjl;

public class Charpter2_04 {
    public static void main(String[] args){
        int zhangsanAge = 19;
        int lisiAge;
        lisiAge = zhangsanAge;
            //李四的年龄和张三的年龄相同
        System.out.println("李四的年龄是: "+lisiAge);
    }
}
```

Step 2 保存并运行程序，结果如图 2-7 所示。

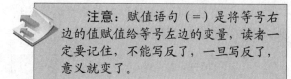

图 2-7　程序运行的结果

> **注意**：赋值语句（=）是将等号右边的值赋值给等号左边的变量，读者一定要记住，不能写反了，一旦写反了，意义就变了。

2.2.2 算术运算符

算术运算符大多用于数学运算，如表 2-4 所示。

表 2-4　算术运算符

对象数	名称	运算符	运算规则	运算对象	表达式实例	运行结果
一元	正	+	取原值	整型（或）实型	+3	+3
	负	−	取负值		−4	−4
二元	加	+	加法		4+5	9
	减	−	减法		8−2	6
	乘	*	乘法		4*9	36
	除	/	除法		7.0/2	3.5
	模	%	整除取余	整型	10%3	1

举例如下。

```
public class MathOperator{
    public static void main(String
args[]){
        int a=13;
            // 声明 int 变量 a,并赋值为 13
        int b=4;
            // 声明 int 变量 b,并赋值为 4
        System.out.println("a="+a+",
b="+b);    // 输出 a 与 b 的值
        System.out.println("a+b="+(a+b));
            // 输出 a+b 的值
        System.out.println("a-b="+(a-b));
            // 输出 a-b 的值
        System.out.println("a*b="+(a*b));
            // 输出 a*b 的值
        System.out.println("a/b="+(a/b));
            // 输出 a/b 的值
        System.out.println("a/b="+
((float)a/b));  // 输出(float)a/b 的实型数值
        System.out.println(a+"%"+b+"="+
(a%b));    // 输出 a%b 的值
        System.out.println(b+"%"+a+
"="+(b%a));    // 输出 b%a 的值
    }
}
```

读者可自己运行上面的程序并查看运行的结果,以加深对算术算符的理解。

> **提示**:读者要特别注意运算符(/),运算数为整数时,结果是整数,只保留商的整数部分;如果是浮点数,结果才是浮点数。

如果要进行加 1 或者减 1 的运算,可以使用一种快捷运算符,又称为递增运算符和递减运算符:"++"和"--"。如果在程序中定义了变量 i,在程序运行时想让它的值增 1,可使用如下语句。

i = i + 1;

也可以使用下面的语句。

i++;

这两句语句的意义是相同的。

递增运算符是一元运算符,它可以放在运算对象的后面(i++),也可以放在运算对象的前面(++i)。必须注意的是,这两者所代表的意义是不一样的,i++的运算规则是先使用,后增 1。递增/递减运算符及其运算规则如表 2-5 所示。

表 2-5　递增/递减运算符及其运算规则

对象数	名称	运算符	运算规则	运算对象
一元	增 1(前置)	++	先加 1,后使用	整型、字符型
	增 1(后置)	++	先使用,后加 1	
	减 1(前置)	--	先减 1,后使用	
	减 1(后置)	--	先使用,后减 1	

举例如下。

```
int a=10;          //变量 a 的值为 10
int b=a++;
//执行完毕后,b 的值为 10,a 的值为 11
int c=++a;
//执行完毕后,c 的值为 12,a 的值为 12
```

2.2.3　关系运算符

1. 布尔(boolean)类型

我们在生活中,经常会遇到这样的问题。

◆ 一件商品是真货还是假货。

◆ 食堂有没有包子卖。

那么,在计算机中,用什么类型能够表示上面的两个问题?答案是布尔类型,用 true 表示真,用 false 表示假。

2. 关系运算符(比较运算符)

关系运算实际上是"比较运算",将两个值进行比较,判断比较的结果是否符合给定的条件,Java 的关系运算符都是二元运算符,由关系运算符组成的关系表达式的计算结果为布尔类型(即逻辑型),即要么是 true,要么是 false。

具体的关系运算符及其运算规则如表 2-6 所示。

表 2-6　关系运算符及其运算规则

名称	运算符	运算规则	运算对象	表达式实例	运行结果
小于	<	满足条件,结果为真,否则为假	整型、实型、字符型等	2<3	true
小于或等于	<=			6<=6	true

续表

名称	运算符	运算规则	运算对象	表达式实例	运行结果
大于	>			'a'>'b'	False
大于或等于	>=	满足条件，结果为真，否则为假	整型、实型、字符型等	7.8>=5.6	true
等于	=			9=9	true
不等于	!=			7!=7	false

关系运算符经常与逻辑运算符一起使用，作为程序流控制语句的判断条件。

【任务 5】从键盘中输入某品牌手机的价格（整数），比较该手机的价格是否比 iPhone（4599）便宜，并输出比较结果。

Step 1 在项目 Charpter2 中创建类 Charpter2_05，输入如下代码。

```
package com.bjl;
import java.util.Scanner;
public class Charpter2_05 {
    public static void main(String[] args){
        int iPhonePrice = 4599;
                    //iPhone 的价格
        boolean isCheap ;
//声明一个 boolean 类型的变量
        Scanner input = new Scanner(System.in);
        System.out.print("输入某品牌手机的价格: ");   //提示要输入某品牌手机的价格
        int price = input.nextInt();
                    //通过键盘输入该品牌手机的价格
        isCheap = price < iPhonePrice;
//将比较结果保存在 boolean 变量中
        System.out.println( "该手机比 iPhone 便宜吗？ "+isCheap ); //输出比较结果
    }
}
```

Step 2 保存并运行程序，结果如图 2-8 所示。

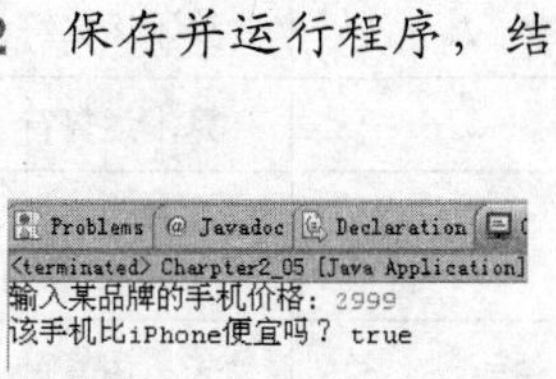

```
Problems @ Javadoc Declaration
(terminated) Chapter2_05 [Java Application]
输入某品牌的手机价格: 2999
该手机比iPhone便宜吗？ true
```

图 2-8　程序运行的结果

提示:

（1）从控制台接收从键盘输入的一个值，使用如下语句完成。

```
Scanner input = new Scanner(System.in);
int price = input.nextInt();
```

Scanner 是一个类，这个类需要引入包 java.util.Scanner，所以在程序开始处要有 "import java.util.Scanner;" 这一句话。

（2）快速引入包可以使用 Ctrl+Shift+O 组合键来完成。

2.2.4　逻辑运算符

逻辑运算符经常用来连接关系表达式，对关系表达式的值进行逻辑运算，因此，逻辑运算符的运算对象必须是逻辑型数据，其逻辑表达式的运行结果也是逻辑型数据。即逻辑运算符用于对 boolean 类型的表达式进行运算，运算的结果是 boolean 型。几种逻辑运算符的具体含义如表 2-7 所示。

表 2-7　逻辑运算符

运算符	表达式	说明
&&	条件1 && 条件2	仅仅两个条件同时为真，结果为真
||	条件1 || 条件2	只要两个条件有一个为真，结果为真
!	! 条件	条件为真时，结果为假 条件为假时，结果为真
^	条件1 ^ 条件2	两个条件相同时，结果为假 两个条件不相同时，结果为真
&	条件1 & 条件2	同&&
|	条件1 || 条件2	同||

&和&&的区别在于，如果使用前者连接，那么无论任何情况，&两边的表达式都会参与计算。如果使用后者连接，当&&的左边为 false 时，则不会计算&&右边的表达式。

逻辑表达式往往用于表示比较复杂的条件，例如，要判别某一年（year）是否是闰年，闰年的判别条件是：能被 4 整除但不能被 100 整除，或者能被 400 整除。可以用一个逻辑表达式来表示：

(year % 4==0 && year % 100 !=0) || year
% 400 == 0

当 year 为某一整数值时，上述表达式值为 true，则 year 年为闰年，否则为非闰年。

2.2.5 复合赋值运算符

所谓复合赋值运算符就是将算数运算符和赋值运算符结合起来的一种运算符。这些运算符的说明及使用方式如表 2-8 所示。

表 2-8　逻辑运算符

运　算　符	举　例	含　义	等　价　于
+=	a+=b	a+b 的值存放到 a 中	a=a+b
-=	a-=b	a-b 的值存放到 a 中	a=a-b
*=	a*=b	a*b 的值存放到 a 中	a=a*b
/=	a/=b	a/b 的值存放到 a 中	a=a/b
%=	a%=b	a%b 的值存放到 a 中	a=a%b

例如：

```java
public class CompoundOper {
    public static void main(String args[]) {
        int a = 5, b = 8;
        System.out.println("未进行计算前的值:a=" + a + ", b=" + b);
        a += b; // 计算 a+=b 的值，等价于 a=a+b;
        System.out.println("执行完+=后:a=" + a + ", b=" + b);
        a -= b; // 计算 a-=b 的值，等价于 a=a-b;
        System.out.println("执行完-=后:a=" + a + ", b=" + b);
        a *= b; // 计算 a*=b 的值，等价于 a=a*b;
        System.out.println("执行完*=后:a=" + a + ", b=" + b);
        a /= b; // 计算 a/=b 的值，等价于 a=a/b;
        System.out.println("执行完/=后:a=" + a + ", b=" + b);
        a %= b; // 计算 a%=b 的值，等价于 a=a%b;
        System.out.println("执行完%=后:a=" + a + ", b=" + b);
    }
}
```

读者可自己运行上面的程序并查看运行的结果。

2.2.6 运算符的优先级

Java 语言规定了运算符的优先级与结合性。优先级是指同一表达式中多个运算符被执行的次序，在对表达式求值时，先按运算符的优先级别由高到低的次序执行，例如，算术运算符中采用"先乘除后加减"。如果一个运算对象两侧的运算符优先级别相同，则按规定的"结合方向"处理，称为运算符的"结合性"。Java 规定了各种运算符的结合性，如算术运算符的结合方向为"自左至右"，即先左后右。Java 中也有一些运算符的结合性是"自右至左"的。

例如，当"a = 3；b = 4"时：

（1）若 k = a-5 + b，则 k = 2 （先计算 a-5，再计算-2+b）。

（2）若 k = a + =b-= 2，则 k = 5（先计算 b-= 2，再计算 a + = 2）。

表 2-9 列出了各个运算符优先级别的排列及其结合性，数字越小，表示优先级别越高，读者应该在使用运算符时经常参考。

表 2-9　运算符的优先级

优先级	运算符	说明	执行顺序
1	()	括号运算符	自左至右
1	[]	方括号运算符	自左至右
2	!、+（正号）、-（负号）	一元运算符	自右至左
2	~	位运算符	自右至左
2	++、--	递增运算符、递减运算符	自右至左
3	*、/、%	算术运算符	自左至右
4	+、-	算术运算符	自左至右
5	<<、>>	位左移运算符、位右移运算符	自左至右
6	>、>=、<、<=	关系运算符	自左至右
7	==、!=	关系运算符	自左至右

续表

优先级	运算符	说明	执行顺序
8	&	位运算符	自左至右
9	^	位运算符	自左至右
10	|	位运算符	自左至右
11	&&	逻辑运算符	自左至右
12	||	逻辑运算符	自左至右
13	?:	条件运算符	自右至左
14	=、+=、- =、*=、/=、%=	（复合）赋值运算符	自右至左

可以使用括号改变运算赋的优先级，分析"int a =2;int b = a + 3*a;"语句的执行过程与"int a =2;int b = (a + 3) *a;"语句的执行过程的区别。

对于"int a =2; int b= a + 3 * a++;"这样的语句，b 最终等于多少呢？笔者试验得到的结果是 8。

对于"int a =2; int b= (a ++)+ 3 * a;"这样的语句，b 最终等于多少呢？笔者试验得到的结果是 11。

> 提示：应该如何避免多个运算符带来的问题？
>
> 不要在一行中编写太复杂的表达式，也就是不要在一行中进行太多的运算。在一行中进行太多的运算并不能为你带来什么好处，相反，只能带来坏处，它并不比改成几条语句的运行速度快，除可读行差外，它还极容易出错。
>
> 对于优先级顺序，读者不用刻意去记，有个印象就行。如果实在弄不清这些运算的先后关系的话，就用括号或是分成多条语句来完成你想要的功能，因为括号的优先级是最高的。
>
> 合理的使用括号不仅能够增加程序的可读性，而且也是软件编码规范的一个要求。

2.3　Java 的结构化程序设计

结构化程序设计有三种基本程序流程结构：顺序（Sequence）结构、选择（Selection）结构和循环（Loop）结构。若在程序中没有给出特别的执行目标，系统默认自上而下一行一行地执行该程序，这类程序的结构就称为顺序结构。但是，事物的发展往往不会遵循早就设想好的轨迹进行，因此，所设计的程序还需要具有在不同的条件下处理不同问题，以及当需要进行一些相同的重复操作时省时省力地解决问题的能力。

2.3.1　顺序结构语句

顺序结构就是程序从上到下一行一行地执行，中间没有判断和跳转，直到程序结束。这种程序结构流程图如 2-9 所示。

图 2-9　顺序结构流程图

2.3.2　选择结构语句

1. 简单的 if 语句

if 条件结构是根据条件判断之后再做处理，其语法格式如下。

```
if ( 条件表达式 ) {
    语句
}
```

其中，条件表达式的设置是很重要的，它返回逻辑（布尔）值，如果值为 true，则进入花括号部分的语句块处理；否则跳过该部分，执行下面的语句。如果{语句块}中只有一句语句，则左右花括号可以不写。简单的 if 语句又称为单分支语句，它的执行流程如图 2-10 所示。

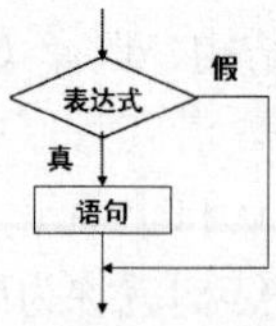

图 2-10　简单的 if 语句流程图

【任务6】某品牌的手机刚刚研制成功，现在通过键盘输入该手机的价格（整数），如果超过2000 元，就输出"价位有点高！"。

Step 1　在项目 Charpter2 中创建类 Charpter2_06，输入如下代码。

```
package com.bjl;
import java.util.Scanner;
public class Charpter2_06 {
    public static void main(String[] args) {
        Scanner input = new Scanner(System.in);
        System.out.print("输入该手机的价格：");
        int price = input.nextInt();
            // 价格保存在变量 price 中
        if (price > 2000) { // 判断是否大于2000 元
            System.out.println("价位有点高！");
        }
    }
}
```

Step 2　保存并运行程序，结果如图 2-11所示。

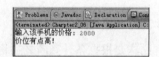

图 2-11　简单 if 语句流程图

【分析】

在上述任务中，如果输入的价格大于 2000，则显示"价位有点高！"，否则什么都不显示，这也是分支结构语句执行的特点。

【任务 7】张三要买一台笔记本电脑，他的要求是：CPU 主频必须不低于 2.6GHz，而且内存必须不低于 4GB；或者 CPU 的主频低于 2.6GHz，内存必须不低于 8GB。

Step 1　分析程序，该程序必须使用 if 语句，但是条件部分比较复杂，分别是 CPU 主频>=2.6 并且内存容量>=4，或者 CPU 主频<2.6 并且内存容量>=8，所以我们根据要求，可以将条件写为：

cpu >= 2.6 && ram >=4 || cpu<2.6 && ram >=8

根据要求，我们加上括号用以区分两个条件。

(cpu >= 2.6 && ram >=4) || (cpu<2.6 && ram >=8)

Step 2　在项目 Charpter2 中创建类 Charpter2_07，输入如下代码。

```
package com.bjl;

public class Charpter2_07 {
    public static void main(String[] args) {
        double cpu = 2.8;  //CPU 的主频
        int ram = 4;        //内存容量
        if ((cpu >= 2.6 && ram >=4) || (cpu<2.6 && ram >=8 )) {
            System.out.println("该笔记本满足张三的要求");
        }
    }
}
```

Step 3　保存并运行程序，结果如图 2-12所示。

图 2-12　带逻辑运算符的 if 语句

【分析】

在上述任务中，if 语句后的条件表达式使用了逻辑运算符，读者一定要注意逻辑运算符的括号不能少。另外，我们将 CPU 的主频和内存大小都固定了，没有使用键盘输入，读者可自行修改程序，使其可以使用键盘接收输入的成绩。

2. 带有 else 的 if 语句

if-else 语句的操作比 if 语句多了一步：如果表达式的值为假，则程序进入 else 部分的语句块（语句块 2）处理。故它又被称为双分支结构语句。

if-else 语句的语法格式如下。

```
if (<表达式>) {
    语句块 1
}
else{
    语句块 2
}
```

if-else 语句的流程结构如图 2-13 所示。

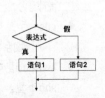

图 2-13　if-else 语句的流程结构

【任务 8】某品牌的手机刚刚研制成功,现在通过键盘输入该手机的价格（整数）,如果超过 2000 元,就输出"价位有点高!",否则输出"价格适中"。

Step 1　在项目 Charpter2 中创建类 Charpter2_08,输入如下代码。

```
package com.bjl;
import java.util.Scanner;

public class Charpter2_08 {
    public static void main(String[] args) {
        Scanner input = new Scanner(System.in);
        System.out.print("输入该手机的价格: ");
        int price = input.nextInt();
        // 价格保存在变量 price 中
        if (price > 2000) { // 判断是否大于 2000 元
            System.out.println("价位有点高! ");
        }
        else{
            System.out.println("价位适中! ");
        }
    }
}
```

Step 2　保存并运行程序。该程序比较简单,读者可自行运行程序并查看结果。

【知识补充】对于 if-else 语句,有一个更为简单的写法。

变量 = 条件? 语句 1:语句 2;

例如,

```
if(x>10)
  y=x+1;
```

```
else
  y=x+2;
```

可以简单地写为如下语句。

```
y=x>10?x+1:x+2;
```

3. 多重 if 语句

多重 if 语句用于处理多个分支的情况,因此又称多分支结构语句。其语法格式如下。

```
if (<表达式 1>) {
    语句块 1
}
else if (<表达式 2>){
    语句块 2
}
    ...
else if (<表达式 n>) {
    语句块 n
}
[else {
    语句块 n+1
}]
```

其结构流程如图 2-14 所示。

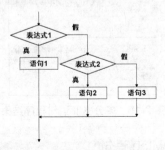

图 2-14　多重 if 语句的流程结构

【任务 9】从键盘中输入张三的 Java 成绩（整数）,对成绩进行评测。

成绩>=90: 优秀

成绩>=80: 良好

成绩>=60: 中等

成绩<60: 差。

Step 1　在项目 Charpter2 中创建类 Charpter2_09,输入如下代码。

```
package com.bjl;
import java.util.Scanner;
public class Charpter2_09 {
    public static void main(String[]
```

```
args) {
        Scanner input = new Scanner
(System.in);
        System.out.print("输入张三的
Java 成绩: ");
        int score = input.nextInt();
// 输入张三的 Java 成绩存入变量 score 中
        if ( score >= 90 ) {
                System.out.println
("优秀");
        } else if (score >= 80 ) {
                System.out.println
("良好");
        } else if (score >= 60 ) {
                System.out.println
("中等");
        } else {
                System.out.println("差");
        }
    }
}
```

Step 2 保存并运行程序,运行结果如图 2-15 所示。

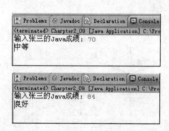

图 2-15 多分支 if 语句程序结果

4. switch 语句

switch 语句是 Java 支持的另一种多分支结构语句,使用 switch 语句进行程序设计,将使程序的结构更简练,表达更为清晰。switch 语句语法结构如下。

```
switch (<表达式>) {
    case 数值 1: { 语句块 1}
        break;
    case 数值 2: { 语句块 2}
        break;
    …
    case 数值 n: { 语句块 n}
        break;
    [default: {
        语句块 n+1
    }]
}
```

switch 语句的执行过程和多重 if 语句的执行过程类似。对于 switch 语句有如下几点说明。

- default 语句是可选的,它接受除上面接受值的其他值,通俗地讲,就是谁也不要的都归它。
- case 后面可以跟多条语句,这些语句可以不用大括号括起来。
- switch 语句判断条件接受 int、byte、char、short 型,不接受其他类型。
- 一旦匹配,就会开始顺序执行以后所有的程序代码,而不管后面的 case 条件是否匹配,后面 case 条件下的代码都会被执行,直到碰到 break 语句为止。我们可以利用这个特点来用同一段语句处理多个 case 条件。

【任务 10】 本学期期末后,张三可能会获得奖学金金,对于奖学金的规划如下:

如果为一等奖学金,将购买笔记本电脑;
如果为二等奖学金,将购买一款新的智能手机;
如果为三等奖学金,将请宿舍的同学吃饭;
否则,继续努力学习。

Step 1 在项目 Charpter2 中创建类 Charpter2_10,输入如下代码。

```
package com.bjl;
public class Charpter2_10 {
    public static void main(String[]
args) {
        int scholarShip = 1;
        switch (scholarShip) {
        case 1:
            System.out.println("购买
笔记本");
            break;
        case 2:
            System.out.println("购买
智能手机");
            break;
        case 3:
            System.out.println("请同
学吃饭");
            break;
        default:
            System.out.println("继续
努力学习");
```

```
case 2:
    System.out.println("请同学吃饭");
default:
    System.out.println("继续努力
学习");
    }
```

【答】有错误，case 后面的常量必须各不相同，上面程序中 case 后的常量有重复"2"。

【问题 3】以下代码有问题吗？如果有，应该如何修改？

```
String sex = "男生";
switch (sex){
    case "男生":
        System.out.println("男生做引
体向上");
        break;
    case "女生":
        System.out.println("女生做仰
卧起坐");
        break;
    }
...
```

【答】有错误，switch 后面小括号中表达式的值必须是整型或字符型。

2.3.3　循环结构语句

在程序设计过程中，当满足一定的前提条件就需要反复执行一些相同的操作时，使用循环结构语句便是最好的选择了。

例如，张三每天早上起来对着镜子说100遍"我能行"。根据以前学过的知识，我们可以这样完成。

```
System.out.println("第 1 次说:我能行!");
System.out.println("第 2 次说:我能行!");
...
System.out.println("第 100 次说:我能行!");
```

为了完成 100 遍输出"我能行"，我们需要写 100 次的"System.out.println("第 *n* 次说：我能行！");"，但是，如果张三每天要说 10000 遍"我能行"，难道我们还要写 10000 条语句？

仔细看这 100 条语句，发现这 100 条语句都差不多，除了数字不一样外，其他的都一样，所以可以使用循环结构语句。

Java 语言提供的循环结构语句包括 while 语

Step 2　保存并运行程序，运行结果如图 2-16 所示。

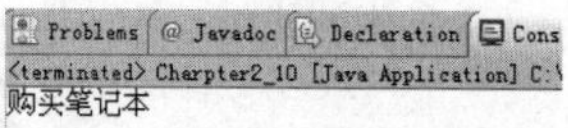

图 2-16　switch 语句执行的结果

5. 在使用分支语句过程中常见的错误

【问题 1】以下代码有问题吗？如果有，应该如何修改？

```
int scholarShip = 1;
switch (scholarShip) {
    case 1:
        System.out.println("购买笔记本");
    case 2:
        System.out.println("购买智能
手机");
    case 3:
        System.out.println("请同学吃
饭");
    default:
        System.out.println("继续努力
学习");
    }
```

【答】没有错误，但是因为每一个分支都没有 break 语句，所以 case1 后面的所有语句都将执行，结果如图 2-17 所示。

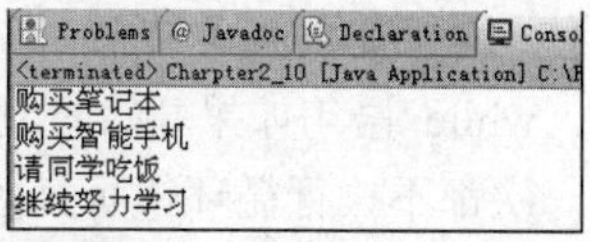

图 2-17　没有 break 语句的 switch 执行的结果

【问题 2】以下代码有问题吗？如果有，应该如何修改？

```
int scholarShip = 1;
switch (scholarShip) {
    case 1:
        System.out.println("购买笔记本");
    case 2:
        System.out.println("购买智能
手机");
```

句、do-while 语句和 for 语句。

1. while 语句

while 语句是循环语句，也是条件判断语句。while 语句的语法结构如下。

```
while ( 循环条件 ) {
        循环操作
}
```

当循环条件的返回值为真时，则执行循环操作的语句，当执行完以后，再次检测循环条件，直到循环条件的返回值为假。while 语句的流程结构如图 2-18 所示。其特点是：先判断，再执行。

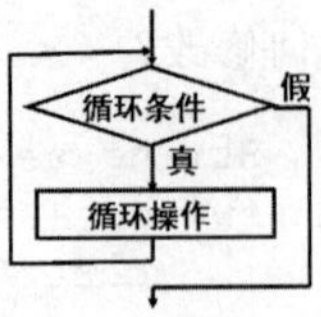

图 2-18 while 语句的流程结构

所以，张三说 100 次"我能行"，可以用下面的语句实现。

```
int i = 1;
while (  i <= 100   ) {
        System.out.println("我能行!");
        i ++;
}
```

如果张三要说 10 000 遍"我能行"，我们只要将上面的 100 修改为 10 000，即可完成。

分析上面的 while 语句，循环结构的两个要素如下。

◆ 循环条件：即满足什么样的条件才会循环。

◆ 循环操作：即每一次要做什么。

【任务 11】 通过控制台录入班级人数和每个学生的成绩，并计算班级学生的平均成绩。

Step 1 在项目 Charpter2 中创建类 Charpter 2_11，输入如下代码。

```
package com.bj1;
import java.util.Scanner;
public class Charpter2_11 {
    public static void main(String[] args) {
        int score;
        int sum=0;
        double avg=0;
        Scanner input = new Scanner
```

(System.in);
```
        System.out.print("输入班级的人数: ");
        int stuNum = input.nextInt();
        int i=1;
        while(i<=stuNum){
            System.out.print(" 请输入第" + i + "个学生的成绩: ");
            score=input.nextInt();
            sum = sum + score;
            i++;
        }
        avg = sum / stuNum ;
        System.out.println("平均成绩为: "+avg);
    }
}
```

Step 2 保存并运行程序，运行结果如图 2-19 所示。

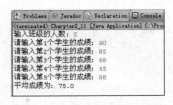

图 2-19 计算学生的平均成绩

2. do-while 语句

do-while 循环语句的功能与 while 语句类似，但 do-while 语句的循环终止判断是在循环体之后执行，也就是说，它总是先执行一次循环体，然后判断条件表达式的值是否为真。若为真，则继续执行循环体；否则循环到此结束。与 do-while 语句不同的是，while 语句如果开始时判别表达式为假，则可能一次都不执行循环体而直接结束循环。

do-while 循环的语法格式如下。

```
do {
        循环操作
} while ( 循环条件 );
```

do-while 语句的流程结构如图 2-20 所示。其特点是：先执行，再判断。

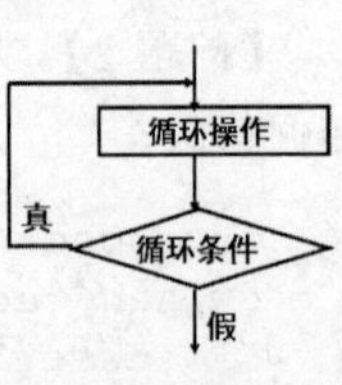

图 2-20 do-while 语句流程结构

【任务 12】 期末考试后，需要连续输入学生的成绩，输入"-1"则系统退出。

Step 1 在项目 Charpter2 中创建类 Charpter2_12，输入如下代码。

```
ppackage com.bjl;
import java.util.Scanner;
public class Charpter2_12 {
    public static void main(String[]
args) {
        int score;
        Scanner input = new Scanner
(System.in);
        do {
            System.out.print("请输入
学生的成绩：");
            score = input.nextInt();
        } while (score!=-1);
        System.out.println("程序结束");
    }
}
```

Step 2 保存并运行程序，运行结果如图 2-21 所示。

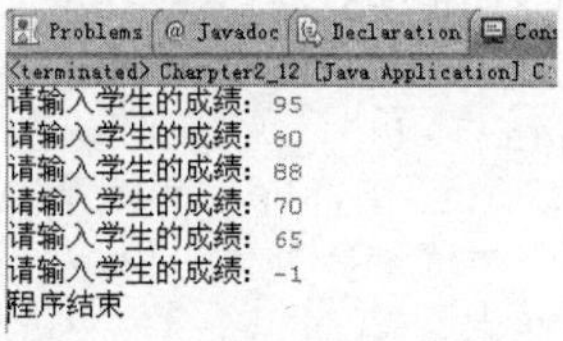

```
Problems @ Javadoc Declaration Con
<terminated> Charpter2_12 [Java Application] C:
请输入学生的成绩：95
请输入学生的成绩：80
请输入学生的成绩：88
请输入学生的成绩：70
请输入学生的成绩：65
请输入学生的成绩：-1
程序结束
```

图 2-21 do while 程序结果

> **提示：**
>
> （1）上面的程序不管怎样都会输出一次"请输入学生的成绩"。
>
> （2）while 后的语句有一个分号（;），读者千万不要忘了。

3. for 语句

for 循环语句的使用适用于明确知道重复执行次数的情况，其语句格式如下。

```
for（赋初值；判断条件；循环控制变量增减方式）{
    （循环体）语句块;
}
```

其执行顺序如下。

（1）第一次进入 for 循环时，对循环控制变量赋初值。

（2）根据判断条件的内容检查是否要继续执行循环，如果判断条件为真，继续执行循环，如条件为假，则结束循环并执行后面的语句。

（3）执行完循环体内的语句后，系统会根据循环控制变量增减方式，更改循环控制变量的值，再回到步骤（2）重新判断是否继续执行循环。

关于 for 语句的一个例子如下。

```
for ( int i = 0 ; i < 100 ; i++ ) {
    System.out.println("我能行");
}
```

【任务 13】 循环录入张三 5 门课的成绩，计算平均分。

Step 1 分析循环条件和循环操作。

◆ 循环次数：5。

◆ 循环条件：循环的次数不足 5，继续循环。

◆ 循环操作：录入成绩，计算成绩之和。

Step 2 套用 for 语法写出代码。

```
for( int i=0; i<5 ;i++){
}
```

Step 3 在项目 Charpter2 中创建类 Charpter2_13，输入如下代码。

```
package com.bjl;
import java.util.Scanner;
public class Charpter2_13 {
    public static void main(String[]
args) {
        int score;
        int sum=0;
        double avg;
        for(int i = 0; i < 5; i++){
            //循环 5 次录入 5 门课成绩
            Scanner input=new Scanner
(System.in);
            System.out.print("请输
入 5 门功课中第" + (i+1) + "门课的成绩：");
            score=input.nextInt();
            sum = sum + score;
        }
        avg = sum / 5;   //计算平均分
        System.out.println("张三的平
均分是：" + avg);
    }
}
```

Step 4 保存并运行程序，运行结果如图 2-22

所示。

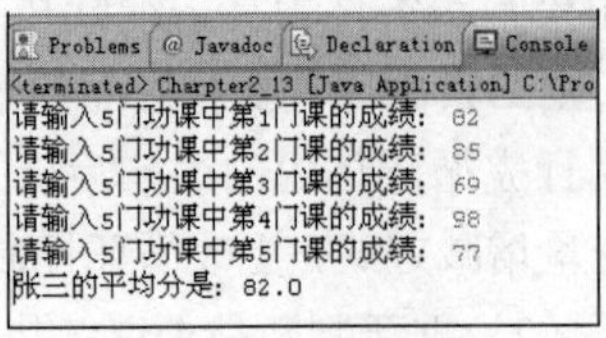

图 2-22　for 程序结果

for 循环语句格式中的三项内容（赋初值；判断条件；循环控制变量增减方式）可以视情况省略一两个甚至全缺。

```
for ( int i = 0 ;i< 100 ; i++ ) {
    System.out.println("我能行");
}
```

上面的语句可以修改如下。

```
int i=0;
for ( ; i <100 ; i++ ) {
    System.out.println("我能行");
}
```

或者修改如下。

```
int i=0;
for ( ; i< 100 ;) {
    System.out.println("我能行");
    i++;
}
```

提示：

（1）不管 for 语句后有几项内容，分号（;）是不可缺少的，即使三项内容一项没有。

（2）为了避免死循环，一定要确保 for 语句能够结束循环。

【任务 14】　输出图 2-23 所示的加法表。

图 2-23　加法表

Step 1　分析程序。

◆ 循环初始化：i = 0; j = 输入值。
◆ 循环条件：i<=输入值。
◆ 循环操作：计算 i+j。
◆ 循环变量的改变：i++, j－－。

Step 2　在项目 Charpter2 中创建类 Charpter2_14，输入如下代码。

```
package com.bjl;
import java.util.Scanner;
public class Charpter2_14 {
    public static void main(String[] args) {
        int val;
        Scanner input = new Scanner(System.in);
        System.out.print("请输入一个值: ");
        val = input.nextInt();
        System.out.println("根据这个值可以输出如下的加法表:");
        for (int i = 0, j = val; i <= val; i++, j--) {
            System.out.println(i + " + " + j + " = " + (i + j));
        }
    }
}
```

Step 3　保存并运行程序，其结果如图 2-23 所示。

4. break 语句

在 switch 结构中，break 语句用于退出 switch 结构。在 Java 中，同样可以用 break 语句强行退出循环，用于 do-while、while、for 语句时，可跳出循环并执行循环后面的语句。

【任务 15】循环录入某学生 5 门课的成绩并计算平均分，如果某分数录入为负，停止录入并提示录入错误。

Step 1　分析程序。

循环录入成绩，判断录入正确性：录入错误，使用 break 语句立刻跳出循环；否则，累加求和。

Step 2　在项目 Charpter2 中创建类 Charpter2_15，输入如下代码。

```java
package com.bj1;
import java.util.Scanner;
public class Charpter2_15 {
    public static void main(String[] args) {
        int score;
        int sum = 0;
        double avg;
        boolean wrong = true; // 标记成绩输入是否有错
        for (int i = 0; i < 5; i++) { // 循环 5 次录入 5 门课成绩
            Scanner input = new Scanner(System.in);
            System.out.print("请输入5门功课中第" + (i + 1) + "门课的成绩: ");
            score = input.nextInt();
            if (score < 0) {
                wrong = false;
                            // 出错标识
                break; // 退出循环
            }
            sum = sum + score;
        }
        if (wrong) {
            avg = sum / 5; // 计算平均分
            System.out.println("张三的平均分是: " + avg);
        } else {
            System.out.println("成绩输入有错! ");
        }
    }
}
```

Step 3　保存并运行程序，结果如图 2-24 所示。

图 2-24　break 程序结果

5. continue 语句

当程序运行到 continue 语句时，就会停止循环体中剩余语句的执行，而回到循环的开始处继续执行循环。

【任务 16】循环录入 Java 课的学生成绩，统计分数大于等于 80 分的学生比例。程序结果如图 2-25 所示。

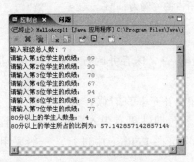

图 2-25　统计 80 分以上学生的比例

Step 1　分析程序。

◆ 通过循环，获得分数大于等于 80 分的学生人数 num。

◆ 判断：如果成绩<80，不执行 num++，直接进入下一次循环。

Step 2　在项目 Charpter2 中创建类 Charpter 2_16，输入如下代码。

```java
package com.bj1;

import java.util.Scanner;

public class Charpter2_16 {
    public static void main(String[] args) {
        int total;
        int num = 0;
        int score;
        Scanner input = new Scanner(System.in);
        System.out.print("请输入班级总人数: ");
        total = input.nextInt();

        for (int i = 0; i < total; i++) {
            System.out.print("请输入第" + (i + 1) + "个学生的成绩: ");
            score = input.nextInt();
            if (score < 80) {
                continue;
            }
            num++;
        }
        System.out.println("80 分以上的学生人数是: "+num);
        double rate = (double) num / total * 100;
```

```
        System.out.println("80 分以上
的学生所占的比例为: "+ rate + "%");
    }
}
```

Step 3　保存并运行程序，结果如图 2-25 所示。

【知识补充】有时候，程序比较长，而执行的结果和预期结果有出入，那么需要调试程序。调试程序可在 Eclipse 中进行，一般采用以下的步骤。

Step 1　在一个 Java 文件中设断点，即将光标放置到要设置断点的程序行，单击右键后，选择 Run→Toggle Breakpoint 菜单命令，在这一行的前面就会出现一个断点标志。断点可以理解为程序执行到这里就中断，等待用户的下一步操作，如图 2-26 和图 2-27 所示。

图 2-26　将光标移至设置短点的行

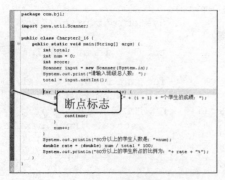

图 2-27　断点标志

Step 2　选择 Run→Debug As→Java Application 菜单命令，如图 2-28 所示。当程序运行到断点处就会出现如图 2-29 所示对话框。

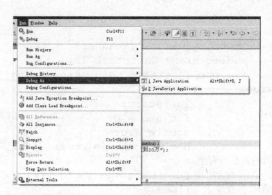

图 2-28　选择 Run→Debug as 菜单

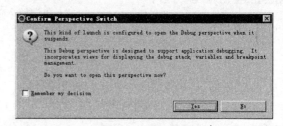

图 2-29　确认调试

Step 3　单击图 2-29 中的 Yes 按钮，出现 Debug 视图，如图 2-30 所示。

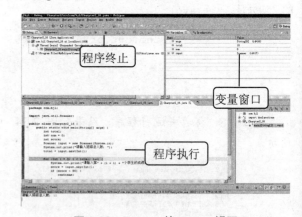

图 2-30　Eclipse 的 Debug 视图

Step 4　按 F5 键，可以观察程序执行窗口的变化——程序将一行一行地执行；同时也可以观察到变量窗口中变量值的变化。

Step 5　单击【程序终止】按钮（见图 2-30），停止调试。并通过单击工作台右上角的 "Open Perspestive" 按钮，在弹出的下列列表中选择"Java"命令回到开发界面，如图 2-31 所示。

图 2-31 选择 "Java" 命令返回开发界面

调试中常用的快捷键及含义如下。

♦ 快捷键 F5（step into）：单步执行，遇到子
函数就进入并且继续单步执行。

♦ 快捷键 F6（step over）：在单步执行时，
在函数内遇到子函数时不会进入子函数
内单步执行，而是将子函数整个执行完再
停止，也就是把整个子函数作为一步。

♦ 快捷键 F7（step return）：单步执行到子函
数内时，用 step return 就可以执行完子函
数余下部分，并返回到上一层函数。

2.4 数组

2.4.1 数组的基本概念

我们先看一下这个问题：考试完毕后，老师
让张三计算一下全班的平均分（30 人），并按照成
绩的高低输出成绩。

根据我们以前学过的知识，为了能够对成绩
进行排序，必须要保存全班同学的成绩，这就需
要定义 30 个变量并赋值，然后将 30 个变量的值
加起来，再除以 30，最后再排序。实现代码如下。

```
int score1,score2,score3,…,score30;
int score1 = 95;
int score2 = 89;
int score3 = 79;
```

```
int score4 = 64;
int score5 = 76;
int score6 = 88;
…
avg = (score1+score2+score3+score4+
score5+…+score30)/30;
…
```

在上述代码中，一次定义了 30 个相似的变量
scoreX，那如果有 100 个学生，1000 个学生呢？有
没有更简单的方法来代替上述定义变量的方法？

1. 数组的定义

在上面的问题中，我们可以用数组来代替 30
个变量。所谓的数组，就是一个变量，存储相同
数据类型的一组数据。在这个定义中，我们可以
得到以下的结论。

♦ 既然数组是一个变量，所以变量的名字就
是数组的名字。

♦ 数组可以存储数据，而且存储的数据类型
相同，所以数组是有类型的。

♦ 数组可以存储一组数据，那么，这一组数
据的个数是多少，所以数组有大小。

例如，有一个数组，名称是 score，存数的数
据类型是 int 类型，一共存储 5 个数据，那么，计
算机在内存中为这个数组会分配连续的 5 个内存
空间来存储数据，每个内存空间的大小是由存储
数据的类型决定的，即 int 类型的数据占用几个字
节，这个内存空间就占用几个字节。数组在内存
中的存储方式如图 2-32 所示。

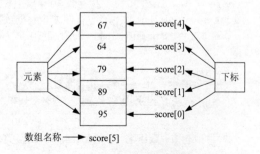

图 2-32 数组在内存中的存储方式

在图 2-32 中，我们可以看到 score 数组存储了 5
个整型数据，这 5 个数据被称为元素，第一个元素

到最后一个元素（即第五个元素），都是用数组名和下标来表示，score[0]，score[1]，score[2]，score[3]，score[4]。即第一个元素的下标为 0，第二个元素的下标为 1，第三个元素的下标为 2……，以此类推。

> 注意：在 Java 中规定，数组的下标从 0 开始，而不是从 1 开始，读者一定要牢记这点，否则会出现意想不到的错误。

由此得出结论，数组最大的好处就是可以一次定义多个相同类型的变量。

2. 使用数组

使用数组要遵循以下的步骤。

第一步：声明数组。其作用是告诉计算机，数组存储的数据是什么类型的。其格式如下。

数据类型　　数组名 [ ] ;

或者

数据类型 [ ] 　数组名 ;

例如：

```
int[ ] score1;          //Java 成绩
int score2[ ];          //C#成绩
String[ ] name;         //学生姓名
```

第二步：分配空间。其作用是告诉计算机数组要存储多少个数据。其格式如下。

数组名 　=　 new 　数据类型 [大小] ;

例如：（接上例）

```
score = new int[30];  //存储 30 个整型数据
avgAge = new int[6];  //存储 6 个整型数据
name = new String[30]; //存储 30 个字符串数据
```

> 提示：上述两步可以通过一步来完成，声明数组并分配空间，其格式如下。

数据类型 [ ] 　数组名 　=　 new 　数据类型 [大小] ;

例如：

```
int[] score = new int[30];  //存储 30
个整型数据
```

```
int[] avgAge = new int[6];
//存储 6 个整型数据
String[] name = new String[30];
//存储 30 个字符串数据
```

第三步：给数组的元素赋值。其作用是向内存空间中存放数据，具体如下。

```
score[0] = 89;
score[1] = 79;
score[2] = 76;
…
```

给数组元素赋值，如图 2-33 所示。

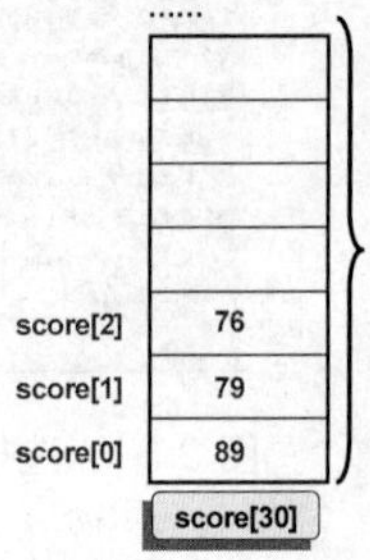

上面的赋值方法太麻烦了，我们可以通过以下两种方法来解决。

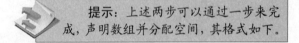

图 2-33　score 数据的 30 个元素

第一种方法：边声明边赋值。

```
int[ ] score = {89, 79, 76};
```

或者

```
int[ ] score = new int[ ]{89, 79, 76};
```

第二种方法：动态地从键盘录入信息并赋值。

```
Scanner input = new Scanner(System.in);
for(int i = 0; i < 30; i ++){
      score[i] = input.nextInt();
}
```

第四步：对数组中存储的数据进行处理：计算 5 位学生的平均分。例如：

```
int [ ] score = {60, 80, 90, 70, 85};
double avg;
avg = (score[0] + score[1] + score[2]
+ score[3] + score[4])/5;
```

或者使用循环：

```
int [ ] score = {60, 80, 90, 70, 85};
int sum = 0;
double avg;
for(int index = 0; index < score.length;
index++){
      sum = sum + score[index];
}
avg = sum / score.length;
```

【任务 17】 张三的班里有 30 位学生，使用动态录入并赋值的方式计算平均分。

Step 1 在项目 Charpter2 中创建类 Charpter 2_17，输入如下代码。

```
package com.bjl;
import java.util.Scanner;
public class Charpter2_17 {
    public static void main(String[] args) {
        int sum = 0; // 用来保存总分
        int[] score = new int[30];
                // 声明并分配空间
        double avg;
        Scanner    input    =    new
Scanner(System.in);
                // 动态录入学生的成绩
        for (int i = 0; i < 30; i++) {
            System.out.print("请输入第" + (i + 1) + "个学生的成绩：");
            score[i] = input.nextInt();
            sum = sum + score[i];
        }
        avg = (double) sum / 30;
        System.out.println("班级的平均分为：" + avg);
    }
}
```

Step 2 保存并运行程序，结果如图 2-34 所示。

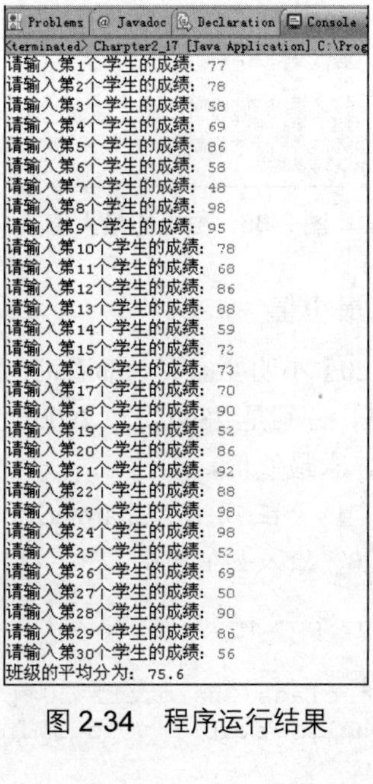

图 2-34　程序运行结果

2.4.2　二维数组

虽然可以直观地认为具有两个下标的数组是二维数组，但在 Java 程序设计语言中，因为数组元素可以声明成任何类型，因此，二维数组也可以定义为元素的数据类型还是一维数组的一维数组。二维数组声明语法格式如下。

数据类型　数组名[][] = new　数据类型 [大小] [大小] ；

例如：

```
int array2[][]=new int[5][6];
```

上述语句声明了一个二维数组，其中，[5]表示该数组有 5 行（0～4），每一行有 6 个元素（0～5），因此整个数组有 30 个元素。

对于二维数组元素的赋值，同样可以在声明的时候进行。例如：

```
int score[][]={{20,25,26,22},{23,24,20,28}};
```

此语句的功能是声明了一个整型的 2 行 4 列的数组，同时进行赋值，结果如下。

score [0][0]=20; score[0][1]=25; score[0][2]=26; score[0][3]=22;

score[1][0]=23; score[1][1]=24; score[1][2]=20; score[1][3]=28;

【任务 18】 二维数组的建立与输出。

Step 1 在项目 Charpter2 中创建类 Charpter2_18，输入如下代码。

```
package com.bjl;
public class Charpter2_18 {
    public static void main(String args[]) {
        int i, j, sum = 0;
        int score[][] = { { 20, 25, 26, 22 },
{ 23, 24, 20, 28 } }; // 声明数组并设置初值
        for (i = 0; i < score.length; i++) {  // score.length 表示二维数组的行数
            for (j=0; j<score[i].length; j++)
// score[i].length 表示第 i 行的列数
                System.out.print("score[" + i + "][" + j + "]=" + score[i][j]
```

```
                                + "   ");
            System.out.println();
            }
        }
    }
```

Step 2 保存并运行程序，结果如图 2-35 所示。

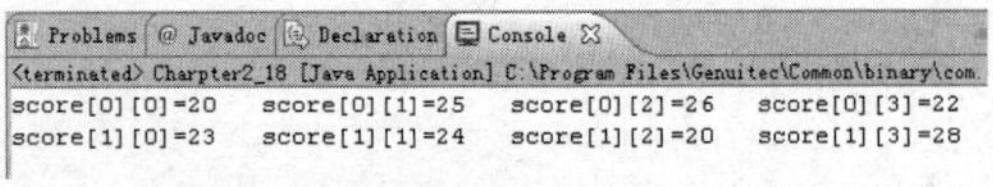

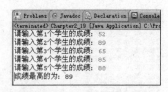

图 2-35　二维数组程序的执行结果

Java 的二维数组的声明使用相当灵活，它可以从最高维起分别为每一维分配内存。对于创建二维数组来说，可以使用如下更灵活的声明方式。

```
type arrayN[ ][ ]=new type [arrayNum1][ ];
arrayN[0] = new type [arrayNum2];
arrayN[1] = new type [arrayNum2];
...
arrayN[arrNum1-1]=new type [arrayNum2];
```

该程序段说明创建的数组第一维长度是 arrayNum1，第二维长度是 arrayNum2，如果第二维的大小一致，我们可以理解为目前创建的是一个矩阵数组。另外，在 Java 中还可以创建非矩阵数组，例如：

```
type arrayN[ ][ ]=new type [5][ ];
arrayN[0] = new type [1];
arrayN[1] = new type [3];
arrayN[2] = new type [5];
arrayN[3] = new type [5];
arrayN[4] = new type [5];
```

arrayN 数组为 5 行，每行的元素个数分别为 1、3、5、5、5，甚至可以各不相同。

在 Java 中还有多维数组，其使用和二维数组类似，读者可自行参考其他资料进行学习。

2.4.3　与数组有关的操作

1. 求最大值

【任务 19】从键盘输入五位学生的考试成绩，并输出最高分的成绩。

Step 1 在项目 Charpter2 中创建类 Charpter

2_19，输入如下代码。

```
package com.bjl;
import java.util.Scanner;
public class Charpter2_19 {
    public static void main(String[] args) {
        int[] score = new int[5];
                    // 声明并分配空间
        int max;        //用来存储最高分
        Scanner input = new Scanner(System.in);
                    // 动态录入学生的成绩
        for (int i = 0; i < 5; i++) {
            System.out.print("请输入第" + (i + 1) + "个学生的成绩: ");
            score[i] = input.nextInt();
        }
        max = score[0];
        for (int index = 1; index < 5; index++) {
            if (score[index] > max) {
            max = score[index];
            }
        }
        System.out.println("成绩最高的为: " + max);
    }
}
```

Step 2 保存并运行程序，结果如图 2-36 所示。

图 2-36　数组的最大值

2. 求最小值

【任务 20】小明要去买一部手机，他询问了 4 家店的价格，分别是 2800 元，2900 元，2750 元和 3100 元，求最低价。

Step 1 在项目 Charpter2 中创建类 Charpter2_20，输入如下代码。

```
package com.bjl;

public class Charpter2_20 {
    public static void main(String[]
```

```
args) {
        int[] price = { 2800, 2900, 2750,
3100 };

        int min = price[0]; // 存储最小值
        for (int i = 0; i < price.length;
i++) {

            if (min > price[i]) {
                min = price[i]; // 交换
            }
        }
        System.out.println("价钱最便
宜的是: " + min);
    }
}
```

Step 2　保存并运行程序，结果如图 2-37 所示。

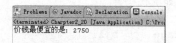

图 2-37　数组的最小值

3. 排序数组

使用 java.util.Arrays 类来操作数组。该类是包含在 java.util 包中的，提供了许多存储数据的结构和有用的方法。

- ◆ Arrays 类提供许多方法操纵数组，例如排序，查询。
- ◆ Arrays 类的 sort()方法：对数组进行升序排列，其格式为 "Arrays.sort(数组名);"。

还有其他的函数，读者可参照 Java API 文档查看。

【任务 21】　循环录入 5 位学生的成绩，进行升序排列后输出结果。

Step 1　在项目 Charpter2 中创建类 Charpter2_21，输入如下代码。

```
package com.bjl;

import java.util.Arrays;
import java.util.Scanner;

public class Charpter2_21 {
    public static void main(String[]
args) {
            int[] score = new int[5];
    Scanner input = new Scanner (System.in);
```

```
        for (int i = 0; i < 5; i++) {
            System.out.print("请输入
第" + (i + 1) + "个学生的成绩: ");
            score[i] = input.nextInt();
                // 依次录入 5 位学生的成绩
        }
        Arrays.sort(score); // 排序
    System.out.println("成绩从低到高依次是: ");
            for (int index = 0; index <
score.length; index++) {
        System.out.println(score [index]);
                // 输出结果
            }

    }
}
```

Step 2　保存并运行程序，结果如图 2-38 所示。

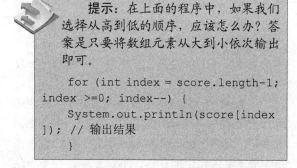

图 2-38　数组的排序

> **提示**：在上面的程序中，如果我们选择从高到低的顺序，应该怎么办？答案是只要将数组元素从大到小依次输出即可。
>
> ```
>     for (int index = score.length-1;
> index >=0; index--) {
>     System.out.println(score[index
> ]); // 输出结果
>     }
> ```

▎2.5▎ Java 中的方法

2.5.1　方法的概念和作用

在经典游戏超级玛丽中，主人公总会跳起踩乌龟，而控制乌龟的程序需要很多行的代码，如何实现？根据我们以前学过的知识，我们可以这样完成：

```
乌龟伸出脖子；
乌龟腿向前迈；
乌龟摆动胳膊；
if(被踩){
        缩进脖子；
        缩进腿；
        缩进胳膊；
}
乌龟伸出脖子；
乌龟腿向前迈；
乌龟摆动胳膊；
if(被踩){
        缩进脖子；
        缩进腿；
        缩进胳膊；
}
…
```

我们发现，在上述控制乌龟的程序中有很多重复的语句，这就给我们的维护和可读性方面带来了很大的麻烦。例如，乌龟如果要在摆动胳膊后吐火，那么就需要在摆动胳膊后增加一条吐火的语句。设想一下，这得需要增加多少条语句？有没有更好的解决办法呢？

因此通常的做法是，将重复比较多的代码单独拿出来，做成一个子程序，并为这个子程序起一个名字，在主程序中将这些重复的代码替换成子程序的名字，计算机就会去执行子程序中的代码，当子程序的代码执行完毕后，又回到主程序中接着往下执行。

在 Java 中，这样的子程序叫做方法（也叫函数）。方法是若干条语句的集合，执行一条方法调用语句，就好比执行多条 Java 语句一样，这些语句完成了某一特定的任务。不难发现，一个方法就是一个功能。

当然更好的方法，那就是模块化程序，即把完成一个功能的多条语句包装成一个方法，使程序的层次结构更加清晰，更加便于程序的编写、阅读和调试。

【任务 22】在窗口中打印出 3 个由星号 "*" 组成的三角形，如图 2-39 所示。

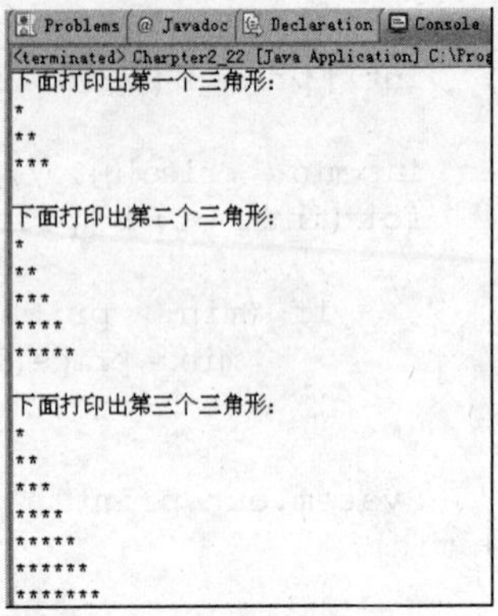

图 2-39 打印三个三角形

Step 1 在项目 Charpter2 中创建类 Charpter2_22，输入如下代码。

```java
package com.bjl;
public class Charpter2_22 {
    public static void main(String[] args) {
        System.out.println("下面打印出第一个三角形：");
        for (int i = 0; i < 3; i++) {
            for (int j = 0; j <=i; j++) {
                System.out.print("*");
            }
            System.out.println();
        }
        System.out.println();

        System.out.println("下面打印出第二个三角形：");
        for (int i = 0; i < 5; i++) {
            for (int j = 0; j <=i ; j++) {
                System.out.print("*");
            }
            System.out.println();
        }
        System.out.println();

        System.out.println("下面打印出第三个三角形：");
        for (int i = 0; i < 7; i++) {
            for (int j = 0; j <=i; j++)
            {
                System.out.print("*");
            }
```

```
            System.out.println();
        }
        System.out.println();


    }
}
```

Step 2　保存并运行程序，结果如图 2-39 所示。

在上面的程序中，一共打印了 3 个三角形，但是这三段代码除了数字不一样外，其他的都一样，所以，可以将这三段代码作为方法单独从程序中提出来，并用一个名字来标记这个方法。同时将三段代码中不一样的地方用参数来代替。

下面将任务 22 的程序进行改进。

【任务 23】在任务 22 的基础上，使用方法打印出图 2-39 所示的矩形。

Step 1　在项目 Charpter2 中创建类 Charpter2_23，输入如下代码。

```
package com.bjl;

public class Charpter2_23 {
    //将重复的语句单独写成一个方法，方法名
叫 drawTriangle, 参数 row 和 col
    //参数 row 表示三角形的行数
    public static void drawTriangle
(int row) {
        for (int i = 0; i < row; i++) {
            for (int j = 0; j <= i; j++) {
                System.out.print("*");
            }
            System.out.println();
        }
        System.out.println();
    }
    public static void main(String[]
args) {
        System.out.println("下面打印
出第一个三角形: ");
        //调用 drawTriangle 方法
        drawTriangle(3);

        System.out.println("下面打印
出第二个三角形: ");
        //调用 drawTriangle 方法
        drawTriangle(5);

        System.out.println("下面打印
```

```
出第三个三角形: ");
        //调用 drawTriangle 方法
        drawTriangle(7);
    }
}
```

Step 2　保存并运行程序，结果和任务 22 执行的结果一样。

　　提示：通过任务 22 和任务 23 的执行可以看出，使用方法之后，程序的可读性和可维护性都提高了。

2.5.2　详解方法的定义

定义方法的格式如下。

方法修饰符　返回值类型　方法名(参数类型 形式参数 1，参数类型 形式参数 2，…)
{
　　程序代码；
　　return 返回值；
}

对于方法的各个部分，有如下说明。

◆　方法修饰符包括两部分内容：访问控制修饰符（public、protected 和 private）和类型修饰符（static、final、abstract、native 和 synchronized）。其中，static 表示声明的方法为静态方法，可直接通过类名来调用。我们在这一章都是用 public static 作为访问修饰符，其他的修饰符将在后面的章节详细介绍。

◆　返回值类型：方法要返回的值的数据类型，如果没有返回值或者不需要返回值，则用 void 表示。

◆　方法名：用来标记方法的名称，以及调用方法使用的名称。

◆　形式参数：在方法被调用时用于接收外部传入的数据的变量，多个形式参数用逗号隔开；如果没有参数，则什么都不写，但是括号不能少。

◆　返回值：方法在执行完毕后，返还给调用它的程序的数据，如果没有返回值，则去掉

return 语句。

1. 无返回值的方法定义

在任务 23 中,我们定义了一个方法,如图 2-40 所示。

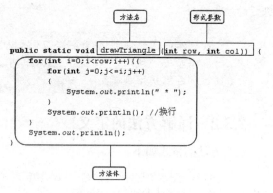

图 2-40　方法的组成

在图 2-40 中,可以很清楚地得到以下信息。

- ◆ 方法修饰符为 public static。
- ◆ 返回值类型为 void 表示没有返回值。
- ◆ 方法名为 drawTriangle。
- ◆ 形式参数为 row 和 col,都是 int 类型的。
- ◆ 返回值:没有返回值,所以没有 return 语句。

2. 有返回值的方法定义

例如,定义一个方法,该方法用来计算矩形的面积,如下。

```
public static int getArea(int x, int y){
    return x*y;
}
```

从上面方法的定义中,可以得到以下的信息。

- ◆ 方法修饰符为 public static。
- ◆ 返回值类型为 int 类型。
- ◆ 方法名为 getArea。
- ◆ 形式参数为 x 和 y,都是 int 类型的。
- ◆ 返回值为 x*y 得到的结果。

2.5.3　方法的调用

根据不同的方法定义,对方法的调用也分为

两种方式。

1. 没有返回值的方法调用

如果方法中没有返回值或者调用程序不关心方法的返回值,可以使用下面的格式来调用方法。

方法名(实参 1,实参 2, …)

在任务 23 中的调用方法的语句如下。

```
drawRectangle (3, 5);
drawRectangle (2, 4);
drawRectangle (6, 0);
```

其中、3、5、2、4、6、10 被称为实参,其含义是调用方法时实际传给方法形式参数的数据。以 drawRectangle (3,5) 为例,调用方法 drawRectangle 时,将 3 和 5 传递给 drawRectangle 方法的 rows 和 cols 两个形式参数,这时形式参数就有具体的值,然后执行方法的语句,执行完毕后,调用程序继续向下执行。

2. 带有返回值的方法调用

如果调用程序需要方法的返回值,可以使用下面的格式来调用方法。

变量 = 方法名(实参 1,实参 2, …)

举例如下。

```
int area = getArea(3,5);
System.out.println("边长为 3 和 5 的矩形
面积是: "+area);
```

上面的两句话也可以简写成一句,如下。

```
System.out.p rintln("边长为 3 和 5 的矩形
面积是: "+getArea(3,5));
```

2.5.4　方法参数的传递过程

有如下的程序。

```
package com.bjl;

public class Canshu {
    public static void adjust(int x, int y){
        x=x+1;
        y=y+2;
        System.out.println("方法
内的 x 变量的值为: "+x);
        System.out.println("方法
```

内的 y 变量的值为："+y);

```
        }
        public static void main(String[]
args) {
                int x=10;
                int y=20;
                adjust(x,y);
                System.out.println("x 的值为:
"+x);
                System.out.println("y 的值为:
"+y);
        }
}
```

这个程序执行完毕后的结果如图 2-41 所示。

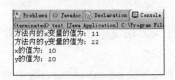

图 2-41　程序执行结果

为什么 x 的值不是 11，y 的值不是 22？这是由函数的参数传递过程决定的，如图 2-42 所示。

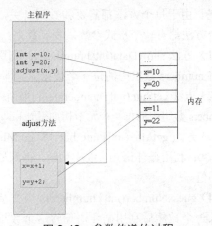

图 2-42　参数传递的过程

参数传递的过程如下。

第一步：程序首先执行主程序，即 main 方法，然后在内存中为变量 x 和变量 y 分配空间，存储 10 和 20。

第二步：程序调用 adjust 方法，计算机转到 adjust 方法执行，并将实际参数的值传递给形式参数。

第三步：计算机为形式参数 x 和 y 在内存中分配空间存储 10 和 20，从图 2-42 中可以看到，

虽然两个变量的名称一样都是 x 和 y，但是在内存中是不同的两块区域，可以将方法的形式参数当成是局部变量。所以，当执行 "x=x+1;" 和 "y=y+2;" 之后，内存中存储的 11 和 12 是在方法变量的内存区域，和主程序中的变量 x 和 y 没有关系。

第四步：adjust 方法执行完毕后，adjust 方法的形式参数 x 和 y 的内存空间被释放，而程序又回到主程序继续执行。这时，主程序的 x 和 y 的值没有变化。

请读者充分理解方法的参数传递过程。

2.5.5　方法的重载

方法的重载是指在同一个类中允许同时存在一个以上的同名方法，只要它们的参数个数或者类型不同即可。在这种情况下，该方法就被重载（overloaded）了，这个过程被称为方法的重载。

判断一个方法是否重载，必须满足如下两个条件之一，而不用去管方法的返回值的类型是否相同。

◆　方法中参数的类型不同。

◆　方法中参数的个数不同。

```
public static void main(String [] args)
{
        int isum;
        double fsum;
        isum=add(3,5);
        isum=add(3,5,6);
        fsum=add(3.2,6.5);
}
public static int add(int x,int y)
{
        reutrn x+y;
}
public static int add(int x,int y,int z)
{
        return x+y+z;
}
public static double add(double x,double y)
{
        return x+y;
}
```

在上面的例子中，有 4 个叫 add 的方法，但是因为它们的参数类型不同或者参数的个数不同，所以被称为重载。

```
public static double add(double x,double y)
{
```

```
        return x+y;
}
public static int add(double x,double y)
{
        return (int)(x+y);
}
```

上面的两个方法不能称为重载，因为它们的参数类型和个数都一样，只有返回值不同，希望读者仔细理解。

2.6 上机实训

1. 实训内容

编写程序完成以下功能。

有一个数列：8，4，2，1，23，344，12。

（1）循环输出数列的值。

（2）求数列中所有数值的和。

（3）输出最大的数和最小的数。

（4）猜数游戏：从键盘任意输入一个数据，判断数列中是否包含此数。

2. 实训目的

通过实训掌握变量、数组、条件分支结构、循环语句以及方法的编写和调用，具体目的如下。

- ◆ 掌握变量的声明和赋值。
- ◆ 掌握数组的声明和定义。
- ◆ 掌握条件结构分支语句的使用。
- ◆ 掌握循环语句的使用，遍历整个数组以及 break 语句的用法。
- ◆ 掌握数组中求最大值和最小值的方法。
- ◆ 掌握方法的定义。
- ◆ 掌握方法的调用。

3. 实训要求

启动 Eclipse，创建项目，然后创建类，结合前面的知识点完成程序的编写。本例程序最终执行效果如图 2-43 所示。

具体要求如下。

（1）定义方法 showData，用来输出数列中的值。

图 2-43 实训程序的运行结果

（2）定义方法 getSum，用来计算并输出数列中的和。

（3）定义方法 getMax，用来输出数列中的最大值。

（4）定义方法 getMin，用来输出数列中的最小值。

（5）定义方法 guessNumber，用来输入一个数据，判断数列是否包含此数。

4. 实训分析

该程序需要完成 4 个功能，分别由 5 个方法来实现。由于每个方法都需要和数列有关，因此这 5 个方法都有一个形式参数，表示数列。

（1）方法 showData(int[] numbers)：利用循环语句将 numbers 数组中的每一个数据输出即可。

（2）方法 getSum(int[] numbers)：利用循环语句将 numbers 数组中的每一个元素相加得到和即可。

（3）方法 getMax(int[] numbers)和 getMin(int[] numbers)：利用循环语句，依次判断，得到最大值和最小值。

（4）guessNumber(int[] numbers)：首先从键盘上输入一个数然后利用循环语句将这个数与数组中的每一个元素进行比较，如果数组中有这个数就输出"包含"，否则输出"不包含"。

5. 完成实训

Step 1 启动 Eclipse，并创建项目 Charpter2，如果已存在该项目，也可以利用这个项目。

Step 2 创建文件 Charpter2_Shixun，输入如下的代码。

```
package com.bjl;
import java.util.Scanner;
```

```java
public class Charpter2_Shixun {
    /**
     * 该方法用来输出一个数组的全部元素
     * @param numbers：要输出的数组
     */
    public static void showData(int[] numbers) {
        System.out.println("以下是该序列的值：");
        // 遍历数组，输出每一个元素
        for (int i = 0; i < numbers.length; i++) {
            System.out.println(numbers [i]);
        }
    }
    /**
     * 该方法用来计算一个数组的和
     * @param numbers：要计算的数组
     */
    public static void getSum(int[] numbers) {
        int sum = 0;
        for (int i = 0; i < numbers.length; i++) {
            sum = sum + numbers[i];
        }
        System.out.println("该序列的和是：" + sum);
    }
    /**
     * 该方法用来计算数组的最大值
     * @param numbers
     */
    public static void getMax(int[] numbers) {
        int max;
        max = numbers[0];
        for (int i = 1; i < numbers.length; i++) {
            if (numbers[i] > max) {
                max = numbers[i];
            }
        }
        System.out.println("该序列中最大的值是：: " + max);
    }
    /**
     * 该方法用来计算数组的最小值
     * @param numbers
     */
    public static void getMin(int[] numbers) {
        int min;
        min = numbers[0];
        for (int i = 1; i < numbers.length; i++) {
            if (numbers[i] < min) {
                min = numbers[i];
            }
        }
        System.out.println("该序列中最小的值是：: " + min);
    }
    /**
     * 该法用来从键盘中输入一个数，判断该数是否在数组中
     * @param numbers
     */
    public static void guessNumber(int[] numbers) {
        System.out.print("下面进行猜数游戏，请先输入一个数: ");
        Scanner scanner = new Scanner(System.in);
        int number = scanner.nextInt();
        boolean flag = false; // 该变量保存是否包含该数，false 表示不包含
        for (int i = 0; i < numbers.length; i++) {
            if (number == numbers [i]) {
                flag = true;
                break;
            }
        }
        if (flag) {
            System.out.println(number + "在这个序列中");
        } else {
            System.out.println(number + "不在这个序列中");
        }
    }

    public static void main(String[] args) {
        int[] numbers = { 8, 4, 2, 1, 23, 344, 12 };
        //下面依次调用这 5 个方法
        showData(numbers);
        getSum(numbers);
        getMax(numbers);
        getMin(numbers);
        guessNumber(numbers);
    }
}
```

Step 3 保存并运行程序，如图 2-43 所示的效果。

2.7 练习与上机

1. 填空题

（1）分析以下程序：

```java
int i;
for ( i = 0 ; i < 5 ; i++ ) {
    i=i+2;
    if (i>2){
        break;
    }
}
System.out.println("i 的值是： "+i);
```

程序执行完毕后，结果是_____。

（2）分析以下程序：

```java
int i;
for ( i = 0 ; i < 5 ; i++ ) {
    if(i>2){
        i=i+2;
        continue;
    }
}
System.out.println("i 的值是： "+i);
```

程序执行完毕后，结果是_____。

（3）分析以下程序：

```java
int i;
for ( i = 0 ; i < 5 ; i++ ) {
    i=i+2;
}
System.out.println("i 的值是： "+i);
```

程序执行完毕后，结果是_____。

（4）以下程序实现求一个整数数组的平均值，完成下列填空：

```java
int [ ] score = {60, 80, 90, 70, 85};
int sum = 0;
double avg;
for(int index = 0; index <=_____ ;
index++){
```

```java
    sum = sum + score[index];
}
avg = sum / score.length;
```

（5）如果要输出"c:\windows\system"这个字符串，完成下列填空：

```java
System.out.println("_____");
```

2. 选择题

（1）有如下变量定义，其中正确的有（   ）。

① int a = 10;

② int b = 10.2;

③ char x="mycd";

④ String name='Mical';

⑤ double area = 5.0;

    A. ①⑤   B. ①②⑤

    C. ④⑤   D. ①③⑤

（2）分析下面的程序：

```java
char list[ ] = {'a','c','u','b','e','p','f','z'};
Arrays.sort(list);
System.out.println(list[2]);
```

上述程序将输出（   ）。

    A. b   B. c   C. p   D. u

（3）有如下数组：

```java
char[] ch={'a','b','c','d'};
System.out.println(ch.length);
```

上面程序的输出结果是（   ）。

    A. 4   B. 5

    C. 3   D.. 程序出错

（4）有如下程序：

```java
while (int i <= 30 ) {
    i ++;
}
System.out.println(i);
```

输出的结果是（   ）。

    A. 0

    B. 30

    C. 31

D．程序出错，超出了 i 的作用域

（5）有如下程序：

```
public static int getArea(int x,int y)
{
        x=x+10;
        y= y+20;
        return x+y;
}
public static void main(String[] args){
        int x=2;
        int y=4;
        int z=getArea(x,y);
}
```

程序执行完毕后，x，y，z 的值分别是（　　）。

　　A．2，4，36　　　B．2，4，6

　　C．12，24，36　　D．程序出错

（6）void 的含义是（　　）。

　　A．方法的返回值不能参加算术运算

　　B．定义的方法没有形参

　　C．定义的方法没有返回值

　　D．方法体为空

（7）有如下程序：

```
public static int add(int x,int y)
{
        reutrn x*y;
}
public static double add(double x,double y)
{
        return x+y;
}
```

现在在 main 方法中调用方法如下：

```
x=add(10,5);
y=add(1.5,2.0);
z=add(1,5.0);
```

x，y，z 的值分别是（　　）。

　　A．50，3，6.0　　　B．50，3.5，6.0

　　C．15，3.5，6.0　　D．50，3，5.0

（8）不属于变量的组成部分是（　　）。

　　A．变量名　　　　B．变量大小

　　C．变量属性　　　D．变量初值

（9）以下语句会报错的是（　　）。

　　A．byte b=129;

　　B．float f=3.5;

　　C．String name = "张三"; String name = "李四";

　　D．double s = 3.14*20*20;

（10）有如下程序：

```
int[ ] score = new int[5];
score = {60, 80, 90, 70, 85};
```

上面的程序有错吗？如果有错，如何修改？（　　）

　　A．有错，第一句有错，修改为"int score[] = new int[5];"

　　B．有错，创建数组并赋值的方式必须在一条语句中完成，修改为"int score[] = new int[5] {60, 80, 90, 70, 85};"

　　C．没有错误

　　D．有错，第二句有错，修改为"score =new int {60, 80, 90, 70, 85};"

（11）执行完代码"int[ ] x = new int[25];"后，以下说明正确的是（　　）。

　　A．x[25]为 0　　　B．x[24]未定义

　　C．x[24]为 0　　　D．x[0]为空

（12）以下是非法标识符的是（　　）。（选择至少一个答案）

　　A．boolean　　　B．group_7

　　C．boolean_1　　D．open-door

（13）有如下程序：

```
int before = 20;
double rise = 9.8;
int now = before + rise;
```

上面的代码会出错吗？应该如何修改？（　　）。

　　A．第三句错误，修改为"int now = before + (int)rise;"

　　B．没有错误

　　C．第一句错误，修改为"double before=20;"

　　D．第二句错误，修改为"double rise = 9.8d;"

（14）若定义"int a=2;b=2;"，下列表达式中

值不为 4 的是（　　）。

    A．a+b　　　　B．a*（b++）

    C．a*b　　　　D．a*（++b）

（15）小数常量的默认类型为（　　）型。

    A．float　　　　B．double

    C．int　　　　D．long

3．实训操作题

（1）使用变量存储以下智能手机信息，并打印输出。

品牌（brand）：HTC F928

重量（weight）：12.4

电池类型（type）：内置锂电池

价格（price）：1499

（实训目的：掌握 Java 中变量的定义和使用）

（2）已知圆的半径 radius= 1.5，求其面积。（实训目的：掌握 Java 中的运算符。）

（3）实现一个数字加密器，加密规则如下。

◆　加密结果 =（整数*9.8+5）/3 + 1.414。

◆　加密结果仍为一整数。

（实训目的：掌握 Java 中运算符的使用以及数据类型的转换。提示：整数的输入可使用 new Scanner(System.in)）

（4）克林顿买了一筐鸡蛋，如果坏蛋少于 5 个，他就吃掉，否则，他就去退货。（实训目的：掌握 if-else 语句的使用。）

（5）要求用户输入两个数 a、b，如果 a 能被 b 的和整除或 a 加 b 的和大于 1000，则输出 a，否则输出 b。（实训目的：掌握逻辑逻辑运算符的使用。）

（6）张三为他的手机设定了自动拨号内容如下。

按 1：拨爸爸的号

按 2：拨妈妈的号

按 3：拨爷爷的号

按 4：拨奶奶的号

编程实现此业务。

（实训目的：掌握 switch 语句的使用。）

（7）输入小明的高考成绩，显示可报考的院校。

成绩>590 分，一本

590 分>成绩>=570 分，二本

570 分>成绩>=540 分，三本

540 分>成绩>=510 分，专科一批

510 分>成绩>=280 分，专科二批

成绩<280 分，没有学上

（实训目的：掌握多重 if-else 语句。）

（8）某高校今年的招生人数为 3000 人，今后预计每年的招生人数将增长 20%，请问按照这样的速度，到哪一年招生人数将达到 10000 万人？（实训目的：掌握 while 循环的用法。）

（9）使用 do-while 实现：输出摄氏温度与华氏温度的对照表，要求在 0℃～250℃范围内，每隔 20℃为一项，对照表中的条目不超过 10 条。

（提示：转换关系为：华氏温度 = 摄氏温度×9/5.0+32。实训目的：掌握 do-while 循环和 break 的用法。）

（10）求 1～100 之间不能被 3 整除的数之和。（提示：使用 for 循环结构。）

（11）使用 for 循环和 continue 语句计算 1～100 之间所有偶数的个数以及它们的和。（实训目的：掌握 continue 语句的用法。）

（12）有一列乱序的字符，'a'，'c'，'u'，'b'，'e'，'p'，'f'，'z'，完成以下功能。

◆　循环输出数列的值。

◆　排序，并输出最大和最小的值。

◆　将序列逆序排列。

（实训目的：掌握数组的使用和对数组的操作。）

（13）编写一个方法 ComputeJC，有一个参数 n，计算 N 的阶乘，并在 main 方法中调用。

（实训目的：掌握方法的定义和方法的调用。）

第 **3** 章

面向对象程序设计

📖 学习目标

学习 Java 面向对象的程序设计。主要内容包括面向对象的概念、类的属性和方法、对象的创建和使用、对象在内存中的存储、对象的初始化、类的封装、Java 中的访问修饰符、类的构造方法、this 引用句柄、方法的参数传递过程、静态方法和静态变量、main 方法的组成。通过本章的学习，掌握面向对象程序设计的基本概念、类的定义和对象的创建和使用。

📖 学习重点

理解面向对象和面向过程的区别；理解面向对象的两个重要概念：类和对象，以及类和对象的区别；熟练掌握类的定义，包括类的属性和类的方法；熟练掌握对象的创建和使用；理解对象在内存中的存储，包括堆内存和栈内存；理解对象的初始化和对象的比较；理解并熟练掌握类的封装及封装方法；理解 Java 中的访问修饰符；熟练掌握类的构造方法，包括构造方法的作用、构造方法的特点和构造方法的重载；理解并掌握 this 关键字的用法；理解方法的参数传递过程，包括基本数据类型的参数传递和引用数据类型的参数传递；static 关键字的作用，包括静态属性、静态方法以及静态代码块。

📖 主要内容

◆ 面向对象的概念
◆ 类和对象
◆ 构造方法
◆ this 引用句柄
◆ 方法的参数传递
◆ static 关键字
◆ 上机实训

3.1 面向对象的概念

面向对象（Object Oriented，OO）是当前计算机界关心的重点，它是 20 世纪 90 年代软件开发方法的主流。面向对象的概念和应用已超越了程序设计和软件开发，扩展到很宽的范围，如数据库系统、交互式界面、应用结构、应用平台、分布式系统、网络管理结构、CAD 技术、人工智能等领域。

从本质上说，面向对象既是一种思想，也是一种技术，它是过程式程序设计方法的一个高级层次。面向对象思想利用对问题的高度抽象来提升代码的可重用性，从而提高生产力。尤其是在较为复杂的规模较大的系统实现中，面向对象通常比传统的过程式方法产生更高的效能。而且，随着软件规模的增大，面向对象相对于传统的过程式的优势就更加凸现。可以说，是软件产业化最终促进了面向对象技术的产生和发展。

面向对象有三大特征。

◆ 封装（Encapsulation）。
◆ 继承（Inheritance）。
◆ 多态（Polymorphism）。

可以这样说，只要一种编程的思想满足上述三种特征，即可以将该种思想称为面向对象。

面向对象是相对于面向过程（结构化程序设计）的，面向对象程序设计吸取了结构化程序设计的一切优点（自顶向下、逐步求精的设计原则）。而两者之间的最大差别表现在以下两方面。

◆ 面向对象程序采用数据抽象和信息隐藏技术使组成类的数据和操作不可分割，避免了结构化程序由于数据和过程分离引起的弊病。
◆ 面向对象程序是由类定义、对象（类实例）和对象之间的动态联系组成的。而结构化程序是由结构化的数据、过程的定义以及调用过程处理相应的数据组成的。

面向对象的思想就是将一切事务都当作对象。但是能够明确地给出对象的定义或说明对象的定义的文章非常少，所以读者在学习这部分知识的时候，一定要多实践、多思考，去理解和掌握面向对象的思想。

3.2 类和对象

在面向对象的程序设计中，最重要的两个核心概念就是对象和类。

3.2.1 对象

1. 万物皆对象

我们的世界是由许许多多的对象组成的，包括名胜古迹、人、动物、植物、交通工具、生活用品等。在面向对象的编程思想中，将一切事物都看作是对象。所以，对象是人们要进行研究的任何事物，从最简单的整数到复杂的飞机等均可看作对象，它不仅能表示具体的事物，还能表示抽象的规则、计划或事件。

例如，张三家的狗就是对象；机房里的每一台机器都是一个对象，尽管它们的样子是一样的；每一位任课老师、每一个同学也都是对象。

 提示：对象是一个个具体的事物，例如，张三家的狗是一个对象，是指张三家的那条实实在在的狗是对象，而不是说狗是对象。读者应该充分理解。

2. 对象的特征

（1）属性

对象的属性就是对象具有的各种特征，这些特征使得任何一个对象都会区别于其他的对象。如张三家的狗能够区别于李四家的狗，原因就在于张三家的狗具有不同于李四家的狗的属性，包括名字、品种、颜色、年龄等。

每个对象的每个属性都拥有特定值，这个值被称为属性值。如张三家狗的名字属性值为小白，品种属性的值为京巴，如图 3-1 所示。

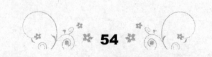

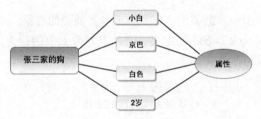

图 3-1 对象的属性

（2）方法

对象的方法就是对象执行的操作。如张三家的狗能做睡觉、吃饭、跑、叫等动作，如图 3-2 所示。

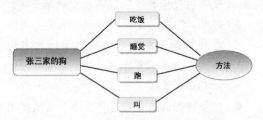

图 3-2 对象的方法

【任务 1】图 3-3 为美国总统的专机——空军一号，列出这架飞机的属性和方法。

图 3-3 美国总统专机空军一号

Step 1 总结这架飞机的特征，其属性如下。

◆ 颜色：蓝白相间。

◆ 长度：70.4 米。

◆ 高度：19.4 米。

Step 2 总结这架飞机能够执行的操作，其方法如下。

◆ 发动。

◆ 停止。

◆ 飞行。

提示：对象同时具有属性和方法两项特性，对象的属性和方法通常被封装在一起，共同体现事物的特性，两者相辅相承，不能分割。有谁见过只有颜色和名字而不能跑的狗？

3.2.2 类

1. 类的概念

从图 3-4 所示不同的对象中，抽取出这些对象的共同属性和方法。

图 3-4 不同的对象

我们可以从不同的轿车对象中抽取出相同的属性和方法，并把这些相同的属性和方法组合起来称为一个轿车类；从不同的狗对象中抽取出相同的属性和方法，并把这些属性和方法组合起来称为一个狗类。因此，类的定义就是具有相同或相似性质的对象的抽象，是对某一类事物的描述，是抽象的、概念上的定义。

类是模子，确定对象将会拥有的特征（属性）和行为（方法），也可以理解为类是对象的类型。只要这个对象属于这个类，那么这个对象就具有这个类所拥有的所有属性和方法。

2. 类和对象的区别

类是抽象的概念，仅仅是模板，比如“人”。而对象是一个人们能够看得到、摸得着的具体实体，比如“张三”、“李四”、“王五”等，具体区别如图 3-5 所示。

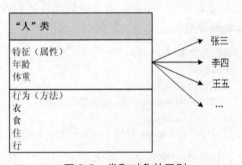

图 3-5 类和对象的区别

注意：类和对象是面向对象程序设计中的两个核心概念，读者一定要理解这两个概念。再次强调，对象的抽象是类，类的具体化就是对象，也可以说，类的实例是对象。

3. 类的定义

类具有属性，它是对象的特征的抽象，用数据结构来描述类的属性；同时，类具有操作，它是对象的行为的抽象，用操作名和实现该操作的方法来描述。将现实世界中的概念模拟到计算机中，就是类，在 Java 中用 class 关键字表示一个类。Java 中类的定义格式如下。

```
[public] class 类名 {
        //定义属性部分
        属性1的类型 属性1;
        属性2的类型 属性2;
            …
        属性n的类型 属性n;

        //定义方法部分
        方法1;
        方法2;
            …
        方法m;
}
```

◆ public：类的修饰符。
◆ class：类的关键字，表示这是一个类。
◆ 类名：定义类的名称。
◆ 属性：定义类包含的特性。
◆ 方法：定义类的行为。

（1）属性的定义。属性是对象特征的抽象，因此，在定义类时要确定这个类的属性，以及该属性能够存储什么类型的数据。其语法格式如下。

```
属性的类型 属性名;
举例如下。
int age;
//属性名为 age，存储 int 类型的数据
string name;
//属性名为 name，存储 string 类型的数据
```

属性的类型既可以是基本数据类型，也可以

是引用数据类型，即数组或者其他类的对象。

（2）方法的定义。方法是对象具有的行为，其语法格式如下。

```
public    返回值类型    方法名()  {
        //这里编写方法的主体
}
```

读者可参考变量的命名规则的内容，在这里再次强调几个问题。

◆ 方法名必须以字母、"_"或"$"开头，也可以包括数字，但不能以数字开头。
◆ 通常，方法名是一个动词，如果由两个以上的单词组成，第一个单词的首字母小写，其后单词首字母大写，如 showInfo、getCount 等。
◆ 如果方法具有返回值，方法中必须使用关键字 return 返回该值，返回类型为该返回值的类型。其语法是 "return 表达式;"。
◆ 如果方法没有返回值，返回类型为 void。例如，下面的程序是错误的，错误原因是返回类型要匹配。

```
public class Student{
    String name = "张三";
    public void getName(){
        return name;
    }
    …
}
```

getName 方法已经定义为 void 类型，就不能再有 return 语句，所以会报错。

【任务 2】不同的人具有基本相同的属性和行为，用面向对象的思想定义这个类。定义的类具体要求如图 3-6 所示。

Person 类	
属性	姓名
	年龄
	体重
方法	吃饭

图 3-6　Person 类的属性和方法

Step 1　确定类的名称——Person。

Step 2　确定属性的名称和类型。姓名用 string 类型的 name 表示；年龄用 int 类型的 age 表示；体重用 int 类型的 weight 表示。

Step 3　确定类的方法，吃饭用 eat 表示。

Step 4　编写 Person 类的定义如下。

```
public class Person {
    // 定义人的属性
    String name; // 姓名
    int age; // 年龄
    int weight; // 体重

    // 定义人的方法
    public void eat() {
        System.out.println("我已经吃
过饭了，哈哈");
    }
}
```

在任务 2 中，Person 类的定义中有如下说明。

◆ name，age 和 weight 是类的属性，也叫做类的成员变量。

◆ eat 是类的方法，也叫做类的成员函数。

◆ 在类中，成员函数可以直接访问同类中的任何成员（包括成员变量和成员函数）。

如 eat 方法中，也可以修改为：

```
public void eat() {
    System.out.println("我已经吃过饭
了，哈哈");
    System.out.println("天哪，我的体重
已经达到了"+weight);
}
```

这样程序也是没有错误的。

◆ 如果一个成员函数中，定义了一个和成员属性重名的局部变量，那么在该成员函数中如果使用 age，则访问的是局部变量，而不再是成员变量。如 eat 方法中，这样修改：

```
public void eat() {
    int weight=120;  //一个和成员变量重
名的局部变量
    System.out.println("我已经吃过饭
了，哈哈");
    System.out.println("天哪，我的体重
```

已经达到了"+weight);//这里使用的是方法内的局部变量

```
    }
```

3.2.3　创建和使用对象

1. 对象的创建和使用

仅仅有模板是无法实现具体的功能的，只有产生了具体的对象才行。要产生一个具体的对象，需要使用 new 关键字，其格式如下。

```
类名 对象名 = new 类名();
```

例如：

```
Person p1 = new Person();
```

> **注意**：上面的语句创建了一个 Person 类的对象 p1，那么 p1 具有 Person 类的所有成员属性和方法。请读者注意创建对象的写法，尤其是 new 语句最后的括号一定不能丢。通常把用类创建对象的过程称为实例化。

创建对象的目的是使用对象。为使用对象，使用 "." 进行操作。

◆ 使用类的成员属性：对象名、属性。

◆ 调用类的成员函数：对象名.方法名( )。

例如：

```
p1.name="张三";  //给对象的属性赋值
System.out.println(p1.name); //使用对
象的属性值，这个输出字符串 "张三"
p1.eat();
```

可以将类中的方法理解成一个 "黑匣子"，完成某个特定的应用程序功能，并返回结果。当调用方法时，其实就是执行方法中包含的语句。

【任务 3】结合任务 2，创建一个张三的对象，为该对象的属性赋值，其中，年龄 19，体重 120。并调用该类的 eat 方法。

Step 1　在 Eclipse 的项目中，再次创建一个类 Charpter03_03。创建完毕后的项目如图 3-7 所示。

Step 2　在 Charpter03_03 文件中，输入如下的代码。

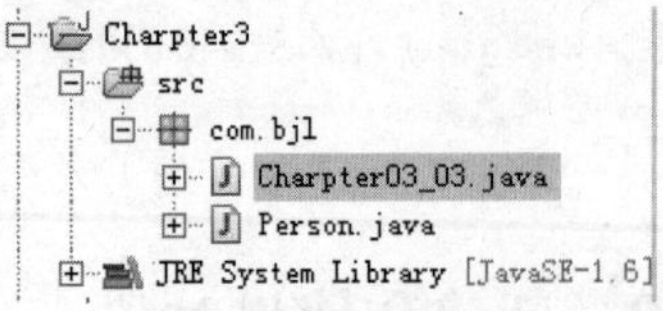

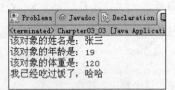

图 3-7　项目的结构

```java
package com.bjl;

public class Charpter03_03 {
    public static void main(String[] args) {
        Person p1 = new Person();
        //给对象的属性赋值
        p1.name = "张三";
        p1.age = 19;
        p1.weight = 120;
        //使用对象的属性
        System.out.println("该对象的姓名是："+p1.name);
        System.out.println("该对象的年龄是："+p1.age);
        System.out.println("该对象的体重是："+p1.weight);
        //调用对象的方法
        p1.eat();
    }
}
```

Step 3　保存并运行程序，如图 3-8 所示。

```
Problems  @ Javadoc  Declaration
<terminated> Charpter03_03 [Java Applicati
该对象的姓名是：张三
该对象的年龄是：19
该对象的体重是：120
我已经吃过饭了，哈哈
```

图 3-8　程序执行的结构

提示：

（1）在 Eclipse 中编写程序时，当输入对象的名字并输入 "." 后，稍等一会，Eclipse 会给出提示，即显示该对象所包含的属性和方法，如图 3-9 所示。可以使用上下箭头选择相应的属性或方法，最后直接按 Enter 键即可。

（2）使用对象的属性时，属性后面没有括号，而调用对象的方法时，后面一定有括号。

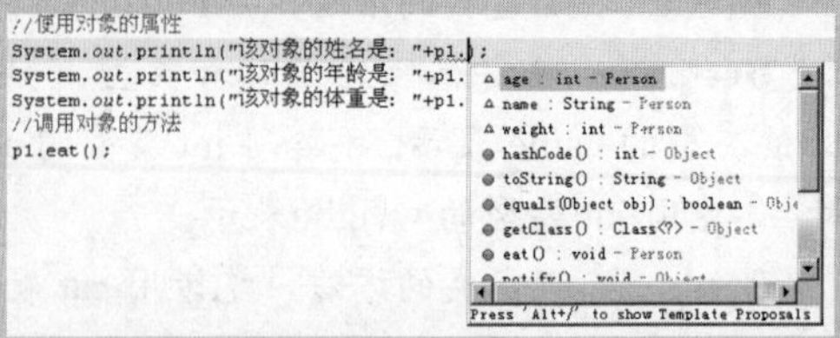

```
//使用对象的属性
System.out.println("该对象的姓名是："+p1.
System.out.println("该对象的年龄是："+p1.
System.out.println("该对象的体重是："+p1.
//调用对象的方法
p1.eat();
      A age : int - Person
      A name : String - Person
      A weight : int - Person
      ● hashCode() : int - Object
      ● toString() : String - Object
      ● equals(Object obj) : boolean - Obje
      ● getClass() : Class<?> - Object
      ● eat() : void - Person
      ● notify() : void - Object
Press 'Alt+/' to show Template Proposals
```

图 3-9　Eclipse 提示对象的属性和方法

（3）在上述的任务中创建了两个类文件，也可以只创建一个类文件，程序如下。

```java
package com.bjl;

class Person {
    // 定义人的属性
    String name; // 姓名
    int age; // 年龄
    int weight; // 体重

    // 定义人的方法
    public void eat() {
        int weight = 120;
        System.out.println("我已经吃过饭了，哈哈");
        System.out.println("天哪，我的体重已经达到了" + weight);
    }
}

public class Charpter03_03 {
    public static void main(String[] args) {
        Person p1 = new Person();
        // 给对象的属性赋值
        p1.name = "张三";
        p1.age = 19;
        p1.weight = 120;
        // 使用对象的属性
        System.out.println("该对象的姓名是：" + p1.name);
        System.out.println("该对象的年龄是：" + p1.age);
        System.out.println("该对象的体重是：" + p1.weight);
        // 调用对象的方法
        p1.eat();
    }
}
```

> 因为一个文件中可以有两个甚至多个类，但是只能有一个 public 修饰的类，而且该类文件的名称一定要和 public 修饰的类名一样。在这里笔者建议读者尽量分别定义类文件，也就是将不同的类存成不同的文件。

【任务 4】张三购买了某厂商的一款四核智能手机，该手机具有蓝牙功能、GPS 功能。编程测试这个手机是否能够正常使用。

Step 1 在 Eclipse 的项目中，创建一个类 EPhone，输入如下代码。

```java
package com.bjl;

public class EPhone{
//智能手机的属性
    String cpu = "四核";

    //方法1：使用蓝牙
    public void useBlueTooth(){
        System.out.println("蓝牙打开成功！");
    }
    //方法2：使用定位功能
    public String useLocate(){
        return "正在进行定位" ;
    }
    //方法3：获得cpu的内核数
    public String getCpu(){
        return cpu;
    }
    //方法4：显示该手机的特性
    public String showEPhone(){
        return "这是一款"+getCpu()+"的智能手机";
    }
}
```

Step 2 在 Eclipse 的项目中，再创建一个类 Charpter03_04，输入如下代码。

```java
package com.bjl;

public class Charpter03_04 {
    public static void main(String[] args) {
        EPhone phone = new EPhone();
        System.out.println(phone.
showEPhone());
        System.out.println(phone.
useLocate());
        phone.useBlueTooth();
    }
}
```

Step 3 保存文件，并运行 Charpter03_04 程序。方法是，选中该文件，右键单击，选择 "Run As→Java Application"，结果如图 3-10 所示。

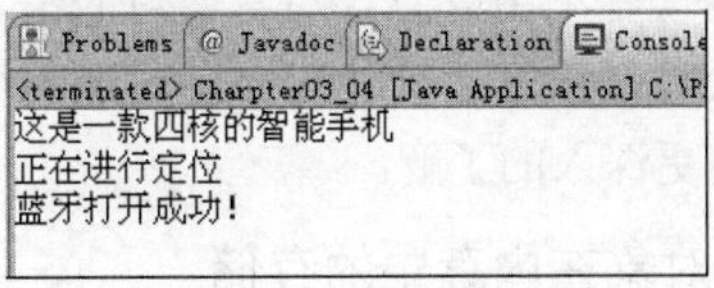

图 3-10 程序运行结果

方法之间允许相互调用，不需要知道方法的具体实现，提高了效率。在任务 4 中，EPhone 类中的 showEPhone 方法调用了同类中 getCpu 方法；在 Charpter03_04 类中的 main 方法中，调用了对象的 showEPhone 方法和 useBlueTooth 方法。对于方法的调用，有两种情况，如表 3-1 所示。

表 3-1 方法调用小结

情 况 说 明	举 例

类 EPhone 的方法 a()调用 Student 类的方法 b()，直接调用	`public void a(){`
	`    b();    //调用 b()`
	`}`

类 EPhone 的方法 a()调用类 Person 的方法 b()，先创建类对象，然后使用 "." 调用	`public void a(){`
	`    Person p = new Person();`
	`    p.b();  //调用 Person 类的 b()`
	`}`

> **提示：** 面向对象（OO）思想：类的方法实现某个特定的功能，别的类不需要知道它如何实现。
>
> 知道了实现此功能的类和它的方法名，就可以直接调用了，不用重复写代码。

通过上面的学习，我们可以大致了解面向对象的好处。

◆ 便于程序模拟现实世界中的实体——用"类"表示实体的特征和行为。

◆ 隐藏细节——对象的行为和属性被封装在类中，外界通过调用类的方法来获得，不需要关注内部细节如何实现。

◆ 可重用——可以通过类的模板创建多个类的对象。

当然，读者可能暂时对这些优点不能很好地理解，请读者不用着急。随着学习的深入，这些优点就会体现出来，读者对面向对象的编程思想也就会有更深入的了解。

2. 对象在内存中的存储

前面我们创建了一个对象 p1，该对象是 Person 类型的，那么，在计算机中是如何存储这个对象的呢？在介绍这个概念之前，我们先来了解两个概念：栈内存和堆内存。

（1）栈内存

在方法中定义的一些基本类型的变量和对象的引用变量都是在函数的栈内存中分配的，当在一段代码块中定义一个变量时，Java 就在栈中为这个变量分配内存空间，当超过变量的作用域后，Java 会自动释放掉为该变量分配的内存空间，该内存空间可以立即被另作它用。

```
public void getCount(){
    int x = 10;
    int y = 20;
    int z = 30;
    ...
}
```

在上面的方法中定义了 3 个变量，分别是 x、y 和 z，这 3 个变量在内存中的存储情况如图 3-11 所示。

从图 3-11 中可以看出，变量 x、y 和 z 都是基本数据类型，所以存放在栈内存中。方法执行完毕后，栈内存中存储变量 x、y 和 z 的内存单元被回收，即可被别的变量使用。

（2）堆内存

堆内存用来存放由 new 创建的对象和数组，在堆中分配的内存，由 Java 虚拟机的自动垃圾回收器来管理。在堆中产生了一个数组或者对象之后，还可以在栈中定义一个特殊的变量，让栈中的这个变量的取值等于数组或对象在堆内存中的首地址，栈中的这个变量就成了数组或对象的引用变量，以后就可以在程序中使用栈中的引用变量来访问堆中的数组或者对象，引用变量就相当于是为数组或者对象起的一个名称。引用变量是普通的变量，定义时在栈中分配，引用变量在程序运行到其作用域之外后被释放。而数组和对象本身在堆中分配，即使程序运行到使用 new 产生数组或者对象的语句所在的代码块之外，数组和对象本身占据的内存也不会被释放。数组和对象在没有引用变量指向它的时候才变为垃圾，不能再被使用，但仍然占据内存空间，在随后的一个不确定的时间被垃圾回收器收走（释放掉）。

```
public void getCount(){
    int[] x = new int[10];
    int y = 20;
    int z = 30;
    ...
}
```

在上面的方法中，定义了一个有 10 个元素的整型数组 x，两个整型变量 y 和 z，其在内存中的存储情况如图 3-12 所示。

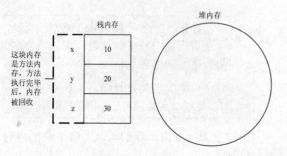

图 3-11　堆内存

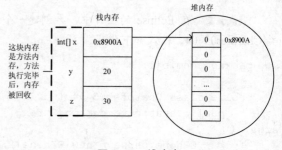

图 3-12　堆内存

从图 3-12 中可以看出，变量 y 和 z 都是存储在栈内存中的，而 x 是数组，使用 new 创建的，所以，数组 x 中存储的 10 个值是存放在堆内存中的。假设 10 个元素的首地址为 0x8900A，那么，在栈内存中 x 就存储这个数组在堆内存的首地址，这个 x 就叫做引用变量。

当方法执行完毕后，栈内存的内存单元全部被回收，但是堆内存的内存单元并没有被释放，而是成为垃圾，在随后的一个不确定的时间被垃圾回收器收走（释放掉），如图 3-13 所示。

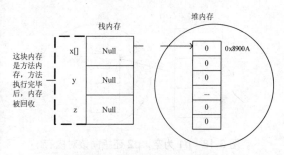

图 3-13　堆内存变成垃圾

提示：不管是栈内存还是堆内存，都是内存中的一块区域。请记住：只要是基本类型的变量，都存放在栈内存中；只要是使用 new 创建的对象（对象和数组），都在堆内存中；而引用变量则放在栈内存中，其保存的值是堆内存的首地址。

现在，我们回到刚才的问题：创建了一个对象 p1，该对象是 Person 类型的，那么，在计算机中是如何存储这个对象的呢？

```
class Person {
    // 定义人的属性
    String name; // 姓名
    int age; // 年龄
    int weight; // 体重

    // 定义人的方法
    public void eat() {
        …
    }
}

public class Charpter03_03 {
```

```
public static void main(String[]
args) {
        Person p1 = new Person();
        // 给对象的属性赋值
        p1.name = "张三";
        p1.age = 19;
        p1.weight = 120;
        …
        p1.eat();

    }
}
```

在上面的程序中，执行完"Person p1 = new Person();"之后，因为是用 new 创建的对象，所以 p1 的值是存储在堆内存中的，而 p1 作为引用变量，是存放在栈内存中的，保存的值是堆内存的首地址，如图 3-14 所示。

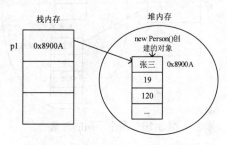

图 3-14　对象在内存中的表现形式

在上面的程序中，执行完 main 方法以后，p1 对象就会变成垃圾，栈内存中 p1 存储的值将会变成 Null，堆内存中存放 p1 对象的内存区域就不能再使用了。也可以手动地将某个对象设置为 Null。如在上面程序的 main 方法中，执行这样的代码。

```
Person p1 = new Person();
p1 = null;
```

内存的存储如图 3-15 所示。

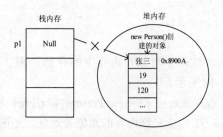

图 3-15　对象成为空对象

关于堆内存,还有以下两种情况要进行说明。

(1) 如果创建两个对象,如下。

```
Person p1 = new Person();
p1.age=20;
…
Person p2 = new Person();
p2.age=19;
…
```

那么,这两个对象在内存中的存储情况如图 3-16 所示。

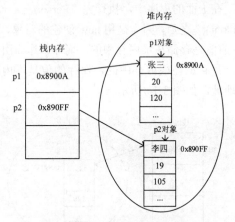

图 3-16　两个不同的对象

从图 3-16 中可以看出,因为 p1 和 p2 是两个不同的对象,所以这两个对象的成员属性分别被存储在不同的内存空间,改变 p1 对象的属性值不会影响 p2 对象的属性值。

(2) 如果两个引用变量指向同一个堆内存区域,如下。

```
Person p1 = new Person();
p1.age=20;
…
Person p2 =p1;
…
p1=null;
…
```

那么,这两个对象在内存中的存储如图 3-17 和图 3-18 所示。

程序执行完 p1=new Person()和 p2=p1 之后,p1 和 p2 均指向堆内存的对象首地址,如图 3-18 所示。再执行 p1=null 后,p1 即不指向对象的堆

内存,但是 p2 依然指向该堆内存的地址,所以这个堆内存还有变量指向,所以不会成为垃圾。

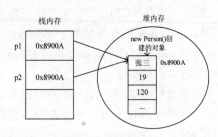

图 3-17　p1 和 p2 均指向同一个堆内存

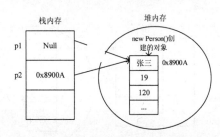

图 3-18　p1 为空,p2 还指向该对内存

> 注意:当执行 "Person p1;" 这一句的时候,计算机并不分配堆内存,也可以理解为计算机只在栈内存中分配了一个内存单元,但是这个内存单元指向哪里,并没有值。只有当执行 "p1=new Person();" 之后,才会在堆内存中分配内存空间,栈内存的值就变成该对象堆内存的首地址。

3. 对象成员属性的初始化

我们先来看下面的程序。

```
class Student {
    byte age; // 定义年龄
    int height; // 定义身高
    float weight; // 定义体重
    char sex; // 定义性别,F 表示女,M 表示男
    boolean isMointor; // 定义是否是班长
    String name; // 定义姓名

    public void showStudent() {
        System.out.println("我叫: " +
name);

        System.out.println("我的年龄
```

```
是: " + age);
        System.out.println("我的身高
是: " + height + "公分");
        System.out.println("我的体重
是: " + weight + "公斤");
        if (sex == 'F') {
            System.out.println("我的
性别是: 女");
        }
        if (sex == 'M') {
            System.out.println("我的
性别是: 男");
        }
        if (isMointor) {
            System.out.println("我是
班长");
        } else {
            System.out.println("我不
是班长");
        }
    }
}

public class Charpter03_init {
    public static void main(String[]
args) {
        // 第一个对象 stu1
        System.out.println("=======
=====第一个对象============");
        Student stu1 = new Student();
        stu1.name = "张三";
        stu1.age = 18;
        stu1.height = 175;
        stu1.weight = 87.5f;
        stu1.sex = 'F';
        stu1.isMointor = true;
        stu1.showStudent();
        // 第二个对象 stu2
        System.out.println("=======
=====第二个对象============");
        Student stu2 = new Student();
        stu2.showStudent();
    }
}
```

上述程序比较简单, 首先定义了一个 Student 的类, 包含 6 个成员属性和一个方法(showStudent, 用来将成员属性的值进行输出)。执行上面的程序, 其结果如图 3-19 所示。

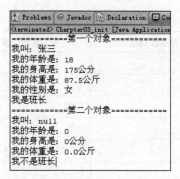

图 3-19 程序执行结果

分析一下这个程序, 在 main 方法中创建了两个 Student 类的对象, stu1 和 stu2。给 stu1 对象的各个属性都赋值, 所以输出的结果如图 3-19 的"第一个对象"部分所示。第二个对象 stu2 并没有给它的属性赋值, 但是它的属性会有值, 从图中可以看到: name 属性的值为 null, age 属性的值为 0, height 属性的值为 0, weight 属性的值为 0.0, sex 的属性的值不确定(因为"我的性别是"并没有输出, 即它既不是 F 也不是 M), isMonitor 的属性为 False。

stu1 和 stu2 对象的属性值对比如表 3-2 所示。

表 3-2 stu1 和 stu2 对象的属性值对比

成员属性名称	stu1	stu2
name	张三	Null
age	18	0
height	175	0
weight	87.5	0.0
sex	F	不详
isMonitor	True	False

既然对象 stu2 没有给成员属性赋值, 那么为什么不报错? 而且还有值? 我们知道, 对于普通的变量, 在被初始化(即赋初值)之前是不能被使用的, 而一个对象被创建后, 会对其中各种类型的成员属性按照表 3-3 自动进行初始化赋值。

表 3-3 类的成员属性初始化

成员属性类型	初 始 值
byte	0
short	0

续表

成员属性类型	初 始 值
int	0
long	0L
double	0.0D
float	0.0F
char	\u0000（表示空格）
boolean	False
string	null
其他关联类型	null

通过表 3-3 就可以知道为什么没有给 stu2 对象的成员属性明确赋值而这些成员属性有值。

提示：

（1）成员变量在类中，局部变量在方法中。

（2）声明成员变量时可以不初始化（被 final 修饰且没有 static 的必须显式赋值），而局部变量必须手动初始化。

（3）成员变量可以被 public、protect、private、static 等修饰符修饰，而局部变量不能被控制修饰符及 static 修饰；两者都可以定义成 final 型。

（4）成员变量存储在堆内存，局部变量存储在栈内存。

（5）存在时间不同。

【任务 5】编写教师类，类的属性和方法如图 3-20 所示，输出教师的相关信息。

教师类		
属性	姓名	
	年龄	
	教授课程	
	兴趣爱好	
方法	显示教师的个人信息	

图 3-20　教师类的属性和方法

Step 1　在 Eclipse 的项目中，创建一个类 teacher，输入如下的代码。

```
package com.bjl;

public class Teacher {
    String name;
    int age;
    String course;
    String hobby;
    public void showTeacher(){
        System.out.println("教师姓名
是："+name);
        System.out.println("教师年龄
是："+age);
        System.out.println("教师所教
授的课程是："+course);
        System.out.println("教师的爱
好是："+hobby);
    }
}
```

Step 2　在 Eclipse 的项目中，再创建一个类 Charpter03_04，输入如下的代码。

```
package com.bjl;

public class Charpter03_04 {
    public static void main(String[]
args) {
        Teacher t1 = new Teacher();
        t1.name = "刘老师";
        t1.age = 25;
        t1.course = "Java 程序设计";
        t1.hobby = "打篮球、游泳和看书";
        t1.showTeacher();
    }
}
```

Step 3　保存文件，并运行 Charpter03_04 程序，结果如图 3-21 所示。

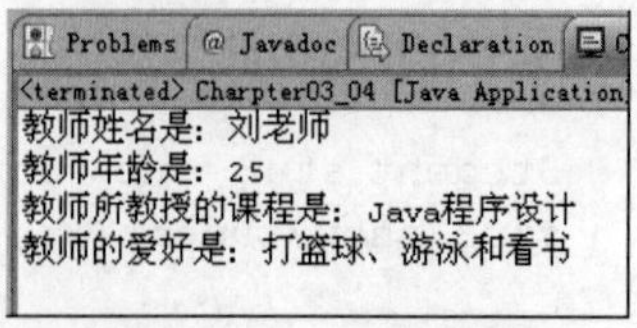

图 3-21　程序执行的结果

4. 对象的比较

比较是判断两个相同类型的数据是否一样。数据的类型包括基本数据类型和引用数据类型。

对于基本数据类型的数据只要比较栈内存中的值是否一样即可，但是对于引用类型的比较是通过比较内存的值进行的。

（1）引用数据类型

在第 2 章介绍过，Java 中的数据类型有简单数据类型和引用数据类型两种。在本章中介绍的类也是一种引用数据类型，即用 class 定义的类型，如下。

```
Person p1 = new Person();
```

其中，**Person** 就是数据类型，p1 是变量的名称。

同样的，string 类型也是一种引用数据类型，其在内存中的存储同对象在内存中的存储一样。

（2）==操作符

==操作符，用于比较两个变量的值是否相等。可以用来比较基本数据类型，也可以用来比较引用数据类型，只不过比较的是引用变量的值，而不是指向堆内存中对象的具体值。

```
public class CompareStr {
    public static void main(String[]
args) {
        String str1=new String("Java");
        String str2=new String("Java");
        String str3 = str1;
        if (str1 == str2){
            System.out.println("str
1 和 str2 相等");
        }
        else{
            System.out.println("str
1 和 str2 不相等");
        }
        if (str1 == str3){
            System.out.println("str
1 和 str3 相等");
        }
        else{
            System.out.println("str
1 和 str3 不相等");
        }
    }
}
```

执行上面的程序，结果如图 3-22 所示。

为什么 str1 对象和 str2 对象不相等？明明这两个对象的值都是 Java？要解释这个问题，还得从对象在内存中的存储入手。上面程序中 str1、str2 和 str3 在内存中的存储如图 3-23 所示。

图 3-22　用 "==" 操作符比较对象

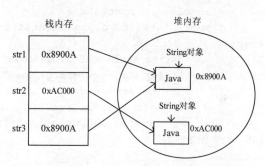

图 3-23　str1、str2 和 str3 在内存中的存储

从图 3-20 中知道，str1 和 str2 分别使用了 new 关键字，所以 str1 和 str2 会占据两个不同的堆内存，尽管它们在堆内存中存储的值是一样的，但是 str1 和 str2 在栈内存中存储的值是不一样的；但是，str3 是直接使用 str3=str1 赋值的，所以，计算机并不给 str3 分配堆内存，而是直接使 str3 的栈内存中存储的值和 str1 存储的值一样。这也就是上面程序输出的结果和我们预想的不一样的真正原因。

读者也可以理解为：==操作符用来比较这三个变量栈内存中存储的值是否相等，而不管其指向的对象是否一样。

> **提示**：对于上面的程序，读者可以思考一个问题，如果将 "String str1=new String("Java");" 修改为 "String str1="Java";"，str2 也做同样的修改，上面的程序执行出来的结果又会是什么？读者可自行试一下，并理解其中的原因。
>
> 其实，原因很简单，只要没有使用 new，就不会分配内存，它们都指向同一个堆内存，所以结果都相等。

（3）equals 方法

那么如何才能判断两个字符串对象存储的值

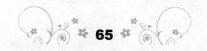

一样呢？将上面程序中的==操作符修改为 equals 方法即可。equals 方法的格式如下。

String 对象.equals(另外的 String 对象)

该方法的返回值：如果两个对象的值相等，则返回 True；否则返回 False。

将上面的程序修改如下。

```java
public class CompareStr {
    public static void main(String[]
args) {
            String str1=newString("Java");
            String str2=newString("Java");
            String str3 = str1;
            if (str1.equals(str2)){
                System.out.println("str
1 和 str2 相等");
            }
            else{
                System.out.println("str
1 和 str2 不相等");
            }
            if (str1.equals(str3)){
                System.out.println("str
1 和 str3 相等");
            }
            else{
                System.out.println("str
1 和 str3 不相等");
            }
    }

}
```

程序执行的结果如图 3-24 所示。

图 3-24 用 equals 方法比较对象

==操作符和 equals 方法的区别主要有如下几方面。

◆ ==操作符用于比较两个变量的值是否相等。

◆ equals 方法用于比较两个对象的内容是否一致。

◆ 如果是基本类型比较，那么只能用==操作

符来比较，不能用 equals 方法。

◆ 对于对象（数组）的比较，只能用 equals 方法。

如果将上述的 String 类型修改为 Person 类型，那么结果又会是什么？这个读者可以先行思考，这部分内容将在后面的章节中讲解。

5. 匿名对象

在实际的应用中，也可以不定义对象的句柄，而直接调用这个对象的方法。这样的对象叫做匿名对象，例如：

new Person().eat();

等价于

Person p = new Person();
p.eat();

直接调用对象的方法，没有产生具体的对象的名称，当执行完该匿名对象的方法后，该对象也就变成了垃圾。通常，使用匿名对象的情况如下。

◆ 如果对一个对象只需要进行一次方法调用，那么就可以使用匿名对象。

◆ 将匿名对象作为实参传递给一个函数调用。比方说，有个方法 getSomeOne(Person p)，参数是 Person 类型的，那么可以使用"getSomeOne(new Person());"语句调用。

3.2.4 类的封装

1. 为什么需要封装

看一个具体的例子对小学生入学编写一个类，代表小学生，要求：

◆ 具有属性：姓名、年龄、家庭住址。

◆ 具有行为：介绍自己。

◆ 必须年满 6 周岁。

编写代码如下：

```java
public class Child {
    String name;
    String address;
    int age;
    //该方法用来将进行自我介绍
    public void introduceSelf(){
```

```
        String selfStr = "大家好！我
叫"+name+"，我今年"+age+"岁，我住在"+address;
        System.out.println(selfStr);
    }
}
```

再编写一个测试类 ChildTest，要求如下。

◆　创建一个教师对象，并对其初始化。

◆　在控制台输出该教师的自我介绍。

编写代码如下：

```
public class ChildTest {
    public static void main(String[]
args) {
        Child achild = new Child();
        achild.name = "王慧";
        achild.age = 4;
        achild.address = "幸福家园18-
2-301";
        achild.introduceSelf();
    }
}
```

执行该程序，执行的结果如图 3-25 所示。

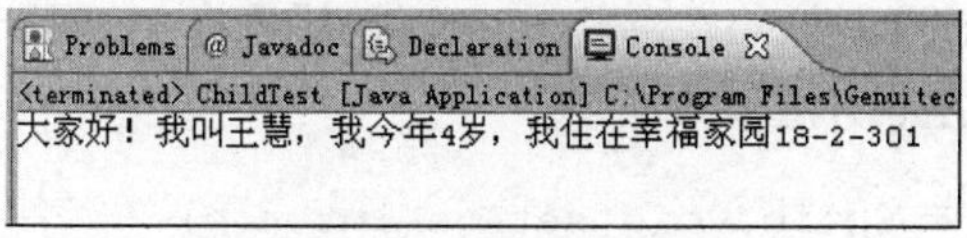

图 3-25　学生自我介绍

从上面的程序看到，程序并没有出错，但是编写的 ChildTest 类中创建的 Child 对象，其年龄属性不符合最低 6 岁的要求。如何才能满足 Child 类的要求呢？答案是通过对属性的封装来实现。

2. 如何进行封装

封装，就是隐藏实现细节，即对类的属性进行隐藏。封装通过下面的三步进行。

第一步：将属性私有化。

实现的方法是在类的成员属性前面加上 private 关键字进行修饰。一旦加上 private 关键字，该属性就只能在本类中访问，而不能在另外的类中访问。

```
private String name;
private String address;
private int age;
```

第二步：提供公有方法访问私有属性。

通常是为每个属性创建一对公有的赋值（setter）方法和取值（getter）方法，用于对这些属性的访问（getXxx()和 setXxx()——Xxx 表示要访问的成员变量的名字）。其中，setter 方法是为属性赋值，getter 方法是读取属性的值。

```
//返回学生的姓名
public String getName() {
    return name;
}
//设置学生的姓名
public void setName(String name) {
    this.name = name;
}
//返回学生的家庭住址
public String getAddress( ) {
    return address;
}
//设置学生的家庭住址
public void setAddress(String address) {
    this.address = address;
}
//返回学生的年龄
public int getAge() {
    return age;
}
//设置学生的年龄
public void setAge(int age) {
    this.age = age;
}
```

this 代表类的实例，也可以理解为，如果局部变量和类的成员属性的名称一样，用"this.属性"代表类的属性而非局部变量。

第三步：通过这些公有方法访问私有属性。

```
Child achild = new Child();
achild.setName("王慧");
String name = achild.getName();
```

通过 setter、getter 方法访问 name 属性和为 name 属性赋值。所以，利用封装的概念，将 Child 类修改如下。

```
public class Child {
    private String name;
    private String address;
```

```
private int age;

public String getName() {
    return name;
}
public  void  setName(String
name) {
    this.name = name;
}
public String getAddress() {
    return address;
}
public void setAddress(String
address) {
    this.address = address;
}
public int getAge() {
    return age;
}
public void setAge(int age) {
    this.age = age;
}
//该方法用来将介绍的内容返回一个
字符串
public void introduceSelf(){
    String selfStr = "大家好!
我叫"+name+",我今年"+age+"岁,我住在"+address;
    System.out.println(selfStr);
}
}
```

将 ChildTest 类修改如下。

```
public class ChildTest{
    public static void main(Str
ing[] args) {
        Child achild=newChild();
        achild.setName("王慧");
        achild.setAge(4);
        achild.setAddress(" 幸 福
家园18-2-301");
        achild.introduceSelf();
    }
}
```

修改完毕之后,虽然程序运行结果是一样的,但是至少运用了封装的概念。其实,封装就是在类的成员属性前面都加上 private,再提供公有的方法去操作这些属性。

提示:在进行封装时,如果类中的属性太多,每一个都要编写 getter 和 setter 方法,这样工作量会很大。好在 Eclipse 提供了为特定的属性生成 getter 和 setter 方法的快捷方式。具体操作方法是,在 Eclipse 的类文件中,右键单击,选择 Source→Generate Getters and Setters... 菜单命令,然后在弹出的对话框中会列出类中所有定义为 private 的属性,我们只要勾选属性,然后单击 OK 按钮即可完成 getter 和 setter 方法。对于某一个属性,如果只有 getter 方法没有 setter 方法,说明该属性是只读的,不能给属性赋值;如果只有 setter 方法没有 getter 方法,说明该属性只能赋值,不能读取。

3. 通过封装解决问题

在本节最开始的问题中,要求学生必需年满 6 周岁,那么,只要在 Child 类的 setAge 方法中加入对年龄的控制即可,如 age 属性的值小于 6,则输出年龄太小,并将 age 属性设置为 6。因此将 setAge 方法修改如下。

```
public void setAge(int age) {
    if (age < 6) {
        System.out.println("你还不满
6周岁,所以不能上学!");
        this.age = 6;
// 如果不符合年龄要求,则赋予默认值
    } else {
        this.age = age;
    }
}
```

因此,Child 类的完整程序如下。

```
public class Child {
    private String name;
    private String address;
    private int age;

    public String getName() {
        return name;
    }
    public void setName(String name) {
        this.name = name;
```

```
        }
        public String getAddress() {
            return address;
        }
        public void setAddress(String
address) {
            this.address = address;
        }
        public int getAge() {
            return age;
        }
        public void setAge(int age) {
            if (age < 6) {
                System.out.println("你还
不满 6 周岁，所以不能上学");
                this.age = 6;
// 如果不符合年龄要求，则赋予默认值
            } else {
                this.age = age;
            }
        }
        //该方法用来将介绍的内容返回一个字符串
        public void introduceSelf(){
            String selfStr = "大家好! 我叫
"+name+", 我今年"+age+"岁, 我住在"+address;
            System.out.println(selfStr);
        }
    }
```

再次执行 ChildTest 类后，执行的结果如图 3-26 所示。

```
🔲 Problems | @ Javadoc | 🔍 Declaration | 🖳 Console ⊠
<terminated> ChildTest [Java Application] C:\Program Files\Genuit
你还不满6周岁，所以不能上学
大家好! 我叫王慧，我今年0岁, 我住在幸福家园18-2-301
```

图 3-26　封装以后的程序结果

我们用封装解决了上述的问题。我们认为：将类的成员变量声明为私有的（private），再提供一个或多个公有（public）方法实现对该成员变量的访问或修改，就是封装。封装的主要目的如下。

◆ 隐藏类的实现细节。

◆ 让使用者只能通过事先定制好的方法来访问数据，可以方便地加入控制逻辑，限制对属性的不合理操作。

◆ 便于修改，增强代码的可维护性。

◆ 可进行数据检查。

【任务 6】通过代码封装，实现如下需求。

（1）编写一个类 NotebookPC，代表笔记本电脑：

◆ 具有属性：品牌（brand）、CPU 主频（cpu）、内存容量（ram），其中内存容量不能小于 2GB，否则输出错误信息，并赋予默认值 2。

◆ 为各属性设置赋值和取值方法。

◆ 具有方法：showDetail，用来在控制台输出每台笔记本电脑的品牌、CPU 的主频和内存容量。

（2）编写测试类进行测试。为 NoteBookPC 对象的属性赋予初始值，并调用 NoteBookPC 对象的 showDetail 方法，看看输出是否正确。

Step 1　在 Eclipse 的项目中，创建一个类，NotebookPC，确定其 3 个属性，并用 private 进行修饰，实现代码如下。

```
package com.bjl;

public class NotebookPC {
    private String brand;
    private String cpu;
    private int ram;
}
```

Step 2　在 NotebookPC 类中，为每一个属性添加 getter 方法和 setter 的方法。实现代码如下。

```
package com.bjl;

public class NotebookPC {
private String brand;
    private String cpu;
    private int ram;

    public String getBrand() {
        return brand;
    }

    public void setBrand(String brand) {
        this.brand = brand;
    }

    public String getCpu() {
        return cpu;
```

```
    }

    public void setCpu(String cpu) {
        this.cpu = cpu;
    }

    public int getRam() {
        return ram;
    }
    public void setRam(int ram) {
        this.ram = ram;
    }
}
```

Step 3 修改 NotebookPC 类的 setRam 方法，确保 Ram 属性不能小于 2，实现代码如下：

```
public void setRam(int ram) {
    if (ram < 2) {
        System.out.println("内存太
小，不能满足需求");
        this.ram = 2;
    } else {
        this.ram = ram;
    }
}
```

Step 4 为 NotebookPC 类添加 showDetail 方法，该方法返回一个笔记本信息的字符串。实现代码如下。

```
public String showDetail() {
    return "笔记本的品牌为："+brand+"\nCPU
的主频为"+cpu+"\n 内存容量为："+ram;
}
```

Step 5 创建测试类 Charpter03_06，创建两个 NotebookPC 对象，并为对象的属性赋值。为第一个对象的 ram 属性赋值 4，为第二个对象的 ram 属性赋值 1，并分别执行 showDetail 方法。

```
package com.bjl;

public class Charpter03_06 {
    public static void main(String[]
args) {
        NotebookPC  pc1  =  new
NotebookPC();
        pc1.setBrand("联想");
        pc1.setCpu("2.5GHZ");
```

```
        pc1.setRam(4);
        System.out.println(pc1.showDeta
il());

        System.out.println("\n");

        NotebookPC pc2 = new NotebookPC();
        pc2.setBrand("DELL");
        pc2.setCpu("3.2GHZ");
        pc2.setRam(1);
        System.out.println(pc2.show
Detail());
    }
}
```

Step 6 保存并运行 Charpter03_06，程序结果如图 3-27 所示。

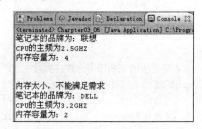

图 3-27　程序执行的结果

3.2.5　访问控制

访问控制修饰符说明类或类的成员的可访问范围，即可以被哪些类和对象访问。修饰符一共有 4 个：public、protected、default 和 private。

◆ 用 public 修饰的类或成员拥有公共作用域，表明此类或类的成员可以被 Java 中的任何类所访问，是最广泛的作用范围。

◆ 用 protected 修饰的变量或方法拥有受保护作用域，可以被同一个包中所有的类及其他包中该类的子类所访问。

◆ 用 private 修饰的变量或方法拥有私有作用域，只能在此类中访问，其他类，包括该类的子类也是不允许访问的，private 是最保守的作用范围。

◆ 没有使用任何修饰符的，拥有默认访问权限（也称友好访问权限），表明此类或类的成员可以被同一个包中的其他类访问。

访问控制修饰符的作用如表 3-4 所示。

表 3-4　类成员的访问控制修饰符

修饰符	同一类中	同一包中	不同包中的子类	不同包中的非子类
public	Yes	Yes	Yes	Yes
protected	Yes	Yes	Yes	No
default	Yes	Yes	No	No
private	Yes	No	No	No

在上面的封装例子中，因为在 Teacher 类中使用了 private 修饰符，所以在 TestTeacher 中创建的 teacher 对象是不能通过 "teacher.age=22;" 来赋值的，否则会提示 "The field Teacher.age is not visible"。如果一定要给属性赋值或者取值，只能定义 public 关键字修饰的方法来访问属性。

3.3 构造方法

3.3.1　构造方法的用途

先看一个具体的要求。

（1）开发一个 Student 类，要求如下。

◆ 具有属性：姓名、年龄、家庭地址和爱好。

◆ 具有行为：自我介绍。

实现代码如下。

```
public class Student {
    private String name;
    private int age;
    private String address;
    private String hobby;

    public String introduction() {
        return "大家好，我叫" + name + ",
今年" + age + "岁，来自" + address + " , 兴
趣是" + hobby;
    }

    public String getName() {
        return name;
    }
```

```
    public void setName(String name) {
        this.name = name;
    }

    public int getAge() {
        return age;
    }

    public void setAge(int age) {
        this.age = age;
    }
    // 以下是其他属性的 setter、getter 方法，
此处省略
    }
```

（2）编写一个测试类，要求如下。

◆ 创建一个学生对象，并对其初始化。

◆ 在控制台输出该学生的自我介绍。

实现代码如下。

```
public class TestStudent {
    public static void main(String[]
args) {
        Student student=new Student();
        student.setName("李明");
        student.setAge(19);
        student.setAddress("北京");
        student.setHobby("打篮球和看书");
        System.out.println(student.
introduction());
    }
}
```

执行 TestStudent 类，其结果如图 3-28 所示。

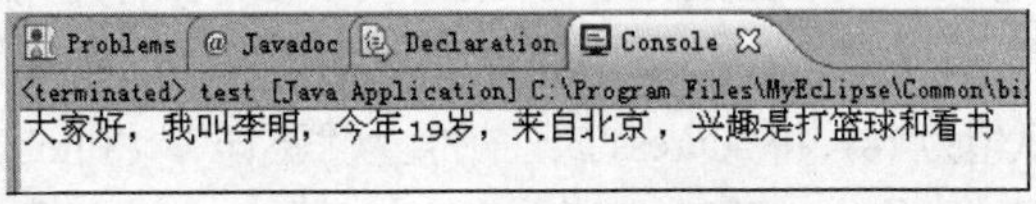

图 3-28　程序执行结果

在上面的程序中，我们面临这样的一个问题，Student 类中有太多的属性及对应的 setter 方法，在初始化时，很容易就忘记了，造成某个属性没有赋值。有没有可能简化对象初始化的代码？——答案就是构造方法。

1. 构造方法的定义和作用

构造方法负责对象成员的初始化工作，为实

例变量赋予合适的初始值，也就是说，构造方法是创建对象时会自动调用的方法。构造方法一般用在为对象进行初始化工作，它不仅可以避免在编程过程中因为疏忽而没有对变量进行初始化，而且可以一次完成类的所有实例对象的初始化，从而免除了调用程序对每个实例对象都要进行初始化的繁琐工作。

构造方法也是方法，和在第 2 章中讲的方法一样。但是，一个方法之所以能够成为构造方法，必须满足以下两个条件。

◆ 方法名与类名相同。

◆ 没有返回类型。

这里所说的没有返回类型，不是指 void，而是什么都没有。如果给上面的 Student 类添加构造方法，以实现对变量的初始化，其代码如下。

```java
public class Student {
    private String name;
    private int age;
    private String address;
    private String hobby;

    public Student(){
        name="无名氏";
        age = 18;
        address = "不详";
        hobby = "无";
    }
    …
}
```

在上面的类中，有一个方法 Student，它的名称和类名一样，且没有返回类型，所以该方法称为构造方法，它将 name 属性赋值为 "无名氏"，将 age 属性赋值为 18，将 address 属性赋值为 "不详"，将 hobby 属性赋值为 "无"。然后，修改 TestStudent 类，具体如下。

```java
public class TestStudent {
    public static void main(String[] args) {
        Student student=new Student();
        System.out.println(student.introduction());
    }
}
```

在 TestStudent 类中，仅仅创建了一个 Student

的实例对象，并没有对该对象的任何属性赋值，但是程序执行的结果如图 3-29 所示。

图 3-29　程序执行结果

通过程序的执行结果可以看到创建的对象的属性都有值，这是构造方法在起作用，也印证了前面说过的，构造方法就是在创建对象的时候自动执行的方法。

2. 带参数的构造方法

在上面的例子中，我们为 Student 类创建了一个构造方法，该构造方法没有参数。我们还可以使用带有参数的构造方法为实例对象赋予初值。再次修改 Student 类的构造方法，代码如下。

```java
public class Student {
    private String name;
    private int age;
    private String address;
    private String hobby;

    public Student(String name, int age, String address, String hobby) {
        this.name = name;
        this.age = age;
        this.address = address;
        this.hobby = hobby;
    }
    …
}
```

因为在上面的构造方法中使用了参数，即为对象的各个属性赋值，所以在测试类 TestStudent 中创建 Student 对象时也要加上具体的值，其代码如下。

```java
public class TestStudent {
    public static void main(String[] args) {
        Student student = new Student("李明",19,"北京","打篮球和看书");
        System.out.println(student.introduction());
    }
}
```

在上面的类中，创建对象时，一并完成了对象成员的初始化工作。其执行结果如图 3-28 所示。

【任务 7】编写程序，完成如下需求。

（1）编写一个类 NotebookPC1，代表笔记本电脑。

- 具有属性：品牌（brand）、CPU 主频（cpu）、内存容量（ram），其中内存容量不能小于 2GB，否则输出错误信息，并赋予默认值 2；
- 具有方法：showDetail，用来在控制台输出每台笔记本电脑的品牌、CPU 的主频和内存容量；
- 具有带参数的构造方法：用来完成对象的初始化工作，并在构造方法中完成对内存容量的最小值限制。

（2）编写测试类进行测试：初始化两个 NotebookPC1 对象，并调用该 NotebookPC1 对象的 showDetail 方法，看看输出是否正确。

Step 1 在 Eclipse 的项目中，创建一个类 NotebookPC1，确定其 3 个属性，实现封装，并创建带有 3 个参数的构造方法，实现代码如下。

```java
package com.bjl;

public class NotebookPC1{
    private String brand;
    private String cpu;
    private int ram;

    public String getBrand() {
        return brand;
    }

    public void setBrand(String brand) {
        this.brand = brand;
    }

    public String getCpu() {
        return cpu;
    }

    public void setCpu(String cpu) {
        this.cpu = cpu;
    }

    public int getRam() {
```

```java
        return ram;
    }

    public void setRam(int ram) {
        this.ram = ram;
    }

    public String showDetail() {
        return"笔记本的品牌为: "+brand+"\nCPU 的主频为" + cpu + "\n 内存容量为：" + ram;
    }
    // 下面是带有 3 个参数的构造方法
    public NotebookPC1(String brand, String cpu, int ram) {
        this.brand = brand;
        this.cpu = cpu;
        if (ram < 2) {
            System.out.println("内存容量太小，不能满足需求");
            this.ram = 2;
        } else {
            this.ram = ram;
        }
    }
}
```

Step 2 创建测试类 Charpter03_07，创建两个 NotebookPC1 对象，使用 new NotebookPC1( ) 带有参数的方式创建。实现代码如下。

```java
package com.bjl;
public class Charpter03_07 {
    NotebookPC1 pc1 = new NotebookPC1("联想", "2.6GHZ", 4);
        System.out.println(pc1.showDetail());

        System.out.println("\n");
        NotebookPC1 pc2 = new NotebookPC1("华硕", "3.2HZ", 1);
        System.out.println(pc2.showDetail());
    }
}
```

Step 3 保存并运行 Charpter03_07，程序运行结果如图 3-30 所示。

3. 构造方法的重载

在本书第 2.7 节中讲了方法的重载，方法的重载需要满足如下两个条件。

◆ 方法中参数的类型不同。

◆ 方法中参数的个数不同。

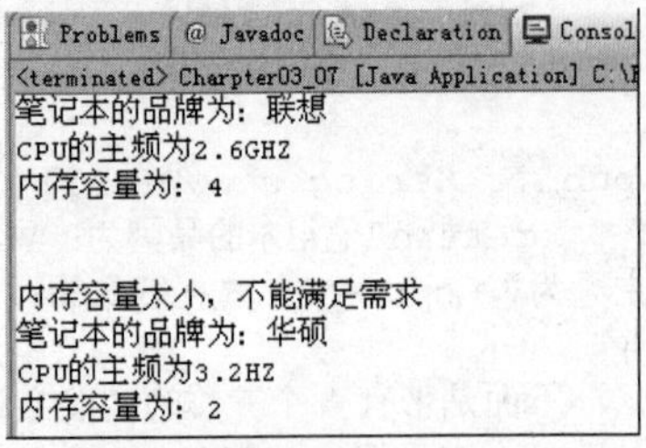

图 3-30　程序执行的结果

既然构造方法也是方法，那么构造方法也可以重载。例如下面的代码：

```java
public class Student {
    private String name;
    private int age;
    private String address;
    private String hobby;

    //第一个构造方法，只为 name 属性初始化
    public Student(String name) {
        this.name = name;
    }
    //第二个构造方法，为 name 属性和 age
属性初始化
    public Student(String name, int
age) {
        this.name = name;
        this.age = age;
    }
    //第三个构造方法，为全部属性初始化
    public Student(String name, int
age, String address, String hobby) {
        this.name = name;
        this.age = age;
        this.address = address;
        this.hobby = hobby;
    }
}
```

上述三个构造方法都满足重载的两个条件之一，方法中参数的个数不同，所以在创建 Student 类的实例时可以使用不同的方法，即在使用 new Student()创建对象时，加上不同的参数值。

例如：

```java
Student student1 = new Student("张三");
//调用第一个构造方法
Student student2 = new Student("张三",20);
//调用第二个构造方法
Student student3 = new Student("张三",20,
"北京","打篮球"); //调用第三个构造方法
```

【任务 8】编写程序，完成如下需求。

（1）编写一个类 NotebookPC2，代表笔记本电脑：

◆ 具有属性：品牌（brand）、CPU 主频（cpu）、内存容量（ram）。

◆ 具有方法：showDetail，用来在控制台输出每台笔记本电脑的品牌、CPU 的主频和内存容量。

◆ 具有两个带参构造方法：第一个构造方法中，设置 CPU 主频属性为 "2.8GHz"（固定），其余属性的值由参数给定；第二个构造方法中，所有属性的值都由参数给定。

（2）编写测试类进行测试：分别以两种方式完成对两个 NotebookPC2 对象的初始化工作，并分别调用它们的 showDetail 方法，看看输出是否正确。

Step 1　在 Eclipse 的项目中，创建一个类 NotebookPC2，确定其 3 个属性，实现封装。由于题目要求第一个构造方法中，CPU 主频固定，而其他属性由参数确定，所以第一个构造方法包含两个参数；第二个构造方法包含 3 个参数，实现代码如下。

```java
package com.bjl;

public class NotebookPC2 {
    private String brand;
    private String cpu;
    private int ram;

    public String getBrand() {
        return brand;
    }

    public void setBrand(String brand) {
        this.brand = brand;
    }

    public String getCpu() {
        return cpu;
```

```java
public void setCpu(String cpu) {
    this.cpu = cpu;
}

public int getRam() {
    return ram;
}

public void setRam(int ram) {
    this.ram = ram;
}

public String showDetail() {
    return "笔记本的品牌为: " + brand
+ "\nCPU 的主频为" + cpu + "\n 内存容量为: " + ram;
}
```

// 下面是固定 CPU 属性的构造方法，包含 2 个参数的构造方法

```java
public NotebookPC2(String brand,
int ram) {
    this.brand = brand;
    this.ram = ram;
    this.cpu = "2.8GHZ";
}
```

// 第二个构造方法包含 3 个参数

```java
public NotebookPC2(String brand,
String cpu, int ram) {
    super();
    this.brand = brand;
    this.cpu = cpu;
    this.ram = ram;
}
}
```

Step 2 创建测试类 Charpter03_08，创建两个 Book3 对象，分别使用不同的构造方法。实现代码如下。

```java
package com.bjl;

public class Charpter03_08 {

    public static void main(String[]
args) {
        //创建含有 2 个参数的对象
```

```java
        NotebookPC2 pc1 = new Notebo
okPC2("联想", 4);
        System.out.println(pc1.show
Detail());

        System.out.println("\n");
        //创建含有 3 个参数的对象
        NotebookPC2 pc2 = new Notebo
okPC2("华硕", "3.2HZ", 1);
        System.out.println(pc2.show
Detail());
    }
}
```

Step 3 保存并运行 Charpter03_08，程序运行结果如图 3-31 所示。

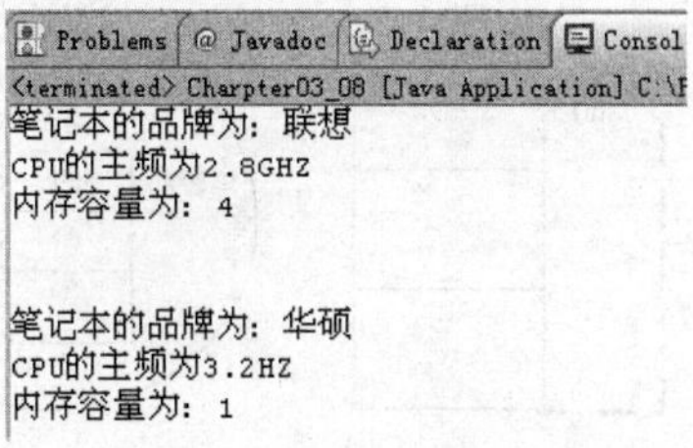

图 3-31 程序执行的结果

从图 3-31 中可以看出，PC1 对象调用的是第一个构造方法，CPU 属性的固定值为 "2.8GHz"。

> 提示：Eclipse 为创建构造方法也提供了一种简便的方法。其方法是：在 Eclipse 的类中单击右键，选择 Source→Gernerate Constructor using Files 菜单命令，然后在弹出的界面中选择适当的属性，即可完成构造方法的创建。

3.3.2 构造方法的注意事项

1. 有构造方法的对象在内存中的分配

Student 类的代码如下。

```java
public class Student {
    private String name;
    private int age;

    public Student(String name) {
        this.name = name;
    }
```

```java
    public Student(String name, int
age) {
        this.name = name;
        this.age = age;
    }
}
```

当创建一个对象，如 "Student stu1 = new Student("张三",18);"，计算机在内存中是如何分配内存的呢？计算机会做这样几件事。

（1）创建指定类的新实例对象，在堆内存中为实例对象分配内存空间，并对其进行初始化赋值，如图 3-32 所示。

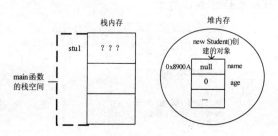

图 3-32　在堆内存中分配空间

（2）进行显示初始化。调用相应的构造方法，构造方法需要接受外部传入的姓名和年龄，在执行构造方法中的代码之前进行属性的显示初始化，也就是执行在定义成员变量时就对其进行赋值的语句。

```java
private String name = "Unknown";
private int age = -1;
```

其内存状态如图 3-33 所示。

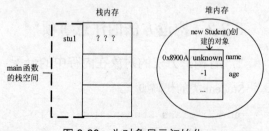

图 3-33　为对象显示初始化

（3）执行构造方法中的代码，用从外部接收到的姓名和年龄对成员变量重新赋值，其内存状态如图 3-34 所示。

（4）最后将实例对象的首地址赋值给引用变量 stu1，如图 3-35 所示。

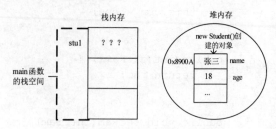

图 3-34　接受外部参数值重新赋值

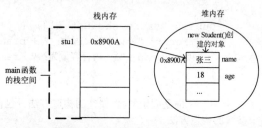

图 3-35　将实例首地址赋给 stu1 变量

2．Java 中默认的构造方法

在 Java 的每个类里都至少有一个构造方法，如果并没有在一个类里定义构造方法，系统会自动为这个类产生一个默认的构造方法。这个默认的构造方法没有参数，在其方法体中也没有任何代码，即什么也不做，例如：

```java
class Student{
    …
}
```

等价于

```java
class Student{
    public Student(){
    }
    …
}
```

由于系统提供的默认构造方法往往不能满足编程的需求，因此可以自己定义类的构造方法来满足我们的需要。一旦编程者为该类定义了构造方法，系统就不再提供默认的构造方法了，例如：

```java
class Student {
    private String name;
    public Student(String name) {
```

```
        this.name = name;
    }
}
```

因为已经创建了一个构造方法，系统不再提供默认的构造方法，所以在执行"Student stu1 = new Student();"时将会报错，错误内容为"The constructor Student() is undefined"。读者可以这样理解，当创建对象的时候，就会调用构造方法，如果构造方法含有参数，那么在创建对象的时候也必须加上参数，如"Student stu1 = new Student（"张三"）;"。

> **提示**：通常情况下，只要定义了带有参数的构造方法，都需要再定义一个无参数的构造方法，否则读者就会经常在创建对象的时候忘记参数值，从而发生错误。

3. private 修饰构造方法

如果一个类的构造方法使用 private 修饰符，例如：

```
class Student {
    private String name;
    private Student() {
        this.name = "无名氏";
    }
}
```

那么，在执行"Student stu1 = new Student();"时，会出现"The constructor Student() is not visible"的错误，主要原因是当创建对象时就会调用构造方法，而构造方法是以 private 修饰的，不允许在该类的外部访问，所以出现了上面的错误。

> **提示**：一个类的构造方法用 private 修饰，说明该类不允许创建实例，所以通常情况下，类的构造方法都是用 public 进行修饰。

▌3.4▌this 引用句柄

在前面的构造方法和封装过程中，经常用到

的一个关键词就是 this，那么，this 到底是什么呢？可以这样认为：this 关键字在 Java 程序里的作用和它的词义很接近，它在方法内部就是这个方法所属的对象的引用变量。

```
public class Student {
    private String name;
    public Student(String name) {
        this.name = name;
    }
}
```

上面的代码使用 new 创建 Student 的一个对象，如"Student stu1= new Student("张三");"，这句话会调用 Student 类的构造方法，this 就是对象 stu1，"this.name=name;"等价于"stu1.name=name;"。由于会创建很多的 Student 对象，我们并不知道每个具体的对象的名字，只好用 this 来代替。如果创建的对象叫 stu2，构造方法就等价于"stu2.name=name;"。读者可以这样认为，创建的对象是什么，this 就代表这个对象本身。

this 引用句柄的使用场合主要有如下几种。

（1）类的成员变量名和对其进行赋值的成员方法的形参变量同名，例如：

```
public class Student {
    private String name;
    public Student (String name) {
        name = name;
    }
}
```

> 不知道哪个 name 是成员属性，所以修改为 this.name=name，用 this.name 表示成员属性

（2）通过 this 引用把当前的对象作为一个参数传递给其他的方法和构造函数，例如：

```
class Container
{
    Component comp;
    public void addComponent()
    {
        comp=new Component(this);
    }
}
class Component
{
```

> 将 this 作为对象引用传递

```
Container myContainer;
public Component(Container c)
{
    myContainer=c;
}
}
```

（3）在一个构造方法里调用其他重载的构造方法，不是用构造方法名，而是用"this（参数列表）"的形式，根据其中的参数列表，选择相应的构造方法，例如：

```
public class Student
    private String name;
    private int age;

    public Student(String name){
        this.name=name;
    }
    public Student(String name,int age) {
        this(name);
        this.age=age;
    }
}
```

将 this 调用该类带有一个参数的构造方法

3.5 方法的参数传递

3.5.1 基本数据类型的参数传递

前面介绍了方法的参数传递过程，并强调了方法的形式参数相当于方法中的局部变量，方法调用结束时就释放了，不会影响到主程序中同名的局部变量。看下面的代码。

```
public class Exchange {
    // 交换 x 和 y 的值
    public static void exchange Value
(int x, int y) {
        int temp = x;
        x = y;
        y = temp;
    }
    public static void main(String[]
args) {
        int x = 10;
        int y = 5;
```

```
        System.out.println("交换之前
x 的值是" + x + ", y 的值是" + y);
        exchangeValue(x, y);
        System.out.println("交换之后
x 的值是" + x + ", y 的值是" + y);
    }
}
```

该程序的执行结果如图 3-36 所示。

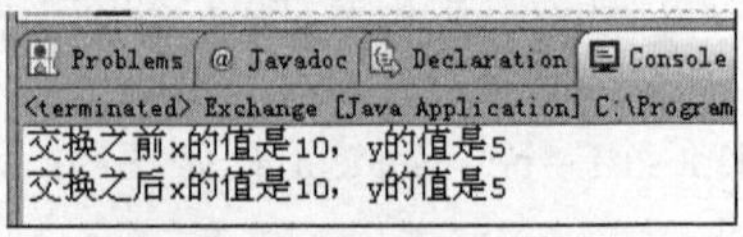

图 3-36　程序执行的结果

exchangeValue 方法执行完毕以后，并没有改变 x 和 y 的值。其原因在第 2 章详细介绍过了，读者可参考这部分的内容。在这里只给出程序中变量在内存中的存储情况，如图 3-37 所示。

关于基本数据类型的参数传递，可以得出这样的结论：被调用的方法不能改变实际参数的值。

3.5.2 引用数据类型的参数传递

引用数据类型包括数组和对象，引用数据类型并不是数组或者对象本身，它们只是对象的句柄。

1. 对象的参数传递

看下面的代码。

```
class Number {
    int x;
    int y;
}

public class ExchangeObj {
    /**
     * 将换 number 对象 x 属性和 y 属性的值
     *
     * @param number
     *           : 要交换的对象
     */
    public static void exchangeValue
(Number oneNumber) {
        int temp = oneNumber.x;
        oneNumber.x = oneNumber.y;
        oneNumber.y = temp;
    }
```

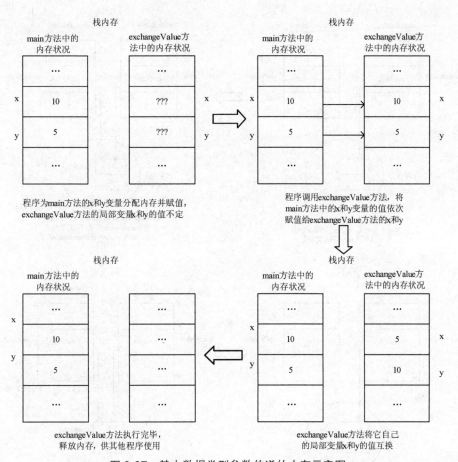

图 3-37　基本数据类型参数传递的内存示意图

```
    public static void main(String[]
args) {
        Number oneNumber = new Number();
        oneNumber.x = 10;
        oneNumber.y = 5;
        System.out.println("交换之前
x 的值是" + oneNumber.x + ", y 的值是" +
oneNumber.y);
        exchangeValue(oneNumber);
        System.out.println("交换之后
x 的值是" + oneNumber.x + ", y 的值是" +
oneNumber.y);
    }
}
```

该程序的执行结果如图 3-38 所示。从图中可以看出 x 和 y 的值改变了，其在内存中的存储情况如图 3-39 所示。

图 3-38　程序执行的结果

Java 语言在给被调用的方法传递的参数赋值时，永远采用传值的方式。所以，基本数据类型传递的是该变量内存中存储的值本身；引用数据类型数据传递的也是这个变量内存中存储的值本身，但它是引用变量，通过方法的调用，可以改变对象的内容，但是栈内存中的值是不能改变的。

2. 数组的参数传递

数组也属于引用类型，将数组对象作为参数传递，其结果也同对象一样。如下面的代码。

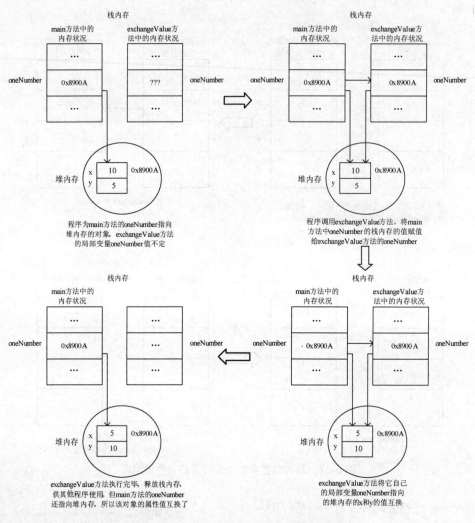

图 3-39　对象类型参数传递的内存示意图

```
public class ChangeArray {
    public static void
exchangeValue(int[] x) {
        x[0] = 5;
    }

    public static void main(String[]
args) {
        int[] x = new int[3];
        x[0] = 10;
        System.out.println("未调用方
法前 x[0]的值是" + x[0]);
        exchangeValue(x);
        System.out.println("调用方法
之后 x[0]的值是" + x[0]);
    }
}
```

该程序的执行结果如图 3-40 所示。读者可参照对象的参数传递分析该程序的执行，就能明白为什么是这样的结果了。

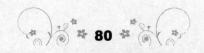

图 3-40　程序执行的结果

下面总结一下不同类型的参数传递，如表 3-5 所示。

表 3-5　类成员的访问控制

参数类型	传递的内容	是否能改变实参的值
基本数据类型	参数的值，如 5	不能
引用数据类型	对象的引用，栈内存的地址	能
数组	数组对象，数组的首地址	能

3.6 static 关键字

先来看前面的一个例子。

```
public class Student {
    private String name;
    private int age;
    private String address;
    private String hobby;

    public String introduction() {
        return "大家好，我叫" + name + ",
今年" + age + "岁，来自" + address + " , 兴
趣是"+ hobby;
    }
}
```

现在考虑如何才能调用 Student 类的 introduction 方法呢？通过上面的学习，我们已经知道要调用类的方法，必须首先用 new 关键字创建一个类的实例，然后使用 "对象.方法名()" 来调用，这是因为只有创建了实例之后系统才会分配内存空间给对象，其方法才可以供外部调用。

3.6.1　静态变量

一个类的静态变量，就是此类所有实例共享此静态变量，也就是说，在类装载时，只分配一块存储空间，此类的所有对象都可以操控此块存储空间。

1. 静态变量的声明

在类的成员属性前面加上 static 关键字，该属性就变成静态变量。

例如，某班级的学生年龄都是 19 岁，没有比 19 岁大的学生，也没有比 19 岁小的学生。那么，可以创建一个 Student 类，该类的所有实例的年龄在内存中只存储一份，所以可以将该属性设置为静态变量。设置静态变量在一定程度上可以节省内存空间。

```
class Student {
    String name;
    static int age = 19;

    public Student(String name) {
        this.name = name;
    }

    public String introduction() {
        return "大家好，我叫" + name + ",
今年" + age + "岁";
    }
}


public class TestStudent {
    public static void main(String
args[]) {
        Student stu1 = new Student
("张三");
        System.out.println(stu1.int
roduction());
        Student stu2 = new Student
("李四");
        System.out.println(stu2.int
roduction());
        Student stu3 = new Student
("王五");
        System.out.println(stu3.int
roduction());
    }
}
```

其程序执行的结果如图 3-41 所示。

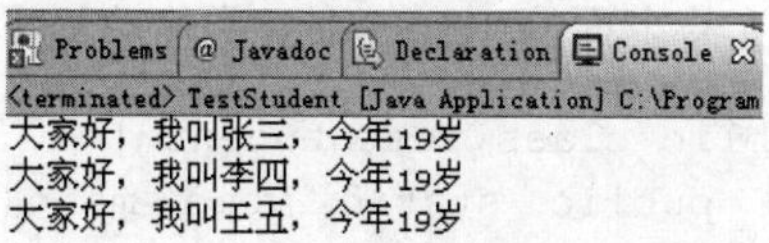

图 3-41　程序执行的结果

下面来看一下上面代码的 3 个对象 stu1、stu2 和 stu3 在内存中的存储情况，以加深对静态变量的认识，如图 3-42 所示。

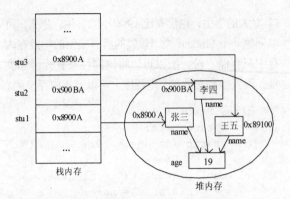

图 3-42　静态变量在内存中的存储

从图 3-42 中可以看出，stu1、stu2 和 stu3 指向的 3 块堆内存区域都指向了同一个 age 属性的内存区域。这就是静态变量的含义，希望读者认真体会。

> **注意：** 不能把任何方法体内的变量声明为静态。如下面的定义是错误的。
>
> ```java
> void show()
> {
>     static int i=0;
>     …
> }
> ```

2. 静态变量的使用

静态变量的使用有两种方法。

◆ 使用类名直接进行访问。例如：

```java
Student.age = 20;
```

◆ 使用对象进行访问。例如：

```java
Student stu1 = new Student("张三");
stu1.age = 20;
```

现在将上面的 TestStudent 类修改如下。

```java
public class TestStudent {
    public static void main(String
args[]) {
        Student stu1 = new Student
("张三");
        //使用第一种方法访问静态变量
        stu1.age = 25;
        System.out.println(stu1.
introduction());
```

```java
        Student stu2 = new Student
("李四");
        System.out.println(stu2.
introduction());
        Student stu3 = new Student
("王五");
        System.out.println(stu3.
introduction());
    }
}
```

那么，上述程序输出的结果将如图 3-43 所示。

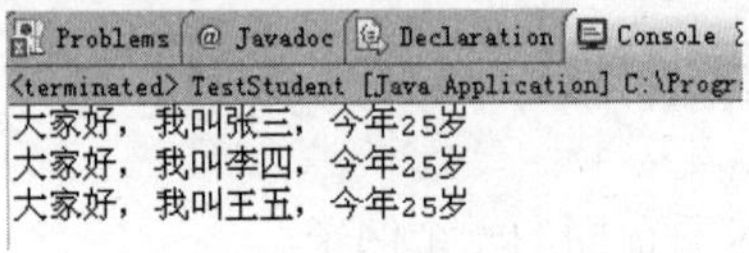

```
Problems @ Javadoc Declaration Console
<terminated> TestStudent [Java Application] C:\Prog
大家好，我叫张三，今年25岁
大家好，我叫李四，今年25岁
大家好，我叫王五，今年25岁
```

图 3-43　程序执行的结果

由于 stu1 修改了静态变量 age 的值，导致 stu2 和 stu3 对象的 age 属性都变成了 25，其原因就是 Student 类的所有实例都共享一块内存。

类的实例，只要有一个修改了静态变量，其他所有实例的该属性都改变。

3.6.2　静态方法

在本小节一开始，先说明只有创建了一个实例对象，才能调用类的方法。如果想不必创建对象就可以调用某个方法，只须在方法前加 static 即可，这个方法被称为静态成员方法。

```java
class Student {
    static int age = 19;

    public static String introduction() {
        return "大家好，我今年" +
age + "岁";
    }
}
```

其访问方法与静态变量一样，也有两种方法。

◆ 使用类名直接进行访问。例如：

```java
Student.introduction();
```

◆ 使用对象进行访问。例如：

```java
Student stu1 = new Student();
stu1.introduction();
```

```
public class TestStudent {
    public static void main(String
args[]) {
        Student stu1 = new Student();
        //使用第一种方法调用静态方法
        System.out.println(stu1.
introduction());
        //使用第二种方法调用静态方法
        System.out.println(Student.
introduction());
    }
}
```

类的静态成员（静态属性和静态方法）经常被称为"类成员"（Class Member）。采用 static 关键字说明类的属性和方法不属于类的某个实例对象。如前面经常使用的 System.out.println()语句，其中 System 是一个类名，out 是 System 类的一个静态成员变量，println()方法则是 out 所引用对象的方法。这也就是为什么不需要创建 System 类的对象。

在使用类的静态方法时，要注意几点。

◆ 在静态方法里只能直接调用同类中其他的静态成员（包括变量和方法），而不能直接访问类中的非静态成员。这是因为，对于非静态的方法和变量，需要先创建类的实例对象之后才能使用，而静态方法在使用前不需要创建任何对象。如下面的代码是错误的。

```
class Student {
    String name;
    static int age = 19;
    public static String introduction() {
        return "大家好，我叫" + name + ",
今年" + age + "岁";
    }
}
```

错误就在于 introduction 静态方法不能访问 name 属性，因为 name 属性是非静态的。

◆ 静态方法不能以任何方式引用 this 和 super 关键字。

◆ main()方法是静态的，因此 JVM 在执行 main 方法时不创建 main 方法所在的类的实例对象，因而在 main()方法中，不能直接访问该类中的非静态成员，必须创建该类的一个实例对象后，才能通过这个对象去访问类中的非静态成员。如下面的代码是错误的。

```
public class Test {
    public int age;
    public static void main(String[]
args) {
        System.out.println(age);
    }
}
```

正确的代码如下。

```
public class Test {
    public int age;
    public static void main(String[]
args) {
        Test t = new Test();
        System.out.println(t.age);
    }
}
```

3.6.3　静态代码块

一个类中可以使用不包含在任何方法体中的静态代码块（Static Block），当类被载入时（要被使用时，如 new），静态代码块被执行，且只被执行一次。静态代码块经常用来进行类属性的初始化。静态代码块就是用 static 关键字将代码块用 {和}括起来，例如下面的代码。

```
class Student
{
    static int age;
    static
    {
        age = 19;
        System.out.println("执行Student
类的静态代码执行");
    }
}
public class TestStudent
{
    static
    {
        System.out.println("执行测类
```

的静态代码块");
```
        }
        public static void main(String []
args)
        {
            System.out.println("主程序开
始执行");
            new Student();
            new Student();
        }
}
```

程序执行的结果如图 3-44 所示。

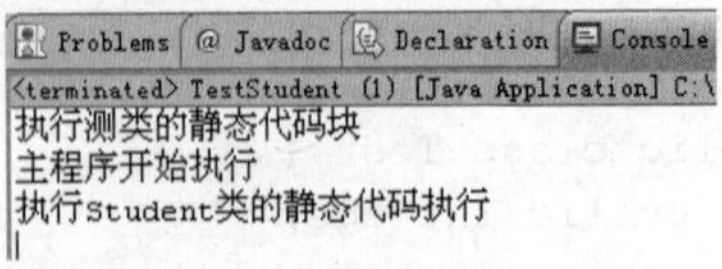

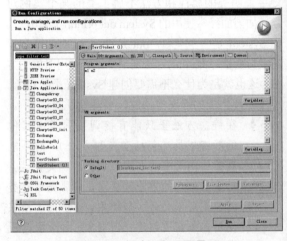

图 3-44　程序执行的结果

结合上面的程序，将代码执行的顺序予以说明。

（1）Java 虚拟机执行 TestStudent 类的 main()方法，尽管不需要创建该类的对象，但是该类被载入内存，所以先执行了 TestStudent 的静态代码块。

（2）执行 main()的代码。

（3）创建两个 Student 的对象，执行且只执行一次静态代码块。

（4）对于没有 main()方法的类，只有创建之后，才会分配内存。

3.6.4　main 方法详解

在前面的章节中，只要一个类中包含 main()方法，说明该类是可以执行的，即可以被 Java 虚拟机直接装载运行。关于 main 方法，有如下几点说明。

◆ 由于 Java 虚拟机需要调用类的 main()方法，所以该方法的访问权限必须是 public 的。

◆ 又因为 Java 虚拟机在执行 main()方法时不必创建对象，所以该方法必须是 static 的。

◆ 该方法接收一个 String 类型的数组参数，该数组中保存执行 Java 命令时传递给所运行的类的参数。类似于 DOS 命令 "copy c:\autoexec.bat d:\"，可以理解为复制为 Java 文件，"c:\autoexec.bat" 和 "d:\" 都是参数。

main()方法接受数组参数，例如：

```
public class TestMain {
    public static void main(String[]
args) {
        for(int  i=0;i<args.length;
i++){
        System.out.println(args[i]);
        }
    }
}
```

在 Eclipse 中执行程序时，需要输入参数，可以选中该文件，单击右键，选择 Run As→Run Configuration 菜单命令，出现如图 3-45 所示的界面。

图 3-45　程序运行配置界面

在图 3-45 所示的界面中，选择第二个选项卡 Arguments，直接在下面输入字符，以空格隔开。如 m1 m2。然后单击 Run 按钮，即可执行程序。

使用 Eclipse 执行带有参数的程序，等价于在 DOS 下执行 "java TestMain m1 m2" 命令。

读者可自行运行程序，查看运行的结果。

▌3.7▐ 上机实训

1．实训内容

定义一个学生类 Student，包含 3 个属性，分别为 javaScore、sqlScore 和 cScore。它们分别代

表该学生的 Java 成绩、SQL Server 成绩和 C 语言成绩，利用封装实现。

（1）创建两个构造函数，一个是不带参数的构造函数，另一个是带有三个参数的构造函数，该构造函数给该类的三个整型属性赋值。

（2）创建 getMax()、getMin()、getSum() 与 getAverage() 4 个方法，每个方法分别对 3 个成员属性求最高分、最低分、总分及平均分的运算。

（3）在主类中创建静态方法 doCompute，带有一个参数，类型为 Student 的对象，该方法用来调用参数的四种方法。

（4）在主类的 main 方法中，创建一个 Student 的对象，将这个对象作为参数调用 doCompute 方法。

2. 实训目的

通过实训掌握变量、条件分支结构、循环语句、静态方法以及方法的编写和调用，具体实训目的如下。

◆ 掌握类的定义，包括属性和方法。
◆ 掌握类的封装。
◆ 掌握构造方法的创建。
◆ 掌握静态方法的创建和调用。
◆ 掌握使用构造方法创建对象。
◆ 掌握引用类型的方法调用。

3. 实训要求

启动 Eclipse，创建项目，然后创建类，结合前面的知识点完成程序的编写。本例程序最终执行效果如图 3-46 所示。

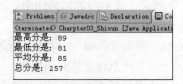

图 3-46　实训程序的运行结果

具体要求如下。

（1）定义方法 getMax，用来输出对象属性中最大的值。

（2）定义方法 getMin，用来输出对象属性中最小的值。

（3）定义方法 getSum，用来输出对象中属性的和。

（4）定义方法 getAverage，用来输出对象中属性的平均值。

（5）定义方法 doCompute，带有参数，用来调用对象的上述 4 种方法。

4. 完成实训

Step 1　启动 Eclipse，并创建项目 Charpter3，也可以利用已创建的项目。

Step 2　创建类文件 Student，输入如下的代码。

```java
package com.bjl;

public class Student {
    private int javaScore;
    private int sqlScore;
    private int cScore;

    public int getX() {
        return javaScore;
    }

    public void setX(int javaScore) {
        this.javaScore = javaScore;
    }

    public int getY() {
        return sqlScore;
    }

    public void setY(int sqlScore) {
        this.sqlScore = sqlScore;
    }

    public int getZ() {
        return cScore;
    }

    public void setZ(int cScore) {
        this.cScore = cScore;
    }

    public Student() {

    }

    public Student(int javaScore, int
```

```
sqlScore, int cScore) {
        this.javaScore = javaScore;
        this.sqlScore = sqlScore;
        this.cScore = cScore;
    }

    public void getMax() {
        int maxScore = javaScore;
        if (maxScore < sqlScore) {
            maxScore = sqlScore;
        }
        if (maxScore < maxScore) {
            maxScore = cScore;
        }
        System.out.println("最高分
是: " + maxScore);
    }

    public void getMin() {
        int minScore = javaScore;
        if (minScore > sqlScore) {
            minScore = sqlScore;
        }
        if (minScore > cScore) {
            minScore = cScore;
        }
        System.out.println("最低分
是: " + minScore);
    }

    public void getSum() {
        int sum = javaScore + sqlScore +
cScore;
        System.out.println("总分是: "+
sum);
    }

    public void getAverage() {
        int average = (javaScore +
sqlScore + cScore) / 3;
        System.out.println("平均分
是: " + average);
    }

}
```

提示: 上述代码中的封装代码和构
造方法可以通过在 Eclipse 中单击右键
并选择 Source→Generate Getters and
Setters 或 Source→Generate Constructor
using Files 菜单命令来生成。

Step 3 创建文件 Charpter3_Shixun，输入
如下的代码。

```
package com.bjl;

public class Charpter03_Shixun {
    public static void doCompute
(Student student) {
        student.getMax();
        student.getMin();
        student.getAverage();
        student.getSum();
    }

    public static void main(String[]
args) {
        Student student = new Student
(89, 81, 87);
        // 静态方法的调用，不需要创建对象
        doCompute(student);
    }
}
```

Step 4 保存并运行程序，效果如图 3-46
所示。

3.8 练习与上机

1. 选择题

（1）以下各项不是类的是（   ）。

    A．面包   B．我家的房屋

    C．房屋   D．马

（2）下列关于类和对象的描述中，不正确的
一项是（   ）。

    A．一组对象构成一个程序，对象之间通
        过发消息通知彼此该做什么

    B．有共同属性的对象可以抽象为一个类

    C．一个类只能实例化一个对象

    D．现实世界中，可以把每件事物都看做
        是一个对象

（3）下列选项中关于类和对象的叙述中，正
确的是（   ）。

    A．类的静态属性和全局变量的概念完全

一样，只是表达形式不同

B. Java 的类分为两大部分：系统定义的类和用户自定义的类

C. 类的成员至少有一个属性和一个方法

D. 类是对象的实例化

（4）下列说法正确的是（　　）。

A. 不需要定义类，就能创建对象

B. 属性可以是简单变量，也可以是一个对象

C. 属性必须是简单变量

D. 对象中必须有属性和方法

（5）以下有关构造方法的说法，正确的是（　　）。

A. 一个类的构造方法可以有多个

B. 构造方法只能由对象中的其他方法调用

C. 构造方法可以和类同名，也可以和类名不同

D. 构造方法在类定义时被调用

（6）对于构造方法，下列叙述不正确的是（　　）。

A. 一般在创建新对象时，系统会自动调用构造方法

B. 构造方法的主要作用是完成对类的对象的初始化工作

C. 构造方法的返回类型只能是 void 型，且书写格式是在方法名前加 void 前缀

D. 构造方法是类的一种特殊方法，它的方法必须与类名相同

（7）有如下代码：

```java
public class EqTest {
    public static void main(String args[]) {
        EqTest e = new EqTest();
    }

    EqTest() {
        String s = "Java";
        String s2 = "java";
        _____ {
            System.out.println("相等");
```

```java
        } else {
            System.out.println("不相等");
        }
    }
}
```

在上面的横线位置，放置什么测试代码能输出"相等"结果？（　　）

A. if(s.equalsIgnoreCase(s2))

B. if(s.noCaseMatch(s2))

C. if(s.equals(s2))

D. if(s==s2)

（8）关于对象的删除，下列说法正确的是（　　）。

A. Java 把没有引用的对象作为垃圾收集起来并释放

B. Java 中的对象都很小，一般不进行删除操作

C. 必须由程序员完成对象的清除

D. 只有当程序中调用 System.gc()方法时才能进行垃圾收集

（9）下列选项中关于对象成员占用内存的说法中，正确的是（　　）。

A. 同一个类的对象使用不同的内存段，但静态成员共享相同的内存空间

B. 对象的方法不占用内存

C. 同一个类的对象共用同一段内存

D. 其他都不对

（10）下列选项中关于用私有访问控制符 private 修饰的成员变量的说法中，正确的是（　　）。

A. 可以被种类访问和引用：该类本身、该类的所有子类

B. 只能被该类自身所访问和修改

C. 可以被三种类所引用：该类自身、与它在同一个包中的其他类、在其他包中的该类的子类

D. 只能被同一个包中的类访问

（11）仔细分析下面程序，其正确的输出结果是（　　）。

```
public class Test {
    public static void changeStr
(String str) {
        str = "welcome";
    }

    public static void main(String[]
args) {
        String str = "1234";
        changeStr(str);
        System.out.println(str);
    }
}
```

A. welcome1234　　　　B. welcome

C. 1234welcome　　　　D. 1234

（12）为 AB 类的一个无形式参数无返回值的方法 method 书写方法头，使得使用类名 AB 作为前缀就可以调用它，该方法头的形式为（　　）。

A. static void method()

B. public void method()

C. abstract void method()

D. final void method

（13）下面程序中类 ClassDemo 定义了一个静态变量 sum，该程序段的输出结果应是（　　）。

```
class ClassDemo {
public static int sum = 1;

    public ClassDemo() {
        sum = sum + 5;
    }
}

class ClassDemoTest {
public static void main(String
args[]) {
        ClassDemo demo1 = new Class
Demo();
        ClassDemo demo2 = new Class
Demo();
        System.out.println(demo1.su
m);
    }
}
```

A. 6　　　　B. 11　　　　C. 2　　　　D. 0

2. 实训操作题

（1）说一说教室里的对象，并描述它们的属性和方法。

（2）学生餐厅里有很多的厨师，每个厨师都具有基本相同的属性和行为，用面向对象的思想定义这个类。

厨师类	
属性	姓名
	年龄
	联系电话
	擅长菜系
方法	做菜（只打印一句话）
	输出（显示对象的全部属性值）

创建一个厨师类的对象，并未该对象属性赋值，然后调用该类的方法。

（3）利用封装的概念，实现（2）的功能。

（4）为厨师类添加两个构造方法，其中一个不含参数，另一个含有四个参数，要求第二个构造方法的年龄不能超过 50 岁，编写测试类进行测试。

（5）创建一个测试类，该类包含一个方法 AdjustAge 和一个厨师类的参数，将该对象的年龄属性+1，并调用该对象的输出方法。

第4章

面向对象的高级属性

📖 **学习目标**

学习 Java 面向对象的高级属性。主要内容包括类的继承、对象的多态性、抽象类和接口、内部类、包的创建和使用、jar 文件包。通过本章的学习，掌握面向对象程序设计的高级属性。

📖 **学习重点**

理解继承的概念和特点；掌握 Java 中实现继承的方法；理解继承中构造方法的调用顺序；掌握子类覆盖父类的方法以及调用父类的方法；掌握 super 关键字的用法；理解 final 关键字的作用；理解多态的含义；掌握父类和子类对象的相互转换；掌握所有类的父类 Object；掌握面向对象的多态编程；理解抽象类的作用；掌握接口的含义和使用；掌握面向接口的程序设计；掌握内部类的创建和访问；掌握包的引入和包之间的互相访问；掌握 Java 的命名；掌握 jar 文件的打包和使用。

📖 **主要内容**

◆ 类的继承
◆ 对象的多态性
◆ 抽象类和接口
◆ 内部类
◆ 包
◆ jar 文件
◆ 上机实训

4.1 类的继承

面向对象的重要特色之一就是能够使用以前建造的类的方法和属性。通过简单的程序代码来建造功能强大的类，会节省很多编程时间，而且更为重要的是，这样做可以减少代码出错的机会。类的继承就是讲的这方面的问题。

4.1.1 继承的概念

当碰到一个家长带着可爱的孩子时，往往会这样说，"这孩子长得真像他爸爸"、"这孩子眼睛真大，像她妈妈"……其实，这说的就是继承，即孩子继承了父母双方的特征。

下面通过图 4-1 来理解继承的含义。

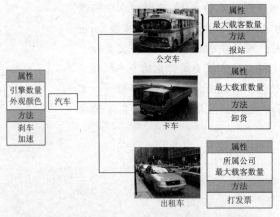

图 4-1 汽车和公交车、卡车、出租车的关系

通过图 4-1 可以看出，公交车是汽车；卡车是汽车；出租车是汽车。而且公交车、卡车和出租车都是汽车的一种。

所以，在面向对象的程序设计中，如果具有"is-a"这样的关系，就称之为继承。如公交车 is a 汽车；卡车 is a 汽车；出租车 is a 汽车，所以就说公交车、卡车、出租车和汽车之间存在继承关系。

被继承的类称为父类（也叫基类或者超类），继承了父类或超类的类称为子类。

所以，在图 4-1 中，汽车称为父类，公交车、卡车和出租车都称为子类。从图 4-1 中还可以看出，汽车类具有属性（引擎数量和外观颜色）和方法（刹车和加速），而公交车类、卡车类和出租车类都具有汽车类具有的属性和方法，同时还包含自己特有的属性和方法。所以，继承的特点为：子类具有父类的一般特性（包括属性和行为），以及自身特殊的特性。

4.1.2 Java 中的继承

1. 继承的引入

通过前几章的学习，完成下列的任务。

【任务 1】某工厂有许多的工人，所以要开发一个工厂类，其中工人分为组装工人以及质检工人，各自的要求如下。

（1）组装工人的要求。

属性：姓名、性别

方法：上班、工作（步骤：穿上工作服，收集所需的部件，安装在固定的位置）、下班。

（2）质检工人的要求。

属性：姓名、性别

方法：上班、工作（步骤：穿上工作服，检查组装好的产品，给出检测报告）、下班。

Step 1 在 Eclipse 中创建一个项目 Charpter4。

Step 2 在项目 Charpter4 中，创建一个类 AssemblyWorker，输入如下代码。

```java
package com.bjl;

public class AssemblyWorker{
    private String name; // 工人姓名
    private String sex; // 工人性别

    // 带有参数的构造方法
    public AssemblyWorker(String name,
String sex) {
        this.name = name;
        this.sex = sex;
    }

    // 上班
    public void goWork() {
        System.out.println(name + ",
" + sex + ", 正在上班");
    }
```

```
// 工作
public void doWork() {
    System.out.println("穿上工作服");
    System.out.println("收集所需的部件");
    System.out.println("安装在固定的位置");
}

// 下班
public void afterWork() {
    System.out.println(name + " 下班了");
}
}
```

Step 3　在项目 Charpter4 中，创建一个类 QualityWorker，输入如下代码：

```
package com.bjl;

public class QualityWorker {
    private String name; // 工人姓名
    private String sex; // 工人性别

    // 带有参数的构造方法
    public QualityWorker(String name,
String sex) {
        this.name = name;
        this.sex = sex;
    }

    // 上班
    public void goWork() {
        System.out.println(name + ",
" + sex + ", 正在上班");
    }

    // 工作
    public void doWork() {
        System.out.println("穿上工作服");
        System.out.println("检查组装好的产品");
        System.out.println("给出检测报告");
    }

    // 下班
    public void afterWork() {
        System.out.println(name + " 下班了");
    }
}
```

对于上面的两个类文件，我们通过比较发现，这两个类都有共同的属性：name 和 sex，也都有共同的方法，goWork、doWork 和 afterWork。唯一的不同就是在 doWork 方法中工作的步骤不同。所以我们在任务 1 中存在着代码重复的问题。

现在考虑这两个类有没有可能建立继承关系，让子类自动继承父类的属性和方法呢？因为组装工人是工人，质检工人也是工人，所以我们创建一个工人类（Worker），作为组装工人和质检工人的父类；父类的属性和方法就是子类共同的属性和方法。创建的 Worker 类代码如下：

```
public class Worker {
    private String name; // 工人姓名
    private String sex; // 工人性别

    // 带有参数的构造方法
    public Worker(String name, String
sex) {
        this.name = name;
        this.sex = sex;
    }

    // 上班
    public void goWork() {
        System.out.println(name + ",
" + sex + ", 正在上班");
    }

    // 工作
    public void doWork() {
        System.out.println("穿上工作服");
    }

    // 下班
    public void afterWork() {
        System.out.println(name + " 下班了");
    }
}
```

从上面的程序可以看到，作为父类（Worker 类）中的代码其实就是抽取所有子类中相同的代码。既然 AssemblyWorker 和 QualityWorker 类都是 Worker 类的子类，自动继承 Worker 类的属性和方法，所以在任务 1 中的 AssemblyWorker 和 QualityWorker 两个类的代码就不需要写这么多。

2. 继承的实现

在 Java 语言中，用 extends 关键字来表示一个类继承了另一个类。其语法格式如下：

```
[类修饰符]  class 类名 [extends  父类]
{
      类体
}
```

因此，在任务 1 中的 AssemblyWorker 类和 QualityWorker 类可以修改为：

```
public class AssemblyWorker extends
Worker{};
    public class QualityWorker extends
Worker{};
```

但是，仅仅这样继承，还不能完全满足我们的需求，主要有如下两个问题：

（1）父类中的两个私有属性，不能在子类中使用；

（2）子类的 doWork 方法实现的功能和父类不一样。

对于这两个问题，解决办法通常是：对于第一个问题，可以在子类中创建自己的构造方法来为属性赋值。通常是通过 super 关键字调用父类的构造方法（后面详细介绍）。例如：

```
public class AssemblyWorker extends
Worker {
    public AssemblyWorker(String name,
String sex) {
        super(name, sex);
//调用父类的构造方法完成对属性值的初始化
        }
    }
```

对于第二个问题，通过方法的覆盖（也叫重写）来解决。方法的覆盖也就是让父类的方法不起作用。方法的覆盖必须满足：子类和父类的方法具有相同的名称、参数列表、返回类型和访问修饰符（后面详细介绍）。

所以，为减少代码的编写，可以将 Worker 类再次修改如下。

```
public class AssemblyWorker extends
Worker {
    public void doWork(){
```

```
        super.giveLesson();    // 通过
super 调用父类的方法
        System.out.println("收集所需
的部件");
        System.out.println("安装在固
定的位置");
        }
    }
```

【任务 2】使用继承来实现任务 1 的要求。

Step 1　将 AssemblyWorker 类和 QualityWorker 类抽取出父类 Worker，在父类中输入子类中相同的代码，具体如下。

```
package com.bjl;

public class Worker {
    private String name; // 工人姓名
    private String sex; // 工人性别

    // 带有参数的构造方法
    public Worker(String name, String
sex) {
        this.name = name;
        this.sex = sex;
    }

    // 上班
    public void goWork() {
        System.out.println(name +  ",
" + sex + ",正在上班");
    }

    // 工作
    public void doWork() {
        System.out.println("穿上工作服");
    }

    // 下班
    public void afterWork() {
        System.out.println(name  +  "
下班了");
    }
}
```

Step 2　修改 AssemblyWorker 类，代码如下。

```
package com.bjl;

public class AssemblyWorker extends
Worker {
    // 调用父类的构造方法
```

```java
public AssemblyWorker(String name,
String sex) {
        super(name, sex);
    }

    // 工作
    public void doWork() {
        super.doWork();
        System.out.println("收集所需
的部件");
        System.out.println("安装在固
定的位置");
    }
}
```

Step 3 修改 QualityWorker 类，代码如下。

```java
package com.bjl;

public class QualityWorker extends
Worker {
    // 调用父类的构造方法
    public QualityWorker(String name,
String sex) {
        super(name, sex);
    }

    // 工作
    public void doWork() {
        super.doWork();
        System.out.println("检查组装
好的产品");
        System.out.println("给出检测
报告");
    }
}
```

> **提示**：当一个子类继承了父类后，
> 除了拥有父类的属性和方法，还可以包
> 含自己特有的属性和方法。例如下面的
> 代码：
>
> ```java
> public class AssemblyWorker
> extends Worker {
>     private int age;   //子类特有
> 的属性
>
>     public void relax() {
> //子类特有的方法
>     }
> }
> ```

3. 继承的构造方法

当一个类继承了另一个类后，如果这两个类都有构造方法，那么，构造方法的调用采用如下顺序。

（1）在创建一个子类对象时，系统通过子类的构造方法会首先调用父类的构造方法，然后执行子类构造方法中的其余语句。

（2）子类构造方法使用"super()"调用父类构造方法，super 调用要作为子类构造方法的第一条语句，如图 4-2 所示。

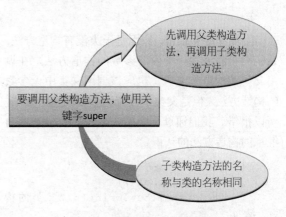

图 4-2 继承构造方法的调用

（3）如果子类构造方法中没有 super 调用，同时父类中不存在带形参的构造函数，则 Java 会自动加一条默认的 super() 来调用父类构造方法，负责父类数据成员的初始化，否则系统认为存在语法错误。

（4）如果父类声明了带有形参的构造方法，子类就应当声明带形参的构造方法，同时在子类构造方法的第一条语句提供一个带形参的 super 调用，提供一个将参数传递给父类构造方法的途径，保证在进行初始化父类时能够获得必要的数据。

```java
class Person {
    public String name;
    public int age;

    public Person(String name, int age) {
        this.name = name;
        this.age = age;
    }

    public void getInfo() {
        System.out.println(name);
```

```
        System.out.println(age);
    }
}

class Student extends Person {
    public static void main(String[]
args) {

        Student s = new Student();
        s.name = "student";
        s.age = 16;
    }
}
```

上面程序会报错，原因是子类没有构造方法，系统会自动添加一个没有参数的构造方法，在调用父类的构造方法时，也应该调用父类中无参数的构造方法，但是父类中没有无参数的构造方法，所以报错。我们通过下面的 3 个程序，来加深对继承的构造方法的认识。

（1）
```
public class father {
    public father(){
        System.out.println("父类的构
造方法");
    }
}
public class child extends father {
    public child(){
        super();    //可写可不写
System.out.println("子类的构造方法");

    }
    public static void main(String[]
args){

        child c = new child();
    }
}
```

程序执行的结果如图 4-3 所示。

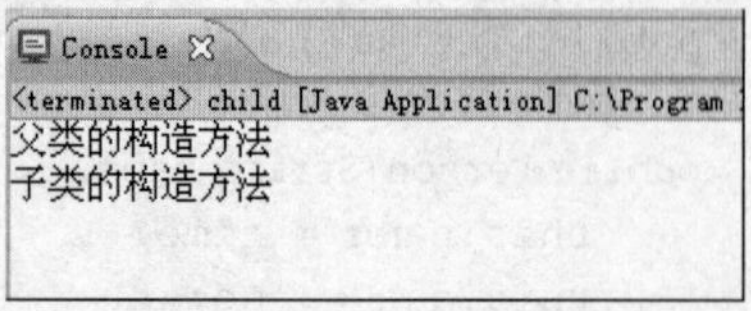

```
System.out.println("父类的构造方法");
    }
}
public class child extends father {
    int x;
    public child(int x){
     this.x = x;
        System.out.println("子类的构
造方法");
    }
    public static void main(String[]
args){

        child c = new child(10);
    }
}
```

程序执行的结果如图 4-4 所示。

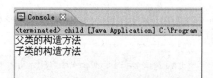

图 4-4　程序执行的结果

（3）
```
public class father {
    private int x;
    public father(){
        System.out.println("父类的无
参数构造方法");
    }
    public father(int x){
        System.out.println("父类的有
参数构造方法");
    }
}
public class child extends father {
    int y;
    public child(int y){
        this.y = y;
        System.out.println("子类的构
造方法");
    }
    public static void main(String[]
args){

        child c = new child(10);
    }
}
```

程序执行的结果如图 4-5 所示。

图 4-3　程序执行的结果

（2）
```
public class father {
    public father(){
```

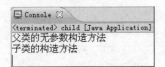

图 4-5　程序执行的结果

　提示：在定义类时，只要定义了有参数的构造方法，通常还需要定义一个无参数的构造方法。

【任务 3】请编码实现下列的继承关系。
♦ 计算机（PC）具有属性 CPU 主频、内存容量；包含两个构造方法，其中一个没有参数，另外一个有带有参数的构造方法。
♦ 计算机包括：笔记本计算机（NotebookPC）。
♦ NotebookPC 也具有两个构造方法，其中一个没有参数，另外一个有带有参数的构造方法，要求在第二个方法中调用父类的构造函数。

请通过继承实现以上需求，并编写测试类 PCTest 进行测试。

Step 1　创建 PC 类，输入如下代码。

```java
package com.bjl;
```

```java
public class PC {
    private String cpu;
    private String ram;

    // 因为有带有参数的构造方法，所以增加
不带参数的构造方法
    public PC() {

    }

    // 带参数的构造方法
    public PC(String cpu, String ram) {
        this.cpu = cpu;
        this.ram = ram;
    }

    public void showInfo() {
        System.out.println("这台计算
机的主频是：" + cpu + ", 内存容量是：" + ram);
    }
}
```

Step 2　创建 NotebookPC 类，继承 PC 类。可以通过图 4-6 所示的 SuperClass 来指定。当然也可以手写实现继承。

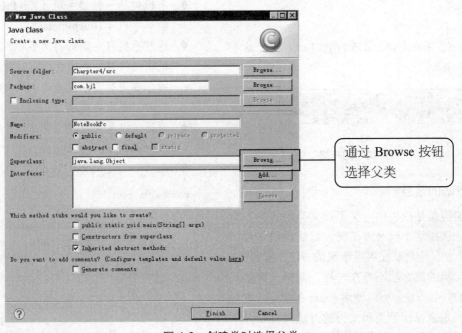

通过 Browse 按钮选择父类

图 4-6　创建类时选择父类

Step 3 在 NotebookPC 类中输入如下代码。

```
package com.bjl;

public class NotebookPC extends PC {
    //继承 PC 类
    public NotebookPC() {
    }

    public NotebookPC(String cpu,
String ram) {
        super(cpu, ram);
    //调用父类带有参数的构造方法
    }
}
```

Step 4 创建类 PCTest 类，输入如下代码。

```
package com.bjl;

public class PCTest {
    public static void main(String[]
args) {
        // TODO Auto-generated method
stub
        NotebookPC pc = new NotebookPC
("2.8GHZ","4GB");
        pc.showInfo();
    }
}
```

Step 5 保存文件，并运行 PCTest 程序，结果如图 4-7 所示。

图 4-7　程序执行的结果

4. 方法的覆盖

方法的覆盖是指类中定义了和父类同名的方法，子类在调用这个同名方法时，默认调用它自己定义的方法，而将从父类继承来的方法"覆盖"住，好像父类的此方法不存在一样。如果一定要调用父类的同名方法，可以使用 super 关键字。方法的覆盖一定要保证子类和父类的方法具有相同的名称、参数列表、返回类型和访问修饰符。如：

```
class Person {
    public String name;
    public int age;

    public Person(String name, int age) {
        this.name = name;
        this.age = age;
    }

    public void getInfo() {
        System.out.println(name);
        System.out.println(age);
    }
}

class Student extends Person {
    public void getInfo(){
        System.out.println(name);
    }
}
```

上述 Student 类中的 getInfo 就将父类的 getInfo 方法给覆盖了。

【任务 4】请编码实现下面的继承关系。

◆ 手机（MobilePhone）具有属性 name，具有行为：开机（PowerOn）、打电话（Call）。

◆ 手机包括：按键手机（KeyPressPhone）、触屏手机（TouchPhone）。

◆ 这些手机打电话的行为各不相同（按键手机需要按键，触屏手机需要触摸显示屏），所以要进行方法覆盖；但开机的行为是一致的，不需要覆盖。

◆ 请通过继承实现以上需求，并编写测试类 PhoneTest 进行测试。

Step 1 创建 MobilePhone 类，输入如下代码。

```
package com.bjl;

public class MobilePhone {
    private String name;

    public MobilePhone() {

    }

    public MobilePhone(String name) {
        this.name = name;
```

```
    }
    public void PowerOn() {
        System.out.println("手机开机");
    }

    public void Call() {
        System.out.println("打电话");
    }
}
```

Step 2　创建 KeyPressPhone 类，输入如下代码。

```
package com.bjl;

public class KeyPressPhone extends MobilePhone {
    // 继承 MobilePhone 类
    public KeyPressPhone() {

    }

    public KeyPressPhone(String name) {
        super(name);
    // 调用父类带有参数的构造方法
    }

    public void Call() {
        System.out.println("按键手机通过按键拨打电话");
    }

}
```

Step 3　创建 TouchPhone 类，输入如下代码:

```
package com.bjl;

public class TouchPhone extends MobilePhone {
    // 继承 MobilePhone 类
    public TouchPhone() {

    }

    public TouchPhone(String name) {
        super(name);
    // 调用父类带有参数的构造方法
    }
```

```
    public void Call() {
        System.out.println("触屏手机通过触摸显示屏拨打电话");
    }
}
```

Step 4　创建类 PhoneTest 类，输入如下代码。

```
package com.bjl;

public class PhoneTest {
    public static void main(String[] args) {
        KeyPressPhone kphone = new KeyPressPhone();
        kphone.PowerOn();
        kphone.Call();
        System.out.println("\n");

        TouchPhone tphone = new TouchPhone();
        tphone.PowerOn();
        tphone.Call();
    }
```

Step 5　保存文件，并运行 PhoneTest 程序，结果如图 4-8 所示。

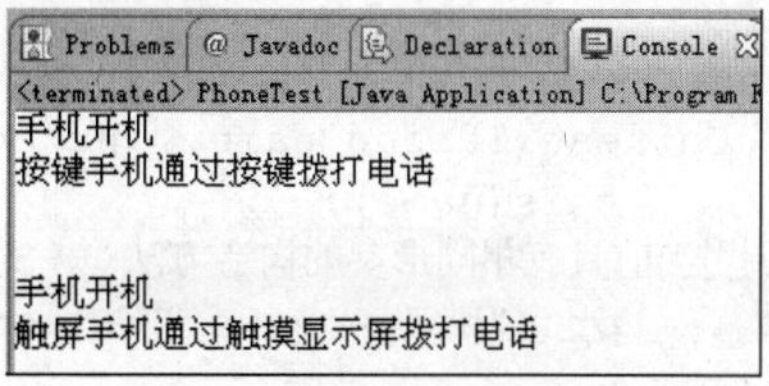

图 4-8　程序执行的结果

5. super 关键字

super 关键字表示当前活动对象的直接父类对象。super 主要用在以下 3 种情况。

（1）用 super 继承父类构造的方法时，必须把 super 放在方法的首位。

（2）使用 "super.成员变量名" 或者 "super.成员方法名" 调用父类的成员变量和成员方法。

（3）用 super 传递父类成员变量的参数。格式为 super（传递给父类成员变量的参数）。

前两种情况在构造方法和方法覆盖时都已经使用过了。对于第 3 种情况，看一个例子。

```java
class Person {
    public static void prt(String s) {
        System.out.println(s);
    }

    Person() {
        prt("A Person.");
    }

    Person(String name) {
        prt("A person name is:" + name);
    }
}

public class Chinese extends Person {
    Chinese() {
        super();
// 调用父类无形参构造方法（第 1 种情况）
        prt("A chinese.");  //（调用父类
的 prt 方法，等价于 this.prt）

    }

    Chinese(String name) {
        super(name);
// 调用父类具有相同形参的构造方法（第 2 种情况）
        prt("his name is:" + name);
    }

    Chinese(String name, int age) {
        this(name);
// 调用当前具有相同形参的构造方法（第 3 种情况）
        prt("his age is:" + age);
    }
}
```

在这段程序中，this 和 super 不再是像以前那样用"."连接一个方法或成员，而是直接在其后跟适当的参数，因此，它的意义也就有了变化。super 后加参数的是用来调用父类中具有相同形式的构造函数，如第 1 种情况和第 2 种情况。this 后加参数则调用的是当前具有相同参数的构造函数，如第 3 种情况。

6. final 关键字

对于 final 关键字有如下的说明。

（1）在 Java 中声明类、属性和方法时，可使用关键字 final 来修饰。如果一个类为 final 类，那么它的所有方法都为隐式的 final 方法，也就是说该类的所有方法都是 final 的。

（2）final 标记的类不能被继承。例如：

```java
final class TestFinal {
    int i = 7;
    int j = 1;
    void f() {}
}
class Test extends TestFinal {}
```

上面的代码是错误的，原因是 TestFinal 前有 final 关键字，该类不能被继承。

（3）final 标记的方法不能被子类重写。例如：

```java
class TestFinal {
    final void f() {}
}
class Test extends TestFinal {
    final void f(){}
}
```

上面的代码是错误的，原因是 f 方法前有 final 关键字，该方法不能被子类重写。

（4）final 标记的变量（成员变量或局部变量）即成为常量，只能赋值一次。例如：

```java
class FinalDemo {
public static void main(String args[]){
    final int noChange = 20;
    noChange = 30;
}
}
```

上面的代码是错误的，noChange 前有 final 关键字，该变量只能赋值一次，上面的代码却赋值了两次。

> **提示**：Final 标记的成员变量必须在声明的同时或者在该类的构造方法中显示赋值。例如：
>
> ```java
> class Test {
>     final int x;
>     public Test(){
>         x=30;
>     }
> }
> ```

（5）方法中定义的内置类只能访问该方法内的 final 类型的局部变量，用 final 定义的局部变量相当于一个常量，它的生命周期超出方法运行的生命周期，将一个形参定义成 final 也是可以的，这就限定了在方法中修改形式参数的值。

（6）final 标记的变量只能在类的内部使用，不能在类的外部使用。

（7）public static final 共同标记常量时，这个常量就成了全局的常量。而且这样定义的变量只能在定义时赋值，不能在构造函数中赋值。例如：

```
public final class LoginUser{
    public    final    static    String
USER_NOT_EXISTS ="用户名不存在！";
    public    final    static    String
PASSWORD_NOT_CORRECT="密码不正确！";
    public    final    static    String
USER_PASSWORD_CORRECT="用户名和密码正确！";
    }
```

上面的全局变量是在编写用户登录代码时的一些错误提示。

被定义为 final 的类通常是一些用来完成某些标准功能的类。这些类中的属性和方法固定下来，不会通过继承来改变，从而保证这个类所实现的功能正确无误。

4.1.3　使用继承注意的问题

在使用继承的时候，需要注意以下问题。

（1）通过继承可以简化类的定义。如果子类继承了父类，则子类自动具有父类的全部数据成员（数据结构）和成员方法（功能），但是，子类对父类成员的访问有所限制。

（2）子类可以定义自己的数据成员和成员函数，也可以修改父类的数据成员或重写父类的方法。

（3）在 Java 中，Object 类为特殊超类或基类，所有的类都直接或间接地继承 Object。

（4）Java 只支持单继承，不允许多重继承。一个子类只能有一个父类，但一个类可以被多个类继承。例如，A 类不可能既继承 B 类又继承 C 类，即不能写成：

```
public class A extends B,C
```

（5）可以有多层继承，即一个类可以继承某一个类的子类，如类 B 继承了类 A，类 C 又可以继承类 B，那么，类 C 也间接继承了类 A。例如：

```
public class A{}
public class B extends A{}
public class c extends B{}
```

（6）子类继承父类所有的成员变量和成员方法，但不继承父类的构造方法。在子类的构造方法中可使用语句"super（参数列表）"调用父类的构造方法。例如：

```
public class RepairWorker extends Worker{
    private int age;
    public RepairWorker (String name,
String sex,int age) {
        super(name, sex);
        this.age = age;
    }
}
```

▌4.2▌对象的多态性

Java 中的引用变量有两种类型，一种是编译时的类型，一种是运行时的类型，编译时的类型由声明该变量时使用的类型决定，运行时的类型由实际赋给该变量的对象决定。如果编译时的类型与运行时的类型不一致，就会出现所谓的多态（Polymorphism）。

4.2.1　对象的类型转换

1．子类转换成父类

定义一个子类平板电脑（TabletsPC），它继承了 PC 类，那么后者就是前者的父类。可以通过 "TabletsPC tabletsPC = new TabletsPC( )"; 实例化一个 TabletsPC 的对象，这个不难理解。但当这样定义时，

```
PC a = new TabletsPC();
```

这代表什么意思呢？

很简单，它表示定义了一个 PC 类型的引用，指向新建的 TabletsPC 类型的对象。由于 TabletsPC 继承自它的父类 PC，所以 PC 类型的引用是可以

指向 TabletsPC 类型的对象的。

再看下面的一个例子。

```java
class Father {
    public void func1() {
        func2();
    }

    // 这是父类中的 func2() 方法，因为下面
的子类中重写了该方法
    // 所以在父类类型的引用中调用时，这个
方法将不再有效
    // 取而代之的是将调用子类中重写的
func2() 方法
    public void func2() {
        System.out.println("父类的方
法 func2");
    }
}

class Child extends Father {
    // func1(int i) 是对 func1() 方法的一
个重载
    // 由于在父类中没有定义这个方法，所以
它不能被父类类型的引用调用
    public void func1(int i) {
        System.out.println("子类覆盖
父类的 func1 方法");
    }
    // func2() 重写了父类 Father 中的
func2() 方法
    // 如果父类类型的引用中调用了 func2()
方法，那么必然是子类中重写的这个方法
    public void func2() {
        System.out.println("子类覆盖
父类的 func2 方法");
    }

}

public class PolymorphismTest {
    public static void main(String[]
args) {
        Child child = new Child();
        Father father = child;
        father.func1();
    // 打印结果将会是什么
    }

}
```

上述程序的执行结果如图 4-9 所示。

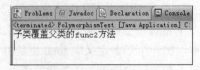

图 4-9　程序执行的结果

上面的程序是一个很典型的多态的例子（father=child，对象的声明和赋值不是同一个类型）。子类 Child 继承了父类 Father，并重载了父类的 func1()方法，重写了父类的 func2()方法。重载后的 func1(int i)和 func1()不再是同一个方法，由于父类中没有 func1(int i)，那么，父类类型的引用 child 就不能调用 func1(int i)方法。而子类重写了 func2()方法，那么，父类类型的引用 father 在调用该方法时将会调用子类中重写的 func2()。

当把子类对象赋给父类时，被称为向上转型（Upcasting），这种转型总是可以完成的，这也从侧面证明了子类是一种特殊的父类。这种转型只是表明这个引用变量的编译类型是父类，但实际执行它的方法时，依然表现出子类对象的行为方式。

2. 父类转换成子类

将上面的 PolymorphismTest 修改如下。

```java
public class PolymorphismTest {
    public static void main(String[]
args) {

        Child child = new Child();
        Father father = child;
        father.func1(6);    //这句话
会报错，由于父类中没有 fun1(int)方法
    }

}
```

我们再将上述的代码修改如下。

```java
public class PolymorphismTest {
    public static void main(String[]
args) {

        Father father = new Father();
        Child child = father;
//这句话会报错，不能将父类自动转换成子类
        child.func1(6);
    }

}
```

所以，当父类要转换成子类时，需要使用强制类型转换，其格式如下。

子类 子类对象 =（子类）父类对象

如将 father 强制转换成 child，需要执行 "Child child = (Child)father;"。

4.2.2　instanceof 操作符

instanceof 操作符可以用来判断一个实例对象是否属于一个类或者一个类是否实现了某个接口。其语法格式如下。

对象 instanceof 类(接口)

instanceof 的返回值是布尔型的，要么为真（true），要么为假（false）。例如：

```
public class PolymorphismTest {
    public static void main(String[]
args) {
        Father father = new Father();
        Child child = (Child) father;
        if(child instanceof Father){
//判断 child 对象是否是 Father 类的一个对象
            child.fun1();
        }
        else{
            child.fun1(16);
        }
        child.func1(6);
    }
}
```

4.2.3　Object 类

在 Java 中有一个比较特殊的类，就是 Object 类，它是所有类的父类。如果一个类没有用 extends 关键字明确标识继承另一个类，那么，这个类就默认继承 Object 类。因此，Object 类是 Java 类层中的最高层类，是所有类的超类。换句话说，Java 中任何一个类都是它的子类。

下面的两个类的定义是等价的。

```
public class OneObject {
    //…
}
```

也可以这样定义：

```
public class OneObject extends Object {
    //…
}
```

既然所有的类都是由 Object 派生出来的，那么，所有 Object 的方法适用于所有类。如图 4-10 所示，在 Eclipse 中调用 OneObject 对象的成员，会自动弹出继承 Object 的所有方法。

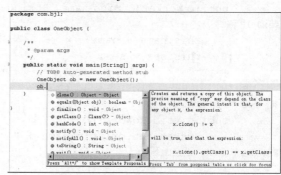

图 4-10　继承 Object 类的方法

4.2.4　面向对象的多态编程

【任务 5】结合任务 2 的继承，完成以下任务。开发工人类，工人分为组装工人和质检工人，各自的要求如下。

（1）组装工人的要求

属性：姓名、性别。

方法：上班、工作（步骤：穿上工作服、收集所需的部件、安装在固定的位置）、下班。

（2）质检工人的要求

属性：姓名、性别。

方法：上班、工作（步骤：穿上工作服，检查组装好的产品，给出检测报告）、下班。

在某段时间，该工厂生产的产品出了些问题，于是工厂决定成立一个考核组。开发一个类代表考核组，负责对工人进行考核，考核的内容如下。

◆ 工人的上班。

◆ 工人的工作。

◆ 工人的下班。

Step 1　根据前面我们讲的知识，创建 3 个类 Worker、AssembleyWorker 和 QualityWorker 类。

其中，AssemblyWorker 和 QualityWorker 都继承 Worker 类。实现代码如下。

```java
package com.bjl;

public class Worker {
    private String name; // 工人姓名
    private String sex; // 工人性别

    // 带有参数的构造方法
    public Worker(String name, String sex) {
        this.name = name;
        this.sex = sex;
    }

    // 上班
    public void goWork() {
        System.out.println(name + ", " + sex + "，正在上班");
    }

    // 工作
    public void doWork() {
        System.out.println("穿上工作服");
    }

    // 下班
    public void afterWork() {
        System.out.println(name + " 下班了");
    }
}
public class AssemblyWorker extends Worker {
    // 调用父类的构造方法
    public AssemblyWorker(String name, String sex) {
        super(name, sex);
    }

    // 工作
    public void doWork() {
        super.doWork();
        System.out.println("收集所需的部件");
        System.out.println("安装在固定的位置");
    }
}
```

```java
public class QualityWorker extends Worker {
    // 调用父类的构造方法
    public QualityWorker(String name, String sex) {
        super(name, sex);
    }

    // 工作
    public void doWork() {
        super.doWork();
        System.out.println("检查组装好的产品");
        System.out.println("给出检测报告");
    }
}
```

Step 2 创建一个类 Assessment，用来对组装工人和质检工人进行考核，实现代码如下。

```java
package com.bjl;

public class Assessment {
    public void Qulifacate(AssemblyWorker aworker) {
        aworker.goWork();
        aworker.doWork();
        aworker.afterWork();
    }

    public void Qulifacate(QualityWorker qworker) {
        qworker.goWork();
        qworker.doWork();
        qworker.afterWork();
    }

    public static void main(String[] args) {
        Assessment assessment = new Assessment();
        assessment.Qulifacate(new AssemblyWorker("张三","男"));
        System.out.println("\n");
        assessment.Qulifacate(new QualityWorker("李四","女"));
    }
}
```

Step 3　保存并运行程序，结果如图 4-11 所示。

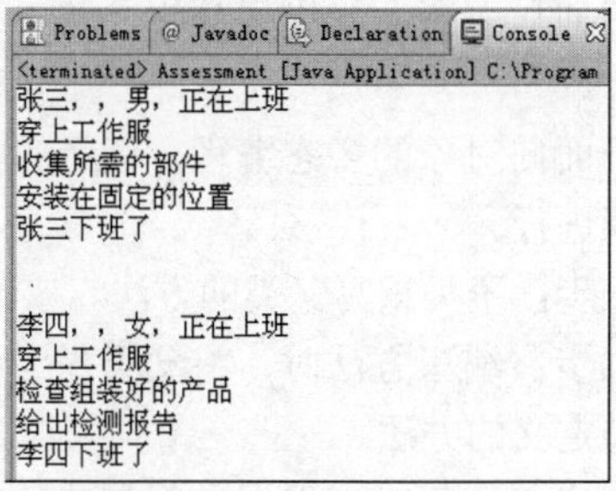

图 4-11　程序执行的结果

【任务 6】在任务 5 的基础上，升级工人类，增加一种新类型：RepairWorker，该类型的工人主要负责产品的维修，要求如下。

◆　属性：姓名、性别。

◆　方法：上班、工作（步骤：穿上工作服，发现故障并维修，填写维修报告）、下班。同时，考核组也负责对维修工人进行考核。

Step 1　再次创建一个类 RepairWorker，继承 Worker 类，实现代码如下。

```
package com.bjl;

public class RepairWorker extends
Worker {
    public RepairWorker(String name,
String sex) {
        super(name, sex);
    }

    public void doWork() {
        super.doWork();
        System.out.println("发现故障
并维修");
        System.out.println("填写维修
报告");
    }
}
```

Step 2　修改 Assessment 类，增加方法 judge(RepairWorker)。实现代码如下。

```
package com.bjl;

public class Assessment {
    public void Qulifacate(Assembly
Worker aworker) {
        aworker.goWork();
        aworker.doWork();
        aworker.afterWork();
    }

    public void Qulifacate(Quality
Worker qworker) {
        qworker.goWork();
        qworker.doWork();
        qworker.afterWork();
    }

    public void Qulifacate(Repair
Worker rworker) {
        rworker.goWork();
        rworker.doWork();
        rworker.afterWork();
    }

    public static void main(String[]
args) {
        Assessment assessment = new
Assessment();
        assessment.Qulifacate(new
AssemblyWorker("张三", "男"));
        System.out.println("\n");
        assessment.Qulifacate(new
QualityWorker("李四", "女"));
        System.out.println("\n");
        assessment.Qulifacate(new
RepairWorker("王五", "男"));
    }
}
```

Step 3　保存并运行程序，结果如图 4-12 所示。

图 4-12　程序执行的结果

从上述程序中，如果再增加新的工人，还需要在 Assessment 类中增加新的方法，代码的可扩展性及可维护性极差。所以我们使用多态来解决这个问题。

现在将 Assessment 类的 Qulifacate 方法修改如下。

```
package com.bjl;

public class Assessment {
    public void Qulifacate(Worker
worker) {
        worker.goWork();
        worker.doWork();
        worker.afterWork();
    }

    public static void main(String[]
args) {
        Assessment assessment = new
Assessment();
        assessment.Qulifacate(new
AssemblyWorker("张三", "男"));
        System.out.println("\n");
        assessment.Qulifacate(new
QualityWorker("李四", "女"));
        System.out.println("\n");
        assessment.Qulifacate(new
RepairWorker("王五", "男"));
    }

}
```

在上面的 Qulifacate 方法中，用父类对象作为参数，这样做的好处是可以接收子类类型，根据实际创建的对象类型调用相应方法，这就是对象的多态。在上面的例子中，使用多态之后，当需要增加新的子类类型（其他类型的工人）时，无须更改考核组类，程序的可扩展性及可维护性增强。

因此，将多态总结为：所谓的多态，简单来说，就是具有表现多种形态能力的特征。多态性的特点主要有如下两点。

（1）应用程序不必为每一个派生类（子类）编写功能调用，只需要对抽象基类进行处理即可。这一招叫"以不变应万变"，可以大大提高程序的可复用性。

（2）派生类的功能可以被基类的引用变量引用，这叫向后兼容，可以提高程序的可扩充性和可维护性。

对于面向对象的多态编程，读者应该遵循下面的步骤进行。

第一步：子类重写父类的方法。

第二步：编写方法时，将父类作为参数，并调用父类定义的方法。

第三步：运行时，根据实际创建的对象类型动态决定使用哪个方法。

【任务 7】编码实现如下需求。

- 交通工具（Vehicle）分为：飞机（Plane）、火车（Train）。
- 各种交通工具的运输（Transport）方法各不相同。

编写一个测试类 VehicleTest，要求如下。

- 编写方法 testTransport 方法，对各种交通工具进行运输测试。要依据交通工具的不同，进行相应的运输。
- 在 main 方法中进行测试。

Step 1　根据题目要求，创建一个父类 Vehicle，并将子类共有的方法抽取出来。实现代码如下。

```
package com.bjl;

public class Vehicle {
    private String name;

    public Vehicle(String name) {
        this.name = name;
    }

    public void transport() {
        System.out.println("我是" +
name);
        System.out.println("准备");
    }
}
```

Step 2　编写子类 Train 和 Plane，覆盖父类的 transport 方法。代码如下。

```java
public class Train extends Vehicle {

    public Train(String name) {
        super(name);
    }

    public void transport() {
        super.transport();
        System.out.println("开动");
    }

}

public class Plane extends Vehicle {

    public Plane(String name) {
        super(name);
    }

    public void transport() {
        super.transport();
        System.out.println("起飞");
    }

}
```

Step 3 编写 TestVehicle 类，在该类的 testTransport 方法中，将父类 Vehicle 作为参数，并调用父类的 transport 方法。实现代码如下。

```java
package com.bjl;

public class TestVehicle {

    public static void testTransport
(Vehicle v) {
        v.transport();
    }

    public static void main(String[]
args) {
        Train t = new Train("火车");
        testTransport(t);
        Plain p = new Plane ("飞机");
        testTransport(p);
    }

}
```

Step 4 保存并运行程序，结果如图 4-13 所示。

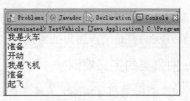

图 4-13　程序的执行结果

4.2.5　面向对象的思想总结

面向对象（OO）的三大特性是封装、继承和多态。其定义和具体实现方式如表 4-1 所示。

表 4-1　OO 思想总结

OO 基本特征	定义	具体实现方式	优势
封装	隐藏实现细节，对外提供公共的访问接口	属性私有化，添加公有的 setter、getter 方法	增强代码的可维护性
继承	从一个已有的类派生出新的类，子类具有父类的一般特性，以及自身特殊的特性	继承需要符合的关系：is-a	实现抽象（抽出相像的部分），增强代码的可复用性
多态	同一个实现接口，使用不同的实例而执行不同操作	通过 Java 接口/继承来定义统一的实现接口；通过方法重写为不同的实现类/子类定义不同的操作	增强代码的可扩展性、可维护性

希望读者在今后的学习中好好体会面向对象的这 3 个特征，以加深对面向对象编程思想的理解。

4.3　抽象类和接口

4.3.1　抽象类

Java 中可以定义一些不含方法体的方法，它的方法体的实现交给该类的子类根据自己的情况去实现，这样的方法就是抽象方法，包含抽象方法的类就叫抽象类。

抽象方法必须用 abstract 修饰符来定义，任何带有抽象方法的类必须声明为抽象类。

1. 抽象类的定义规则

◆ 抽象类必须用 abstract 关键字来修饰；抽象方法也必须用 abstract 来修饰。

◆ 抽象类不能被实例化，也就是不能用 new 关键字去产生对象。

◆ 抽象方法只须声明，而不需要实现。

◆ 含有抽象方法的类必须被声明为抽象类，抽象类的子类必须覆盖所有的抽象方法后才能被实例化，否则这个子类还是一个抽象类。

◆ 构造方法和 static 方法不能是抽象的。

2. 抽象方法的写法

抽象方法的格式如下。

abstract 返回值类型 抽象方法名（参数列表）

例如：

```
abstract class Worker {
    . . . . . . . . . . .
    protected String name;
    protected double salary;
    . . . . . . . . . . .
    . . . . . . . . . . .
    abstract void doWork();   //抽象方
法，没有方法体
    double RaiseSalary(){
        //非抽象方法
        return salary*1.2;
    }
}
class AssemblyWorker extends Worker {
    AssemblyWorker(String  name,double
salary) {
        super(name, salary);
    }
    void doWork(){
        System.out.println("收集所需
的部件");
            System.out.println("安装
在固定的位置");
    }
}
```

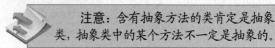

注意：含有抽象方法的类肯定是抽象类，抽象类中的某个方法不一定是抽象的。

3. 抽象类的几个问题

◆ 抽象类的关键字是 abstract。

◆ 抽象类可以实现接口，可以继承实体类。

◆ 抽象类不能被实例化，抽象类可以有构造函数。

◆ 如果一个类里有一个以上的抽象方法，则该类必须声明为抽象类，该方法也必须声明为抽象方法。

4.3.2　接口

如果一个抽象类中的所有方法都是抽象的，就可以将这个类用另一种方式来定义，也就是接口定义。接口是抽象方法和常量值的定义的集合，从本质上讲，接口是一种特殊的抽象类，这种抽象类中只包含常量和方法的定义，而没有变量和方法的实现。

接口定义的格式如下。

public interface 接口名{}

例如：

```
public interface Vehicle
{
    bool isSafe = true;
    void start();
}
```

提示：（1）接口中的成员都是 public 访问类型的。

（2）接口里的变量默认是用 public static final 标识的。

关于接口的用法，主要有以下几种。

（1）可以定义一个新的接口，用 extends 关键字继承一个已有的接口。例如：

```
interface Car extends Vehicle
{
    void stop();
}
```

上面的语句可以理解为：Car 是一个接口，具

有 Vehicle 的特点。

（2）可以定义一个类，用 implements 关键字实现一个接口中的所有方法。例如：

```
class Taxi implements Car
{
    public void start()
    {
      System.out.println("出租车开");
    }
    public void stop()
    {
      System.out.println("出租车停");
    }
}
```

Taxi 是一个类，具有 Car 接口的所有方法，必须实现 Car 接口中的所有方法（包括从 Vehicle 接口继承到的方法）。

而对于另外的类，可以具有完全不同的行为。例如：

```
class Bus implements Car
{
  public void start()
  {
    System.out.println("公交车开");
  }
  public void stop()
  {
    System.out.println("公交车停");
  }
}
```

（3）可以定义一个抽象类，用 implements 关键字实现一个接口中定义的部分方法。例如：

```
abstract Truck implements Car
{
  public void stop()
    {
      System.out.println("卡车停");
    }
}
```

Truck 实现了 Car 接口中的 stop 方法，但没有实现 start 方法，既然没有实现，那么 start 方法就成为一个抽象方法。所以，类也就成了一个抽象类。

（4）一个类可以在继承一个父类的同时实现

一个或多个接口，extends 关键字必须位于 implements 关键字之前。例如：

```
class Helicopter extends Plane implements
Vehicle
{
    public void start()
    {
        System.out.println("直升飞机
起飞");
    }
}
```

（5）一个类可以实现多个接口。例如：

```
Interface Diver
{
    //潜水
    void diving();
}
class  Submarine implements Vehicle,
Diver
{
    //潜艇既可以潜水，也可以开动
    public void start()
    {
        System.out.println("潜艇开动");
    }
    public void diving()
    {
        System.out.println("潜艇潜水");
    }
}
```

（6）接口中定义的常量，可以采用"对象名.静态成员"或者"接口名.静态成员"的方法来访问。例如：

```
class TaxiTest
{
    public static void  main(String[]
args)
    {
        Taxi taxi = new Taxi();
        bool taxiSafe = true;

        taxiSafe = Vehicle.isSafe;
        j=f.ID

        taxi.isSafe = false;
    }
}
```

出错，不能为 final 变量重新赋值

接口名.静态成员
对象名.静态成员

关于接口的使用，总结如下。

（1）实现一个接口就是要实现该接口的所有方法（抽象类除外）。

（2）接口中的方法都是抽象的。

（3）多个无关的类可以实现同一个接口，一个类可以实现多个无关的接口。

【任务8】学校食堂提供多种多样的食物，有包子、水饺、面条、煎饼果子等。具体要求如下。

- 创建一个食物的接口，该接口包含方法：制作。
- 创建包子类、饺子类和面条类，这些类均实现食物接口。
- 编写测试类进行测试。

Step 1 分析事物接口（IFood），该接口只有一个方法，即制作（make）。

Step 2 编写 USB 接口。在 Eclipse 的项目中，单击右键，选择 new→Interface 菜单命令，如图 4-14 所示。

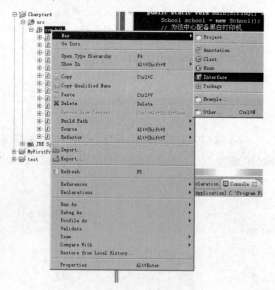

图 4-14　新建接口

Step 3 在弹出的界面中，输入接口的名字"Ifood"，如图 4-15 所示。

Step 4 在接口中，输入如下的代码。

```
package com.bjl;

public interface IFood {
```

```
/**
 * 食物接口提供的方法
 */
void make();

}
```

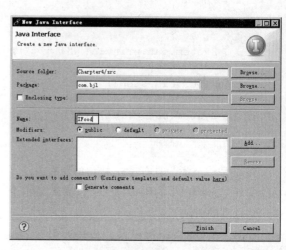

图 4-15　输入接口的名字

当然，上述接口的创建也可以直接输入，只不过要注意接口的开头是 public interface。

Step 5 创建包子类—Buns，实现 IFood 接口，实现代码如下。

```
package com.bjl;

public class Buns implements IFood {

    @Override
    public void make() {
        // TODO Auto-generated method stub

        System.out.println("和面、发面");
        System.out.println("调馅");
        System.out.println("擀皮、包起来");
    }

}
```

当然也可以不在创建类的时候指定接口，而在类文件中直接修改。

Step 6 依次创建水饺类 Dumpling 和面条类 Noodle，实现代码如下。

```
package com.bjl;
```

```
public class Dumpling implements IFood {

    @Override
    public void make() {
        // TODO Auto-generated method
stub
        System.out.println("和面");
        System.out.println("调馅");
        System.out.println("擀皮、包
起来");
    }

}
    public class Noodle implements IFood {

    @Override
    public void make() {
        // TODO Auto-generated method
stub
        System.out.println("和面");
        System.out.println("拉成面条");
    }

}
```

Step 7　创建 FoodTest 进行测试，实现代码如下。

```
package com.bjl;
public class FoodTest {

    /**
     * @param args
     */
    public static void main(String[]
args) {
        // TODO Auto-generated method
stub
        Buns buns = new Buns();
        buns.make();
        System.out.println("\n");
        Dumpling dumpling = new
Dumpling();
        dumpling.make();
        System.out.println("\n");
        Noodle noodle = new Noodle();
        noodle.make();
        System.out.println("\n");
    }

}
```

Step 8　保存并运行程序，如图 4-16 所示。

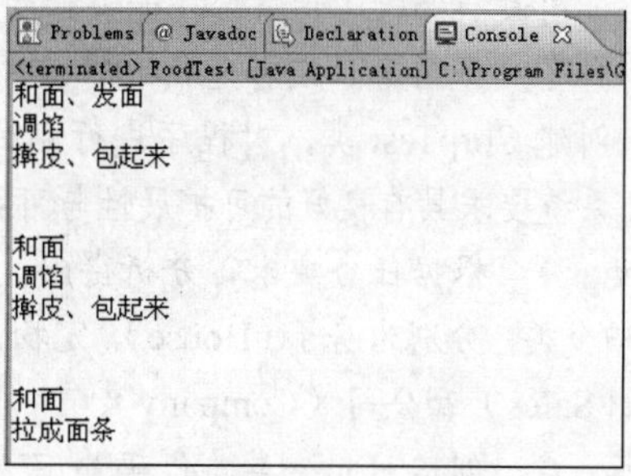

图 4-16　程序执行的结果

在上面的例子中，我们创建的包子类对象、水饺类对象和面条类对象，是通过以下的语句创建的。

```
Buns buns = new Buns();
buns.make();

Dumpling dumpling = new Dumpling();
dumpling.make();

Noodle noodle = new Noodle();
noodle.make();
```

上述语句也可以修改为：

```
IFood buns = new Buns();
buns.make();

IFood dumpling = new Dumpling();
dumpling.make();

IFood noodle = new Noodle();
noodle.make();
```

虽然上面的 buns、dumpling 和 noodle 都是IFood 接口类型的对象，但是在执行 make 方法时会根据实际创建的对象类型调用相应的方法实现。读者可以自行测试，运行结果是一样的，这也符合多态性的条件。

4.3.3　面向接口编程

先看一个例子。

【任务 9】某公司有销售部门，主要负责销售房子，但后来公司发现，宠物越来越受到市民的喜爱，于是决定销售宠物。现在要求开发一个小系统，具体要求如下。

◆ 房子、宠物都有方法：输出自己的特点。

◆ 公司具有属性：销售部，能够通过销售部向客户介绍房子或者宠物的特点。

◆ 创建 CorpTest 类，对程序进行测试。

◆ 系统要求具有良好的可扩展性与可维护性。

Step 1 根据任务要求，分析得出，该系统总共有四个类，分别为房子（House）、宠物（Pets）、销售部（Sales）和公司（Company）。

Step 2 创建 House 类，代码如下。

```
public class House {
    //输出房子的特点
    public String showFeatures() {
        return "这是全阳面的房子";
    }
}
```

Step 3 创建 Pets 类，代码如下。

```
public class Pets {
    //输出宠物的特点
    public String showFeatures() {
        return "这是很通人性的宠物";
    }
}
```

Step 4 创建 Sales 类，代码如下。

```
public class Sales {
    //用来销售
    public void doSale(String feature){
        System.out.println("下面我给你介绍一下: ");
        System.out.println(feature);
    }
}
```

Step 5 创建 Company 类，代码如下。

```
public class Company {
    // 公司类包含销售部门
    private Sales sales = new Sales();

    // 公司销售房子
    public void doSale(House house) {
        sales.doSale(house.showFeatures());
    }

    // 公司销售宠物
```

```
    public void doSale(Pets pets) {
        sales.doSale(pets.showFeatures());
    }
}
```

Step 6 创建 CorpTest 类，代码如下。

```
public class CorpTest {
    public static void main(String[] args) {
        Company company = new Company();
        company.doSale(new House());
        System.out.println("\n");
        company.doSale(new Pets());
    }
}
```

Step 7 运行程序 CorpTest，结果如图 4-17 所示。

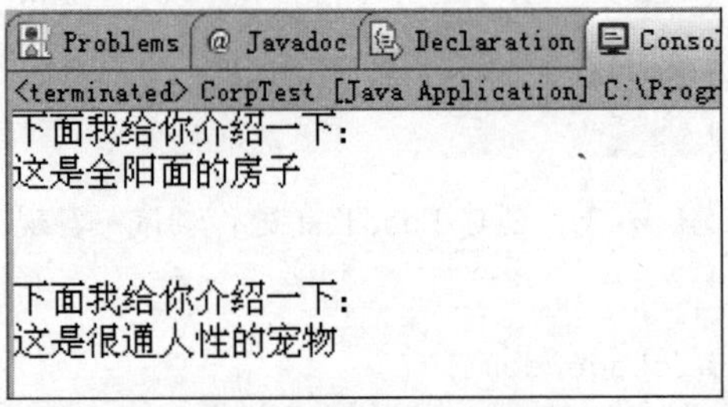

图 4-17 程序执行的结果

在上面的程序中，如果该公司又要销售别的产品，如化肥、汽车、手机，那么 Company 类中就要增加相应的 doSale（新增类型 obj）方法，这样导致程序的可扩展性及可维护性极差。

现在考虑能否通过多态来解决这个问题呢？回顾多态的含义——具有表现多种形态的能力的特征。在 4.3.2 节中指出如果具有同一个父类，可以使用父类作为类型名实现多态，但是现在房子和宠物不具有相同的特征，也就找不到一个合适的父类。然而房子和宠物类都包含一个叫 showFeature 的方法，但对 showFeature 方法有各自不同的实现，这符合接口的定义。可以让房子类和宠物类实现同一个接口，使用不同的实例而执行不同操作，这也符合多态的特征。

【任务 10】利用接口实现多态，完成任务 9

的要求。

Step 1　定义一个 Java 接口，在其中定义 showFeature 方法，但没有具体实现，代码如下。

```
public interface ISalesable {
    public String showFeatures();
}
```

Step 2　修改 House 类，实现 ISalesable 接口，代码如下。

```
public class House implements ISalesable{
    public String showFeatures() {
        return "这是全阳面的房子";
    }
}
```

Step 3　修改 Pets 类，实现 ISalesable 接口，代码如下。

```
public class Pets implements ISalesable{
    public String showFeatures() {
        return "这是很通人性的宠物";
    }
}
```

Step 4　修改 Company 类的 doSale 方法，代码如下。

```
public class Company {
    // 公司类包含销售部门
    private Sales sales = new Sales();

    // 销售所有实现了 ISalesable 接口的类
    public void doSale(ISalesable
salesable) {
        sales.doSale(salesable.show
Features());
    }
}
```

在上面的程序中，doSale 方法是 ISalesable 接口，那么在调用的时候，可以是任何 ISalesable 接口的实现类的对象，不必再为不同的类型建立不同的 doSale 方法了。通过 Java 接口，同样可以享受到多态性的好处，大大提高了程序的可扩展性及可维护性。

上面就是面向接口编程的思想，即开发系统时，主体构架使用接口，接口构成系统的骨架，

这样就可以通过更换接口的实现类来更换系统的实现。如上面的程序中，House 和 Pets 均使用了接口，而且在方法中将接口作为参数传递，这样实际调用时就可以是任何实现了该接口的对象。

面向接口编程通常采用如下 3 个步骤。

第一步：抽象出 Java 接口。

第二步：实现 Java 接口。

第三步：使用 Java 接口。

下面再通过一个例子，对面向接口的编程加深理解。

【任务 11】升级上述的系统，该公司又成立了一个新的部门——网络销售部，负责在网络上销售房子和宠物。具体要求如下。

◆ 房子和宠物可以由销售部和网络销售部任何部门负责销售，也就是负责介绍销售产品的特点。

◆ 系统要具备良好的可扩展性与可维护性。

Step 1　销售部和网络销售部都存在一个共同的方法 doSale，但对 doSale 方法各有不同的实现，满足接口的定义，所以将销售部和网络销售部抽象出一个接口 SalesInterface。代码如下。

```
public interface SalesInterface {
    public void doSale(String feature);
}
```

Step 2　为销售部和网络销售部均实现 SalesInterface 接口，即完成不同的功能。实现代码如下。

```
Public class Sales implements
SalesInterface {
    //销售部门销售
    public void doSale(String feature){
        System.out.println("销售人员:
下面由我给你介绍一下: ");
        System.out.println(feature);
    }
}
public class SalesOnLine implements
SalesInterface {
    //网络销售部销售
    public void doSale(String feature){
        System.out.println("网络销售:
```

单击下面的链接查看详细信息：");
```
            System.out.println(feature);
        }
}
```

Step 3　主体构架使用接口，让接口构成系统的骨架，将 Company 类的成员属性改成接口类型，实现代码如下。

```
public class Company {
    private SalesInterface sales ;
    public void setSales(SalesIn
terface s){
        this.sales = s;
    }
    public void doSale(ISalesable
salesable) {
        sales.doSale(salesable.show
Features());
    }
}
```

Step 4　编写 CorpTest 类进行测试，实现代码如下。

```
public class CorpTest {
    public static void main(String[]
args) {
            Company company = new Company();
            //设置网络销售
            company.setSales(new
SalesOnLine());
            company.doSale(new House());
            System.out.println("\n");
            company.doSale(new Pets());
            System.out.println("\n");
            //设置销售人员销售
            company.setSales(new Sales());
            company.setSales(new
SalesOnLine());
            company.doSale(new House());
            System.out.println("\n");
            company.doSale(new Pets());
        }
}
```

Step 5　运行程序 CorpTest，运行结果如图 4-18 所示。

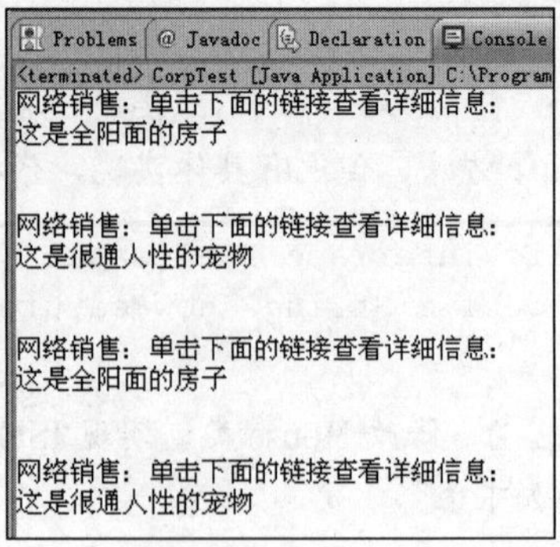

图 4-18　程序执行的结果

▌4.4▌内部类

定义在一个类内部的类叫内部类，包含内部类的类称为外部类。内部类可以声明 public、protected、private 等访问限制，可以声明为 abstract 的供其他内部类或外部类继承与扩展的，或者声明为 static、final 的，也可以实现特定的接口。静态的内部类在行为上像一个独立的类，非静态的内部类在行为上类似于类的属性或方法且禁止声明静态的方法。内部类可以访问外部类的所有方法与属性，但静态的内部类只能访问外部类的静态属性与方法。

内部类可以理解为是和外部类的属性和方法一样的成员。学会使用内部类，是把握 Java 高级编程的一部分，它可以让你更优雅地设计你的程序结构。

Java 中的内部类和接口加在一起，可以实现多继承；可以使某些编码很简洁；可以隐藏你不想让别人知道的操作。

4.4.1　类中定义内部类

1. 内部类和外部类的互相访问

在类中直接定义的内部类的使用范围，仅限于这个类的内部，也就是说，A 类里定义了一个 B 类，那么 B 为 A 所知，却不能为 A 的外面所知。内部类的定义和普通类的定义没什么区别，它可以直接访问和引用它的外部类的所有变量和方法。内部类可以声明为 private 或者 protected。例如：

```
class OuterClass {
    private static String nickName =
"小白";
    public String name;
    public int age;

    public OuterClass(String name,
int age) {
        this.name = name;
        this.age = age;
    }

    public void display(){
        InnerClass in=new InnerClass();
        in.print();
    }
    public class InnerClass
    {
        public String telephone =
"010-66667777";
        public void print(){
            System.out.println("姓名
是："+name);
            System.out.println("小名
是："+nickName);
            System.out.println("年龄
是："+age);
            System.out.println("电话
是："+telephone);
        }
    }
}
public class InnerClassTest {
    public static void main(String[]
args) {
        OuterClass out = new OuterClass
("张三",20);
        out.display();
    }
}
```

上述程序运行的结果如图 4-19 所示。

图 4-19　内部类执行的结果

从上面的程序运行结果，可以得出下面的几点结论。

（1）一个内部类必然属一个外部类实例，因此，内部类可访问外部类的任一个属性和方法，即使这个属性使用 private 进行修饰。如在 InnerClass 类的 print 方法中，可以直接访问外部类的属性，即使 nickName 属性是用 private 修饰的。

这主要是因为内部类对象保存了一个外部类对象的引用，当在内部类的成员方法中访问某一个变量时，如果在该方法和内部类中没有定义这个变量，调用就会被传递给内部类中保存的那个外部类对象的引用，通过对外部类的引用调用这个变量。

（2）内部类访问外部类的属性和方法可以直接使用外部类的属性名和方法名，如上面的程序。对于非静态的成员属性，还可以通过 "OuterClass.this.属性名" 来访问；对于静态的成员属性，还可以通过 "OuterClass.属性名" 来访问。

（3）外部类不能直接访问内部类的成员，如在 OuterClass 类的 display 方法中，不能直接访问内部类的 print 方法，只能创建内部类的对象后再调用。如在 OuterClass 类的 display 方法中，如果用 "System.out.println(telephone);" 来输出内部类的 telephone 属性，将会报错。

2. 使用内部类注意的问题

对于内部类的使用，应该注意以下几个问题。

（1）内部类不能与外部类重名。

（2）不能在内部类中定义静态的字段、方法和类（static final 形式的常量定义除外）。因为一个成员类实例必然与一个外部类实例关联，这个静态的定义完全可以移到其外部类中去。

（3）内部类不能是接口（interface）。因为内部类必须能被某个外部类实例化，而接口是不能实例化的。事实上，如示例代码所示，如果以成员类的形式定义一个接口，该接口实际上是一个静态成员类，static 关键字对 inner interface 是内含（implicit）的。

当一个类中的程序代码要用到另一个类的实例对象，而另一个类中的程序代码又要访问第一个类中的成员，将另一个类作为第一个类的内部类，程序代码就要容易编写得多，这样的情况在实际应用中非常之多。

3. 内部类和外部类同名属性的访问

如果方法的局部变量（方法的形参也是局部变量）、内部类的成员变量、外部类的成员变量重名，应该按照下面的程序代码所使用的方式来明确指定真正要访问的变量。

```java
class OuterClass {
    public String name;

    public class InnerClass {
        public String name = "010-66667777";

        public void print(String name) {
            System.out.println("方法的局部变量: " + name);
            System.out.println("InnerClass类的成员变量: " + this.name);
            System.out.println("外部类的成员变量: " + OuterClass.this.name);
        }
    }
}
```

4.4.2　内部类被外部引用

如果需要在其他类中访问内部类，可以使用以下两种方法。

（1）外部类提供创建内部类的方法供其他类使用。例如：

```java
// 外部类
pinner getInner()
{
    return new pinner();
}
// 其他类
pouter.pinnerpi=po.getInner();
pi.Print();
```

（2）直接创建内部类的对象。例如：

```java
pouter po = new pouter();
pouter.pinner pi = po.new pinner();
pi.Print();
```

4.4.3　在方法中定义内部类

在方法中定义内部类和在类中定义内部类基本类似，只是有一点区别，即在方法中定义的内部类只能访问方法中的 final 类型的局部变量，因为以 final 定义的局部变量相当于一个常量，它的生命周期超出方法运行的生命周期。

```java
class OuterClass {
    public String name;
    public void display(int age) {
        final String address;
        class InnerClass {
            public void print(String name) {
                System.out.println("访问 name 变量: " + name);
                System.out.println("访问 address 变量: " + address);
                //下面这句话报错，不能访问非 final 修饰的变量
                System.out.println("访问 age 变量: " + age);
            }
        }
    }
}
```

4.4.4　匿名内部类

匿名内部类也就是没有名字的内部类。在 Java 的事件处理的匿名适配器中，匿名内部类被大量地使用。由于匿名内部类没有名字，所以它没有构造方法（但是，如果这个匿名内部类继承了一个只含有带参数构造方法的父类，创建它的时候就必须带上这些参数，并在实现的过程中使用 super 关键字调用相应的内容）。如果想要初始化它的成员变量，有下面几种方法。

（1）如果是一个方法的匿名内部类，可以利用这个方法传进想要的参数，不过，这些参数必须被声明为 final。

（2）将匿名内部类改造成有名字的局部内部类，这样它就可以拥有构造方法了。

（3）在这个匿名内部类中使用初始化代码块。例如下面的代码。

```
abstract class DoSth {
    abstract public void doJob();
}

public class OuterClass {
    public static void beginDo(DoSth
doSth) {
        doSth.doJob();
    }

    public static void main(String[]
args) {
        class InnerClass extends DoSth {
            public void doJob() {
                System.out.println(
"正在做作业！");
            }
        }
        beginDo(new InnerClass());
    }
}
```

在上面的例子中，调用了 OuterClass 中的
beginDo 方法，该方法有一个参数是实现了 DoSth
中方法的子类对象，为此，在 main 方法中定义了一
个继承 DoSth 类的内部类 InnerClass。类 InnerClass
仅在此被使用了一次。内部类可以声明为抽象类或
一个接口，它可以被另一个内部类继承或实现。

上面的代码也可以通过匿名内部类的方式来
简写，代码如下。

```
abstract class DoSth {
    abstract public void doJob();
}

public class OuterClass {
    public static void beginDo(DoSth
doSth) {
        doSth.doJob();
    }

    public static void main(String[]
args) {
        beginDo(new DoSth() {
            public void doJob() {
                System.out.println(
"正在做作业！");
            }
```

```
        });
    }
}
```

对于匿名内部类，读者应认真体会。

4.5 包

我们考虑一个问题，一个大型的项目需要很
多人完成，其中有两个人各自编写了一个类，都
叫做 StudentBusiness，而且也都有一个方法叫
ChangeClass，但是两个类的实现方法完全不同。
当项目整合到一起，创建一个 StudentBusiness 的
类，到底是哪个人创建的类呢？

4.5.1 package 语句及应用

请看下面的例子。

```
package com.bjl;
```
→ 指示这个文件的所有类
都位于包 com.bjl 中

```
class Student {
    public void introduce() {
        System.out.println("很高兴认
识你");
    }
}

public class StudentTest {
    public static void main(String[]
args) {
        new Student().introduce();
    }
}
```

位于包中的每个类的完整名称应该是包名与
类名的组合，如 Student 类应该是 com.bjl.Student，
StudentTest 类应该是 com.bjl.StudentTest。包中的
类文件互相访问时应注意以下几点。

（1）同一个包中的类相互访问，不用指定包
名。例如：

```
new Student().introduce();
```

不用写成

```
new com.bjl.Student().introduce();
```

（2）如果从包的外部访问一个包中的类，必须使用类的完整名称，如下。

```
package com.bjk;

public class StudentTest2
{
    public static void main(String []
args)
    {
        new com.bjl.Student().
introduce();
    }
}
```

（3）Eclipse 下包和文件系统的对应关系，如图 4-20 所示。

图 4-20　Eclipse 中的包和文件系统的对应关系

从图 4-21 中可以看到，Eclipse 中项目的包对应的是文件系统的文件夹。如 com.bjk 包和 com.bjl 包就分别对应 src 目录下的 com\bjk 文件夹和 com\bjl 文件夹。

（4）即使文件名相同，包不同，类也是完全不同的类。

（5）package 语句作为 Java 源文件的第一条语句，必须把 package 语句放在源文件的最前面，每个源文件只能声明一个包。如果在包中有源文件，没有写 package 语句，将编译错误。

（6）如果没有 package 语句，则为缺省无名包。但是在实际项目中，没有使用无名包的类，应尽量使用包。

4.5.2　import 语句及应用

在下面的例子中，将两个类放在不同的包中，程序如下。

```
package com.bjl;

class Student {
    public void introduce() {
        System.out.println("很高兴认
识你");
    }
}
```

```
package com.bjk;
public class StudentTest2 {
    public static void main(String[]
args) {
        new Student().introduce();
    }
}
```

运行程序 StudentTest2，会报错"Test cannot be resolved to a type"，造成错误的原因：位于不同包的类互相访问时，要加上"包名.类名"。修改如下。

```
new com.bjl.Student().introduce();
```

如果在包 com.bjk 中多次使用 com.bjl 中的类，难道要在每一个类前都添加 com.bjl？显然不是，只要在源文件中使用 import com.bjl.Student，就可以避免在每个类的前面加包名。

Import 语句的格式有以下两种写法。

（1）"import com.bjl.*;"，表示导入整个 com.bjl 包中的所有类。

（2）" import com.bjl.Student; "，表示导入 com.bjl 包中的 Student 类，其他的类要使用的时候还要在前面加包名。

import 语句还有一种特殊的情况，例如：

```
import java.util.*;
import java.sql.*;
```

java.util 和 java.sql 两个包中都包含 Date 类，这个时候程序不知道该使用哪一个包中的 Date 类，所以在这种情况下，要在 Date 类前面写上具体的完整包。

```
new java.util.Date();
```

或者

```
new java.sql.Date();
```

对于 import 语句，还要注意以下两点。

（1）父包与子包在语义上表示某种血缘和亲近关系，如 "com.bjl.*" 和 "com.bjl.mail.*"，它们都是 bjl 这个 com（公司）开发的类。"com.bjl.mail.*" 还能说明其中的类是专门用于 mail 功能的。

（2）父包和子包没有任何关系，如父包中的类要调用子包中的类，必须应用子包的全名，而不能忽略父包名部分。用 import 语句导入一个包中的所有类，并不引入这个包中的子包中的类，子包中的类需要单独引入，如下。

```
import java.awt.*;
import java.awt.event.*;
```

4.5.3 常用的 JDK 包

SUN 公司在 JDK 中为用户提供了大量的实用类，通常称之为 API（Application Programming Interface），这些类按不同功能分别被放入了不同的包中。常用的包如下。

◆ java.lang: 包含一些 Java 语言的核心类，如 String、Math、Integer、System 和 Thread，提供常用功能。

◆ java.awt: 包含了构成抽象窗口工具集（Abstract Window Toolkits）的多个类，这

些类被用来构建和管理应用程序的图形用户界面(GUI)。

◆ java.applet: 包含 applet 运行所需的一些类。

◆ java.net: 包含执行与网络相关的操作的类。

◆ java.io: 包含能提供多种输入/输出功能的类。

◆ java.util: 包含一些实用工具类，如定义系统特性、使用与日期日历相关的函数。

4.5.4 Java 的命名规则

养成良好的命名习惯，意义重大，如果大家的命名习惯都一样，我们就能够很容易使用别人提供的类。下面是 Java 中的一些命名规则，假设 xxx、yyy、zzz 分别是一个英文单词的拼写。

◆ 包名中的字母一律小写，如 xxxyyyzzz。包的名字一般采用公司域名倒写再加上这个包包含的类的功能，如 com.sun.tools，可以理解为公司的域名为 www.sun.com，这个包主要包含 tools 功能的类。

◆ 类名、接口名应当使用名词，每个单词的首字母大写，如 XxxYyyZzz。

◆ 方法名，第一个单词小写，后面每个单词的首字母大写，如 xxxYyyZzz。

◆ 变量名，第一个单词小写，后面每个单词的首字母大写，如 xxxYyyZzz。

◆ 常量名，每个字母都大写，如 XXXYYYZZZ。

▌4.6▌ jar 文件

4.6.1 jar 文件包

jar 文件就是 Java Archive File，jar 文件是一种压缩文件，与我们常见的 zip、rar 等压缩文件格式兼容，习惯上称为 jar 包。我们开发了很多类，需要把这些类提供给别人使用时，通常会先将这些类压缩到一个 jar 文件中，再给别人使用。别人在使用时，只要在 classpath 环境变量的设置中包含这个 jar 文件，Java 虚拟机就能自动在内存中解

压这个 jar 文件，把这个 jar 文件当作一个目录，在这个 jar 文件中寻找所需要的类及包名所对应的目录结构，如图 4-21 所示。

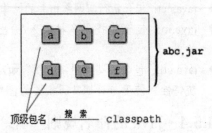

图 4-21　abc.jar 中包含的文件

从图 4-21 中可以看到，abc.jar 包文件中包含 a、b、c、d、e 和 f 6 个包，这 6 个包中的所有类文件，都可以使用。

4.6.2　打包 jar 文件

当需要将自己编写的类文件打包时，可按照下列的步骤进行。

（1）在 Eclipse 选中要打包的包名或者 src 目录，单击右键，选择 Export 菜单命令，如图 4-22 所示。

（2）在弹出的对话框中，选择 General 下的 Archive File，如图 4-23 所示。

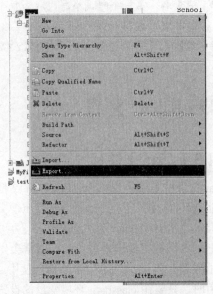

图 4-22　选中包单击右键

图 4-23　选择 Archive File

（3）单击 Next 按钮，出现如图 4-24 所示的界面。

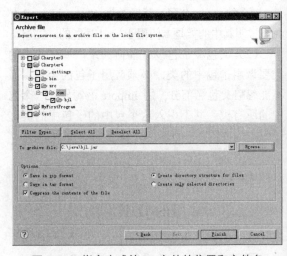

图 4-24　指定生成的 jar 文件的位置和文件名

（4）在图 4-24 中可重新选择项目和包，然后在 To archive file 文本框中选择路径并起一个名字，然后单击 Finish 按钮即可。

（5）通过 WinRAR 文件可对打包后的文件进行查看，如图 4-25 所示。

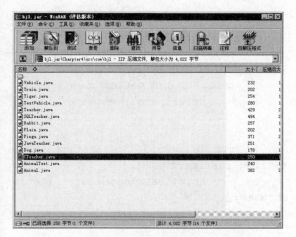

图 4-25　使用 WinRAR 文件查看打包后的文件

4.6.3　使用 jar 文件

要使用别人写好的 jar 文件，需要在项目中进行设置。如在开发数据库项目时，如果要连接的是 Oracle 数据库，则需要使用 Oracle 的文件包 ojdbc14.jar 文件。要使用 ojdbc14.jar 文件中的类文件，需要将该文件加入到项目的"Java Build Path"中。具体步骤如下。

（1）选中项目，单击右键，选择 Properties 菜单命令，如图 4-26 所示。

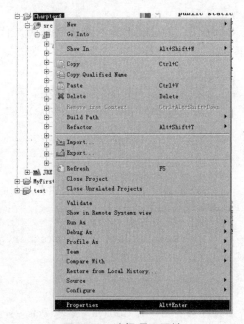

图 4-26　选择项目属性

（2）在弹出的对话框中，选择 Java Build Path 界面中的 Libraries 选项卡，如图 4-27 所示。

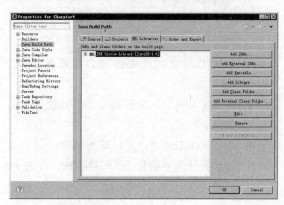

图 4-27　选择 Java Build Path 界面中的 Libraries 选项卡

（3）在图 4-27 中单击 Add External JARs 按钮，然后找到需要添加的 jar 文件包即可。这样就可以在项目中使用 jar 文件中的类文件了。

▌4.7▌上机实训

4.7.1　实训一——面向对象的多态

1. 实训内容

（1）请编码实现如下需求。

◆ 宠物（Pets）分为：宠物狗（Dog）、荷兰猪（Cobaya）。

◆ 各种宠物的喂养方式（eat）各不相同。

（2）编写一个测试类 PetsTest，要求如下。

◆ 编写方法 testEat，对各种宠物进行喂养测试。要根据宠物的不同，进行相应的喂养。

◆ 在 main 方法中进行测试。

2. 实训目的

通过实训掌握类的继承、方法的覆盖、面向对象的多态设计，具体实训目的如下。

◆ 掌握如何继承父类。

◆ 掌握调用父类构造方法。

◆ 掌握覆盖父类的方法。

◆ 掌握面向多态的程序设计。

3. 实训要求

◆ 创建父类 Pets，利用封装的概念创建属性 PetsName，并创建方法 eat。
◆ 创建 Dog 类继承 Pets 类，并覆盖父类的 eat 方法。
◆ 创建 Cobaya 类继承 Pets 类，并覆盖父类的 eat 方法。
◆ 创建 PetsTest 类，并创建 testEat 方法，以 Pets 类作为参数传入，并调用 Pets 类的 eat 方法。

4. 完成实训

Step 1 启动 Eclipse，并创建项目 Charpter4，也可以利用已创建的项目。

Step 2 创建类文件 Pets，输入如下的代码。

```java
package com.bjl;

public class Pets {
    private String petsName;

    public String getPetsName() {
        return petsName;
    }

    public void setPetsName(String petsName) {
        this.petsName = petsName;
    }

    // 下面是构造方法
    public Pets() {

    }

    public Pets(String petsName) {
        this.petsName = petsName;
    }

    public void eat() {
        System.out.println(petsName
 + "正在吃东西");
    }
```

```java
}
public class Instrument {
    private String instrmentName;

    public String getInstrmentName() {
        return instrmentName;
    }

    public void setInstrmentName(String instrmentName) {
        this.instrmentName = instrmentName;
    }

    public Instrument(String instrmentName) {
        this.instrmentName = instrmentName;
    }

    public Instrument() {

    }

    public void play() {
        System.out.println(instrmentName + "正在演奏！");
    }
}
```

Step 3 创建类 Dog，继承 Pets 类，代码如下。

```java
package com.bjl;
public class Dog extends Pets {
    public Dog(String dogName) {
        // 调用父类的构造方法
        super(dogName);
    }

    // 覆盖父类的 eat 方法,并用 super.
getPetsName 得到宠物的名称
    public void eat() {
        System.out.println(super.getPetsName() + "吃狗粮");
    }
}
```

Step 4 创建类 Cobaya，继承 Pets 类，代码如下。

```
package com.bjl;

public class Cobaya extends Pets {
    public Cobaya(String cobayaName) {
        // 调用父类的构造方法
        super(cobayaName);
    }

    // 覆盖父类的 eat 方法
    public void eat() {
        System.out.println(super.ge
tPetsName() + "吃蔬菜");
    }
}
```

Step 5　创建 PetsTest 类，代码如下。

```
package com.bjl;

public class PetsTest {
    public void testEat(Pets pets) {
        pets.eat();
    }

    public static void main(String[]
args) {
        PetsTest test = new PetsTest();
        test.testEat(new Dog("吉娃
娃"));
        test.testEat(new Cobaya("荷兰
猪"));

    }
}
```

Step 6　运行 PetsTest 类，结果如图 4-28 所示。

图 4-28　实训一运行结果

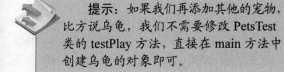

　　提示：如果我们再添加其他的宠物，比方说乌龟，我们不需要修改 PetsTest 类的 testPlay 方法，直接在 main 方法中创建乌龟的对象即可。

4.7.2　实训二——面向接口的程序设计

1. 实训内容

在实训一的基础上，利用接口实现上述的功能。

2. 实训目的

通过实训掌握接口的实现方法，具体实训目的如下。

- ◆ 掌握接口的定义。
- ◆ 掌握实现接口的方法。
- ◆ 掌握面向接口程序设计的方法。
- ◆ 掌握面向多态的程序设计。

3. 实训要求

- ◆ 创建接口 IPets，该接口包含方法 eat。注意，eat 方法没有方法体。
- ◆ 创建 Dog 类实现 IPets 接口，并实现具体的 play 方法。
- ◆ 创建 Cobaya 类实现 IPets 接口，并实现具体的 play 方法。
- ◆ 创建 PetsTest 类，并创建 testPlay 方法，以 IPets 接口作为参数传入，并调用 IPets 接口的 eat 方法。

4. 完成实训

Step 1　启动 Eclipse，并创建项目 Charpter4，如果有，也可以利用已创建项目。

Step 2　创建接口文件 IPets，输入如下的代码。

```
package com.bjl;

public interface IPets {
    public void eat();
}
```

Step 3　创建类文件 Dog，输入如下的代码。

```
package com.bjl;

public class Dog implements IPets {
    private String dogName;
```

```
public Dog(String dogName) {
    this.dogName = dogName;
}

// 实现接口的方法
public void eat() {
    System.out.println(dogName +
"吃狗粮");
}
}
```

Step 4 创建类文件 Cobaya，输入如下的代码。

```
package com.bjl;

public class Cobaya implements IPets {
    private String cobayaName;

    public Cobaya(String cobayaName) {
        this.cobayaName = cobayaName;
    }

    // 实现接口的方法
    public void eat() {
        System.out.println(cobayaNa
me + "吃蔬菜");
    }
}
```

Step 5 创建 PetsTest 类，代码如下。

```
package com.bjl;

public class PetsTest {
    public void testEat(IPets pets) {
        pets.eat();
    }

    public static void main(String[]
args) {
        PetsTest test = new PetsTest();
        test.testEat(new Dog("吉娃娃"));
        test.testEat(new Cobaya("荷兰
猪"));

    }

}
```

Step 6 运行 PetsTest 类，结果如图 4-29 所示。

4.8 练习与上机

1. 选择题

（1）下列关于继承的说法正确的是（   ）。

    A．子类将继承父类所有的属性和方法

    B．子类只继承父类以 public 修饰的方法和属性

    C．子类只继承父类的方法，而不继承属性

    D．子类将继承父类的非私有属性和方法

（2）覆盖与重载的关系是（   ）。

    A．覆盖方法可以不同名，而重载方法必须同名

    B．覆盖与重载是同一回事

    C．覆盖只有发生在父类与子类之间，而重载可以发生在同一个类中

    D．final 修饰的方法可以被覆盖，但不能被重载

（3）this 和 super（   ）。

    A．都可以用在 main()方法中

    B．意义相同

    C．都是指一个内存地址

    D．不能用在 main()方法中

（4）下列有关抽象类及抽象方法的叙述错误的是（   ）。

    A．使用 abstract 修饰的方法是抽象方法

    B．抽象类必须被继承才能使用，抽象类不可能有实例

    C．抽象类可以没有抽象方法，但有抽象方法的类一定是抽象类

    D．使用 final 修饰的类是抽象类

（5）下列有关接口的说法正确的是（   ）。

    A．一个类只能实现一个接口

    B．实现一个接口必须实现接口的所有方法

    C．接口和抽象类是同一回事

    D．接口间不能有继承关系

（6）在 Java 语言中，小明在他的包 mypackage 中定义了类 My_Class，在 mypackage 的子包 mysubpackage 中也有一个类 My_Class。小明用

"import mypackage.*;" 引入包，执行其中的语句 "My_Class NewClass = new My_Class();" 时，将发生（　　）。

  A．该语句是错误的

  B．创建一个类 mypackage.My_Class 的对象

  C．创建一个类 mypackage.mysubpackage.My_Class 的对象

  D．创建一个类 mypackage.My_Class 的对象和一个类 mypackage.mysubpackage.My_Class 的对象

（7）在 Java 中，能实现多重继承效果的方式是（　　）。

  A．内部类   B．接口

  C．适配器   D．同步

（8）在 Java 程序中定义一个类，类中有一个没有访问权限修饰的方法，则此方法（　　）。

  A．访问权限默认为 private

  B．访问权限默认为 public

  C．访问权限默认为 protected

  D．都不是

（9）用于声明一个常量的修饰符是（　　）。

  A．static   B．abstract

  C．public   D．final

（10）引入一个名为 com.edu.db 的包的正确语句是（　　）。

  A．package import cn.edu.db

  B．package cn.edu.db

  C．import cn.edu.db

  D．import package cn.edu.db

2．实训操作题

（1）汽车（Mobile）具有属性 name；包含两个构造方法，其中一个没有参数，另一个带有参数的。

汽车包括：轿车（Car）。

轿车也具有两个构造方法，其中一个没有参数，另一个带有参数，要求在第二个方法中调用父类的构造函数。

请通过继承实现以上需求，并编写测试类 MobileTest 进行测试。

（实训目的：掌握类的继承）

（2）汽车（Mobile）具有属性 name，具有行为：行驶（run）、刹车（stop）。

汽车包括：卡车（Truck）和轿车（car）。

这些汽车行驶的行为各不相同（卡车烧柴油，轿车烧汽油），所以要进行方法覆盖；但刹车的行为是一致的，不需要覆盖。

请通过继承实现以上需求，并编写测试类 MobileTest 进行测试。

（3）请改正下列代码的错误：

```
public interface IIntroduce {
    public String detail();
    public void introduction(){
        detail();
    }
    private void showMessage();
    void speak();
}
```

（4）交通工具（Transportation）分为：汽车(Mobile)、飞机(Plain)，各种交工工具的运输（Transport）方法各不相同，编写一个测试类 TransportationTest，要求如下。

 ◆ 编写方法 testTransport，对各种交通工具进行运输测试。要依据交通工具的不同，进行相应的运输。

 ◆ 在 main 方法中进行测试。

（实训目的：掌握多态的实现）

（5）增加一个轮船（Ship）类，进行测试。

（6）利用接口实现（4）的功能。（实训目的：掌握面向接口的编程思路）

第 5 章

Java 的异常处理机制

📖 **学习目标**

学习 Java 中异常处理的机制。主要内容包括异常的概念、异常的体系结构、异常的捕获和处理、throws 关键字、自定义异常和 throw 关键字。通过本章的学习，掌握 Java 中处理异常的方法。

📖 **学习重点**

理解什么是异常和什么是异常处理；理解 Java 中异常的体系结构；理解异常捕获和异常处理，主要包括 try/catch/finally 关键字的使用、异常处理注意的问题；理解 throws 关键字；理解自定义异常的创建和 throw 关键字的用法。

📖 **主要内容**

- ◆ 了解异常
- ◆ 异常体系结构
- ◆ 异常的捕获和处理
- ◆ throws 关键字
- ◆ 自定义异常
- ◆ throw 关键字
- ◆ 上机实训

▌5.1▐ 了解异常

异常处理是程序设计中一个非常重要的方面，也是程序设计的一大难点。所谓的异常，就是程序运行时发生了和设想不一样的情况。

Java 语言在设计的当初就考虑到异常的问题，提出异常处理的框架的方案，所有的异常都可以用一个类型来表示，不同类型的异常对应不同的子类异常（这里的异常包括错误概念），定义异常处理的规范，在 1.4 版本以后增加了异常链机制，从而便于跟踪异常。这是 Java 语言设计者的高明之处，也是 Java 语言中的一个难点。

5.1.1　生活中的异常

我们先来看一下生活中的异常。正常情况下，学生小明每天中午下课之后，都去食堂吃饭，然后回宿舍休息，图 5-1 是小明下课后的活动示意图。

图 5-1　小明下课后的活动示意图

但是，异常情况常常发生。例如，食堂排队的人太多或者没有可口的饭菜，这都会使小明不吃饭就回宿舍，如图 5-2 所示。

图 5-2　小王上班异常示意图

这就是生活中的异常，生活中意外情况的发生而改变了小明的某个习惯。

5.1.2　程序中的异常

下面首先看一个例子。要求在键盘上输入两个整数，然后计算这两个整数的商。其实现代码如下。

```java
public class Exception1 {
    public static void main(String[] args){
        System.out.println("下面计算两个整数的商");
        Scanner in = new Scanner(System.in);

        System.out.print("请先输入被除数:");
        int dividend = in.nextInt();
        System.out.print("请再输入除数:");
        int divisor = in.nextInt();

        int quotient = dividend / divisor;
        System.out.println(dividend + "除以" + divisor + "的商是：" + quotient);
    }

}
```

运行该程序，分别输入被除数和除数为 10 和 2，程序执行的结果如图 5-3 所示。如果分别输入被除数和除数为 10 和 0，程序就会中断，如图 5-4 所示。

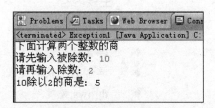

图 5-3　程序正常情况

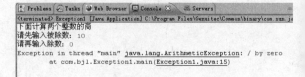

图 5-4　程序异常情况

这种情况就是异常，而这个异常的类型是 ArithmeticException——数学异常。

5.1.3　异常和异常处理

异常就是在程序的运行过程中所发生的不正常的事件，它会中断正在运行的程序。如访问不

存在的文件、连接数据库失败、数组越界等。

面对异常该怎么办呢？如小明发现食堂的排队的人太多，他可能找别的同学帮忙加塞，或者直接不吃了；如果没有可口的饭菜，他可能会到校外的饭店去吃。

对于程序来讲，运行时发生的错误称为异常，处理这些异常就称为异常处理。

Java 语言使用异常处理机制为程序提供了错误处理的能力。异常处理也就是不中断程序的执行，不出现图 5-4 所示的错误提示，这样的错误让人看不懂，而编写程序的目的就是让不懂程序的人知道到底哪里出现了错误。

 **注意**：异常是在程序运行过程中出现的非致命的错误，而不是编译时的语法错误。编译时的语法错误会使程序无法运行。

5.1.4　异常体系结构

Java 把异常当作对象来处理，并定义一个基类 java.lang.Throwable 作为所有异常的超类。在 Java API 中已经定义了许多异常类，这些异常类分为两大类，错误类（Error）和异常类（Exception）。

Java 异常体系结构呈树状，其层次结构图如图 5-5 所示。

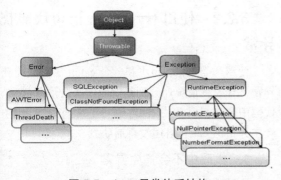

图 5-5　Java 异常体系结构

Throwable 类是所有异常和错误的超类，它有两个子类 Error 和 Exception，分别表示错误和异常。其中，异常类 Exception 又分为运行时异常（RuntimeException）和非运行时异常。这两种异常

有很大的区别，也称之为不检查异常（Unchecked Exception）和检查异常（Checked Exception）。这些异常之间的区别与联系如下所述。

1. Error 与 Exception

Error 是程序无法处理的错误，比如 OutOfMemoryError、ThreadDeath 等。这些异常发生时，Java 虚拟机（JVM）一般会选择线程终止。

Exception 是程序本身可以处理的异常。这种异常分两大类——运行时异常和非运行时异常。程序中应当尽可能处理这些异常。

2. 运行时异常和非运行时异常

运行时异常都是 RuntimeException 类及其子类异常，如 NullPointerException、IndexOutOfBoundsException 等。这些异常是不检查异常，程序中可以选择捕获处理，也可以不处理。这些异常一般是由程序逻辑错误引起的，程序应该从逻辑角度尽可能避免这类异常的发生。

非运行时异常是 RuntimeException 以外的异常，在类型上都属于 Exception 类及其子类。从程序语法角度讲，是必须进行处理的异常，如果不处理，程序就不能编译通过，如 IOException、SQLException 等以及用户自定义的 Exception 异常。一般情况下，不自定义检查异常。

常见的运行时异常如表 5-1 所示。

表 5-1　一些常见的运行时异常

异常名称	产生异常的原因
ArithmeticException	非法算术操作，例如使用零做除数
IndexOutOfBoundException	试图使用一个超界的索引来引用一个对象
NullPointerException	当使用对象变量操作时，发现其值为 Null
ClassCastException	试图把一个对象转换成非法类型
IllegalArgumentException	传递给一个方法的实际参数和该方法的形式参数类型不符
SecurityException	程序执行违反安全规定的非法操作

3. 异常的主要方法

Throwable 中定义了多个方法。因为所有的异常类都是 Throwable 的子类，所以它们都继承了 Throwable 的这些方法。Throwable 的主要方法如表 5-2 所示。

表 5-2　异常的主要方法

方法名称	方法描述
Throwable fillInStackTrace()	返回一个包含调用栈信息的 Throwable 对象，该对象可以被重新抛出
void printStackTrace()	将调用栈信息输出到标准错误
String getMessage()	返回对异常的描述
String getLocalizedMessage()	返回对异常的本地描述
String toString()	返回对异常的本地描述

5.2 异常的捕获和处理

Java 异常的捕获和处理是一件不容易把握的事情，如果处理不当，不但会让程序代码的可读性大大降低，而且导致系统性能低下，甚至引发一些难以发现的错误。

Java 异常处理涉及 5 个关键字，分别是 try、catch、finally、throw 和 throws。下面将依次介绍，通过认识这 5 个关键字，掌握基本异常处理知识。

5.2.1　异常处理的基本语法

在 Java 中，异常处理的完整语法如下。

```
try {
    …
    //可能产生异常的程序代码
} catch (异常类型 异常的变量名) {//
如果 try 里面的代码产生了这种类型的异常
    …
    //异常处理代码
} finally {
    …
    //不管异常是否发生发生,总是要执行
的代码
}
```

以上语法有三个代码块，其主要含义如下。

1. try 语句块

该语句块表示要尝试运行代码，try 语句块中代码受异常监控，其中代码发生异常时，会抛出异常对象。

2. catch 语句块

该语句块会捕获 try 语句块中发生的异常并在其代码块中做异常处理。catch 语句带一个 Throwable 类型的参数，表示可捕获异常类型。当 try 语句块中出现异常时，catch 语句块会捕获到发生的异常，并和自己的异常类型匹配，若匹配，则执行 catch 语句块中的代码，并将 catch 语句块参数指向所抛的异常对象。catch 语句块可以有多个，用来匹配多个异常中的一个，一旦匹配，就不再尝试匹配别的 catch 语句块了。

通过异常对象可以获取异常发生时完整的 JVM 堆栈信息，以及异常信息和异常发生的原因等。

3. finally 语句块

该语句块是紧跟 catch 语句后的语句块。这个语句块总是会在方法返回前执行，而不管 try 语句块是否发生异常，并且，这个语句块总是在方法返回前执行。该代码块的主要目的是给程序一个补救的机会。这样做也体现了 Java 语言的健壮性。

5.2.2　使用 try/catch 语句块捕获异常

使用一个 try 语句块和一个 catch 语句块捕获异常，有 3 种情况，分别是代码中不会产生异常、代码中产生异常并由 catch 语句正常捕获、代码中产生异常但 catch 语句没有捕获到。

1. 代码中不会产生异常

这种情况的代码如下所示。

```
public void doSth(){
    try {
        …
        //不产生异常的代码段 1
    } catch (异常类型 ex) {
```

```
        …
            //对产生的异常进行处理的代码段 2
        }
        …
        代码段 3
}
```

该代码的执行情况如图 5-6 所示。

结合代码和图 5-6 可以看出，代码段 1 可能出现异常，但是在程序执行的过程中并没有出现异常，所以，catch 语句块的代码段 2 根本不会执行，而是直接执行 catch 语句块后的代码段 3。

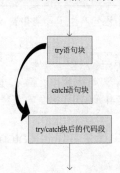

图 5-6　代码中不产生异常的执行情况

2. 代码中产生异常并由 catch 语句正常捕获

这种情况的代码如下所示。

```
public void doSth(){
    try {
        //代码段 1
        //产生异常的代码段 2
        //代码段 3
    } catch (异常类型 ex) {
        //对异常进行处理的代码段 4
    }
    //代码段 5
}
```

该代码的执行情况如图 5-7 所示。

结合代码和图 5-7 可以看出，代码段 1 不会发生异常，但是当执行到代码段 2 后出现了异常，这时会产生一个异常对象（该对象为 java.lang.Exception 或其子类的对象）。程序终止代码段 2 的执行，跳出 try 语句块，然后判断刚才产生的异常对象和 catch 后的异常类型是否一致。如果一致，则执行 catch 语句块

的代码段 4，执行完毕后，再执行代码段 5。

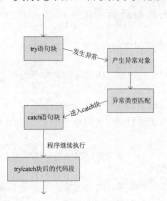

图 5-7　代码产生异常并被 catch 语句块捕获

从上面的执行过程可以看到，try 语句块中的代码段 2 出现了异常，代码段 3 就不再执行了，直接去匹配 catch 语句的异常类型。

【任务 1】　为 5.1.2 节中的代码加上异常处理机制，使得程序能够处理异常情况，即不管发生什么情况，都能给予一个友好的提示。

Step 1　启动 Eclipse，并新建项目 Chapter5，并创建类 Exception1，输入如下的代码。

```
package com.bjl;

import java.util.Scanner;

public class Exception1 {
    public static void main(String[] args) {
        System.out.println("下面计算两个整数的商");
        Scanner in=new Scanner(System.in);
        System.out.print("请先输入被除数:");
        int dividend = in.nextInt();
        System.out.print("请再输入除数:");
        int divisor = in.nextInt();
        int quotient=dividend/divisor;
        System.out.println(dividend + "除以" + divisor + "的商是: " + quotient);
    }
}
```

Step 2　在上述程序可能出现异常的语句

外面加上 try, 并在 try 块语句后面加上 catch 语句,并在 catch 语句后面加上一句话。具体代码如下。

```java
package com.bjl;

import java.util.Scanner;

public class Exception1 {
    public static void main(String[] args) {
        System.out.println("下面计算两个整数的商");
        Scanner in = new Scanner(System.in);
        try {
            System.out.print("请先输入被除数:");
            int dividend = in.nextInt();
            System.out.print("请再输入除数");
            int divisor = in.nextInt();
            int quotient = dividend / divisor;
            System.out.println(dividend + "除以" + divisor + "的商是:" + quotient);
        } catch (Exception ex) {
            System.out.println("输入错误!");
        }
        System.out.println("计算完毕");
    }
}
```

Step 3 保存并运行程序。我们输入整数"10"和"2",则程序的执行结果如图 5-8 所示。这种情况就属于在可能发生异常的地方并没有发生异常,所以 catch 语句块中的语句并不执行,而直接执行 System.out.println("计算完毕")这条语句。

如果我们输入"10"和"0",在 try 语句块中 int quotient = dividend / divisor;这条语句将产生异常,所以 try 块中这句话后面的语句不再执行,这条语句产生的异常被 catch 语句块捕获到,所以执行"System.out.pritnln"("输入错误!")语句,最后执行 System.out.println("计算完毕")语句,其结果如图 5-9 所示。

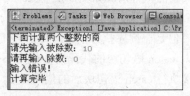

图 5-8 try 块中的语句没有发生异常

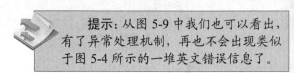

图 5-9 try 块中语句产生了异常并被 catch 语句捕获

提示: 从图 5-9 中我们也可以看出,有了异常处理机制,再也不会出现类似于图 5-4 所示的一堆英文错误信息了。

3. 代码中产生异常但 catch 语句没有捕获到

这种情况的代码如下所示。

```java
public void doSth(){
    try {
        代码段 1
        产生异常的代码段 2
        代码段 3
    } catch (异常类型 ex) {
        对异常进行处理的代码段 4
    }
    代码段 5
}
```

该代码的执行情况如图 5-10 所示。

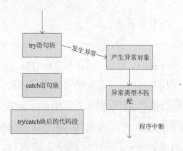

图 5-10 代码产生异常但异常和 catch 语句块的异常类型不一致

这种情况和第二种情况类似，唯一不同的是，try 语句块中产生的异常类型和 catch 语句块后面的异常类型不一致，这时，程序不会跳转到 catch 语句块执行，而是直接终止程序的运行。

【任务 2】 在任务 1 的基础上，修改代码，使得 catch 语句块的异常与 try 语句块产生的异常不一致。

Step 1 修改类 Exception1，将 catch 后的 Exception 修改为 NullPointerException，代码如下。

```java
package com.bjl;

import java.util.Scanner;

public class Exception1 {
    public static void main(String[] args) {
        System.out.println("下面计算两个整数的商");
        Scanner in = new Scanner(System.in);
        try {
            System.out.print("请先输入被除数:");
            int dividend = in.nextInt();
            System.out.println("请再输入除数");
            int divisor = in.nextInt();

            int quotient = dividend / divisor;
            System.out.println(dividend + "除以" + divisor + "的商是:" + quotient);
        } catch (NullPointerException ex) {
            System.out.println("输入错误！");
        }
        System.out.println("计算完毕");
    }
}
```

Step 2 保存并运行程序，结果如图 5-11 所示。

从图中可以看到，程序在发生异常后又出现了错误提示，这是因为在 try 语句块中发生了 ArithmeticException 的异常，而 catch 语句能够捕获的异常类型是 Arithmetic Exception，这两个异常类型不一样，也就是说，try 语句块中的异常 catch 语句处理不了，这时候就会终止程序的运行。

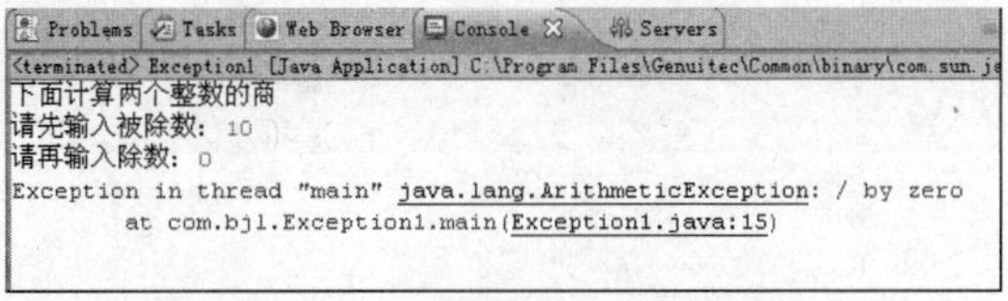

图 5-11　任务 2 的执行结果

4.　多重 catch 捕获异常

在编写程序的过程中，很多情况下，一段代码可能会引发多种类型的异常，我们也可以使用相应的多个 catch 语句块捕获不同的异常。当引发异常时，会按顺序来查看每个 catch 语句块，并执行第一个与异常类型匹配的 catch 语句块。一旦执行其中的一条 catch 语句块，其后的 catch 语句块将被忽略。

代码格式如下。

```java
public void doSth(){
    try {
        代码段
        产生异常(异常类型 2)
    } catch (异常类型 1 ex) {
        对异常进行处理的代码段
    } catch (异常类型 2 ex) {
        对异常进行处理的代码段
    } catch (异常类型 3 ex) {
        对异常进行处理的代码段
    }
    代码段
}
```

该代码的执行过程如图 5-12 所示。

在多重 catch 语句的程序中，当 try 语句块中发生了异常，会依次和 catch 语句块的异常类型匹配。在图 5-12 中，try 语句块发生的异常与 catch 语句块 1 中的类型不匹配；再去和 catch 语句块 2 中的类型比较，匹配后进入 catch 语句块 2 执行；最后到 try/catch 代码块后继续执行。从图中也可以看出，一旦异常和异常类型 2 匹配了，那么，catch 语句块 3 根本就不会执行。

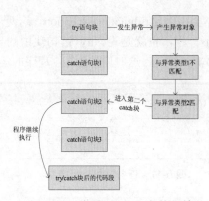

图 5-12　多重 catch 语句执行情况

【任务 3】 修改任务 1，要求对任务 1 中可能出现的每一种异常都要进行详细处理。

Step 1 在项目 Charpter5 中创建类 Exception2，输入如下的代码。

```
package com.bjl;

import java.util.Scanner;
public class Exception2 {
    public static void main(String[]
args) {
        System.out.println("下面计算
两个整数的商");
        Scanner in = new Scanner(System.in);
        try {
        System.out.print("请先输
入被除数: ");
        int dividend = in.nextInt();
        System.out.print("请再输
入除数: ");
        int divisor = in.nextInt();

        int quotient = dividend /
divisor;
        System.out.println(dividend +
"除以" + divisor + "的商是: " + quotient);
        } catch (Exception ex) {
        System.out.println("输入
错误!");
        }
        System.out.println("计算完毕");
    }
}
```

Step 2 在上述程序中，虽然我们在可能出现的异常语句外面加上了 try，并在 try 块语句后面加上 catch 语句。但是 catch 捕获的异常类型是 Exception 并不是具体的异常，这就造成了当异常发生时用户不知道到底出了什么问题。下面我们来看一下上述代码中可能发生异常的语句及产生的异常类型主要有哪些。

◆ InputMismatchException 该异常可能由下面的两句话引发，引发的原因是我们输入的不是整数，而是字符。

```
int dividend = in.nextInt();
int divisor = in.nextInt();
```

◆ ArithmeticException 该异常可能由下面的语句引发。

```
int quotient = dividend / divisor;
```
如果输入的 divisor 是 0，则会引发数学异常。

◆ 其他异常 程序还有可能会发生其他意想不到的异常。

对于上述可能产生的异常，都要通过 catch 语句进行处理，所以修改后的程序代码如下。

```
package com.bjl;

import java.util.InputMismatchException;
import java.util.Scanner;

public class Exception2 {
    public static void main(String[]
args) {
        System.out.println("下面计算
两个整数的商");
        Scanner in = new Scanner(System.in);
        try {
        System.out.print("请先输
入被除数: ");

        int dividend = in.nextInt();
        System.out.print("请再输
入除数: ");

        int quotient = dividend / divisor;

        System.out.println(dividend +
"除以" + divisor + "的商是: " + quotient);
```

```
        }catch (Input MismatchException e1) {
                System.out.println("被除
数和除数中输入了字母!");
        } catch (ArithmeticException e2) {
                System.out.println("除数
不能为0");
        } catch (Exception e) {
                System.out.println("发生
了其他错误:" + e.getMessage());
        }
        System.out.println("计算完毕");
    }
}
```

Step 3　保存并运行程序。对于输入的数据，可以将其分为 3 种情况。

（1）为被除数输入 10，为除数输入 3，这种情况不会发生异常，其运行结果如图 5-13 所示。

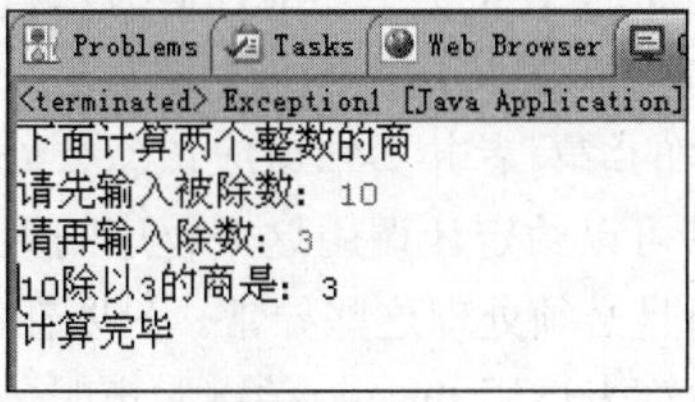

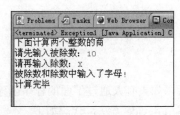

图 5-13　程序没有异常的执行结果

（2）为被除数输入 10，为除数输入 X，这时会发生 InputMismatchException 异常，所以会被第一个 catch 语句捕获到，其运行结果如图 5-14 所示。

图 5-14　程序发生 InputMismatchException
异常的执行结果

（3）为被除数输入 10，为除数输入 0，这时会发生 ArithmeticException 异常，所以会被第二个 catch 语句捕获到，其运行结果如图 5-15 所示。

（4）如果在程序运行过程中，还发生了其他的异常，则会由 catch(Exception e)后的语句块处理。

> 提示：在安排 catch 语句的顺序时，首先应该捕获最特殊的异常，然后再逐渐一般化，即先子类后父类。

5.2.3　使用 try/catch/finally 语句块捕获异常

在 try/catch 语句块后加入 finally 语句块，可以确保无论是否发生异常，finally 语句块中的代码总能被执行。例如要打开一个文件，访问文件里面的内容，然后进行处理。在处理的过程中，可能会发生异常。但是不管发生不发生异常，为了释放资源，都要关闭这个文件。用 finally 语句块正好可以处理这样的情况。

try/catch/finally 语句块的执行情况如图 5-16 所示。

图 5-15　程序发生 ArthmeticException 异常的执行结果

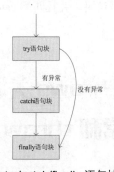

图 5-16　try/catch/finally 语句块的执行情

5.2.4　使用 try/catch/finally 语句块应注意的问题

在使用 try/catch/finally 语句块进行异常处理时，要注意以下的几个问题。

（1）try/catch/finally 3 个语句块均不能单独使用，三者可以组成 try...catch...finally、try...catch、try...finally 3 种结构，catch 语句块可以有一个或多个，finally 语句块最多一个。另外，在 try 后面紧跟着 catch 语句块，不能添加其他的语句。

例如，下面的语句是错误的。

```
try{
    int x = 10 / 0;
}
System.out.println("出错了");
catch{
    …
}
```

（2）try、catch、finally 3 个语句块中变量的作用域为代码块内部，分别独立而不能相互访问。如果要在 3 个语句块中都可以访问，则需要将变量定义到这些语句块的外面。

如下面的语句是错误的。

```
try{
    int x=10;
}
catch{
    System.out.pritnln(x);//x是try块
中的局部变量，不能在catch语句中使用
}
```

（3）有多个 catch 语句块的时候，只会匹配其中一个异常类并执行 catch 语句块代码，不会再执行别的 catch 语句块，并且匹配 catch 语句块的顺序是由上到下。

▋5.3▋throws 关键字、自定义异常和 throw 关键字

5.3.1　自定义异常

有异常被抛出了，就要做处理，所以 Java 中有 try-catch 语句。可是，有时候一个方法中产生了异常，但是不知道该怎么处理，那么就放着不管，当有异常抛出时会中断该方法，而异常被抛到这个方法的调用者那里。这有点像下属处理不

了的问题就交到上司手里一样，这种情况称为回避异常。

但是，这使得调用这个方法有了危险，因为谁也不知道这个方法什么时候会丢一个什么样的异常给调用者，所以在定义方法时，就需要在方法头部分使用 throws 来声明这个方法产生的异常类型。

例如：

```
class Test
{
    public int devide(int x, int y)
    {
        int result = x/y;
        return result;
    }
}
```

在上面的 Test 类中，devide 方法肯定会抛出异常，如 y=0 的时候，但是在编写这个程序的时候，程序的编写者并不知道应该怎么处理这个异常，所以可以约定让调用这个程序的人处理这些异常，而且必须处理这些异常。只要在 devide 方法的参数列表后用 throws 关键字声明一下，该函数有可能发生异常及异常的类别即可。

修改上面的程序如下。

```
class Test
{
    public int devide(int x, int y)
throws Exception
    {
        int result = x/y;
        return result;
    }
}
```

随后，如果有人通过下面的程序创建 Test 对象，并调用 devide 方法，代码如下。

```
public class ThrowsExceptionTest {
    public static void main(String[]
args) {
        Test t1 = new Test();
        int reslut = t1.devide(3, 0);
        System.out.println("结果是: "
+ reslut);
    }
}
```

因为 devide 方法在定义的时候已经用 throws 关键字声明了，所以 "int reslut = t1.devide(3, 0);" 这句话会出现编译错误，也就是说，在 devide 方法中会抛出异常，那么，调用程序必须处理异常，即要在出错的这句话前面加上 try 语句。

调用 Test 对象的代码修改如下。

```
public class ThrowsExceptionTest {
    public static void main(String[]
args) {
        Test t1 = new Test();
        try {
            int reslut = t1.devide(3, 0);
            System.out.println("结果
是: " + reslut);
        } catch (Exception e) {
    System.out.println(e.getMessage());
        }
        System.out.println("程序运行
到这里，表示程序正常运行 !");
    }
}
```

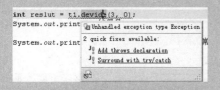

提示：在 Eclipse 中，如果某一句话出现编译错误，而这个编译错误是因为没有异常处理造成的，可以把鼠标移到这句话上，将出现如图 5-17 所示的提示。

图 5-17　编译错误提示

其实，上面的解决办法中的第一个 "Add throws declaration" 就是在这个方法的后面加上 throws 关键字，让调用者去处理；第二个就是 Eclipse 在出错的这句话的前后分别加上 try 和 catch。

5.3.2　自定义异常

如果 JDK 里面没有提供异常类，编程者就要自己写。常用的 ArithmeticException、NullPointerException、NegativeArraySizeException、ArrayIndexoutofBoundsException 、 SecurityException 等类，都是继承

RuntimeException 这个父类，而这个父类还有一个父类 Exception。那么，自己写异常类的时候，也要继承 Exception 类。

举例如下。

```
public class OneException extends
Exception{
    public OneException (){
        super();
    }
    public OneException (String msg){
        super(msg);
    }
}
```

如果要使用这个异常类，可以通过如下的代码。

```
public class ExceptionTest {

    public static void login(String
username) throws OneException {
        System.out.println("登录...");
        if(!username.equals("admin")){
            throw new OneException ("
用户名错误");
        }
    }
}
```

5.3.3　throw 关键字

throw 关键字是用于方法体内部，用来抛出一个 Throwable 类型的异常，如果该方法内部没有 try-catch 语句对这个抛出的异常进行处理，则此方法应声明抛出异常，而由该方法的调用者负责处理。其格式如下。

throw 异常对象；

在 5.3.2 节的 login 方法内，使用关键字 throw 抛出了一个 OneException 的异常，但是该方法没有 try-catch 语句，所以在该方法后面加 throws 关键字。

【任务 4】 创建一个自定义异常 OneException，在 OneExceptionTest 中使用并捕获该异常。

Step 1 在项目 Charpter5 中创建类 MyExceptionTest，输入如下的代码。

```
package com.bjl;

public class OneException extends Exception{
    public OneException (){
```

```
        super();
    }
    public OneException (String msg){
        super(msg);
    }
}
public class OneExceptionTest {
    public static void login(String
username) throws OneException {
        System.out.println("登录...");
        if(!username.equals("admin")){
            throw new OneException
("用户名错误");
        }
    }
    public static void main(String[]
args) {
        try {
            login ("张三");
        } catch (OneException e) {
            // TODO Auto-generated
catch block
            System.out.println(e.ge-
tMessage());
        }
    }
}
```

Step 2 保存并运行程序, 结果如图 5-18 所示。

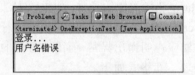

图 5-18 程序执行结果

▌5.4▌ 上机实训

5.4.1 实训一——处理程序可能出现的所有异常

1. 实训目的

本实训要求能够对程序中可能出现的异常进行处理, 具体实训目的如下。

- ◆ 掌握程序对异常的处理。
- ◆ 掌握多个 catch 语句块时异常处理的过程。
- ◆ 掌握 try/catch/finally 语句块的执行顺序。

2. 实训要求

设计一个 Java 程序, 由数组 a[]={10, 20, 30, 40, 50}和 b[]={0,2,30}求数组 c()=a[i]/b[i],i=0-4。请处理此程序所发生的任何异常（ArrayIndexOutofBounds Exception、ArithemeticException）, 并在最后输出, 程序运行完成。

3. 完成实训

Step 1 在项目 Charpter5 中创建类 Charpter5_shixun1, 输入如下代码。

```
package com.bjl;

public class Charpter5_shixun1 {
    public static void main(String[]
args) {
        int[] a = { 10, 20, 30, 40, 50 };
        int[] b = { 0, 2, 30 };
        for (int i = 0; i <= 4; i++) {
            System.out.println("a["
+ i + "]/b[" + i + "]的值=" + (a[i] / b[i]));
        }
        System.out.println("程序运行
完成");
    }
}
```

Step 2 保存并运行程序, 其结果如图 5-19 所示。

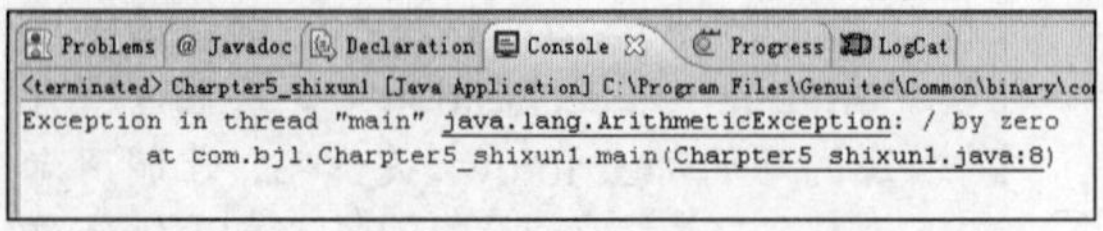

图 5-19 程序出现异常

Step 3 出现如图 5-19 所示的界面, 说明程序中出现了 ArithmeticException 异常, 现在要对异常进行处理。首先在可能出现异常的语句前后分别加上 try 语句和 Catch 语句, 即在循环语句处加上 try 语句, 然后在后面加上 catch 语句进行捕获。修改后的代码如下。

```
package com.bjl;

public class Charpter5_shixun1 {
    public static void main(String[]
args) {
        int[] a = { 10, 20, 30, 40, 50 };
        int[] b = { 0, 2, 30 };
        try {
            for (int i = 0; i <= 4; i++) {
                System.out.println(
"a[" + i + "]/b[" + i + "]的值="
                        +(a[i]/b[i]));
            }
        } catch (ArithmeticException e) {
            System.out.println("出现
了数学异常，除数不能为 0");
        }
        System.out.println("程序运行
完成");
    }
}
```

Step 4　再次保存程序并运行，出现如图 5-20 的界面。

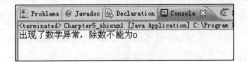

图 5-20　程序对异常进行了处理

Step 5　修改程序，将数组 b 的第一个元素的值修改为 10，修改后的代码如下。

```
package com.bjl;

public class Charpter5_shixun1 {
    public static void main(String[]
args) {
        int[] a = { 10, 20, 30, 40, 50 };
        int[] b = { 10, 2, 30 };
        try {
            for (int i = 0; i <= 4; i++) {
                System.out.println(
"a[" + i + "]/b[" + i + "]的值="
                        +(a[i]/b[i]));
            }
        } catch (ArithmeticException e) {
            System.out.println("出现
了数学异常，除数不能为 0");
```

```
        }
        System.out.println("程序运行
完成");
    }
}
```

Step 6　运行程序，界面如图 5-21 所示。

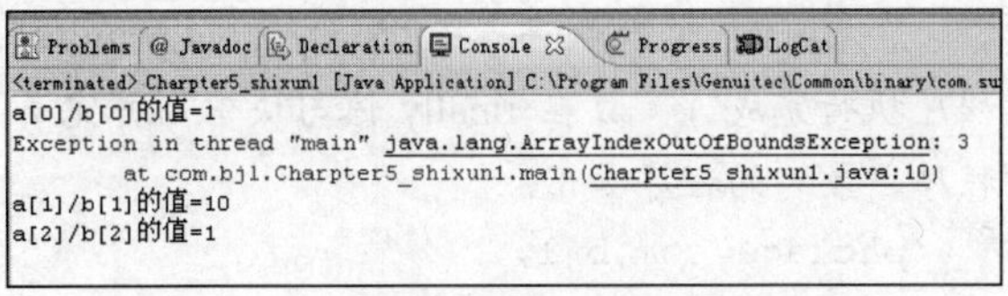

```
Problems  @ Javadoc  Declaration  Console ☒    Progress   LogCat
<terminated> Charpter5_shixun1 [Java Application] C:\Program Files\Genuitec\Common\binary\com.su
a[0]/b[0]的值=1
Exception in thread "main" java.lang.ArrayIndexOutOfBoundsException: 3
    at com.bjl.Charpter5_shixun1.main(Charpter5_shixun1.java:10)
a[1]/b[1]的值=10
a[2]/b[2]的值=1
```

图 5-21　程序出现了
ArrayIndexOutofBoundsException 异常

Step 7　上述程序出现了 ArrayIndexOutOf BoundsException 的异常，即数组越界，原因是数组 b 只有 3 元素，下标 0 到 2，如果用 b[3]就会越界。说明程序除了数字异常，还有数组越界的异常。修改程序，并捕获该异常，代码如下。

```
package com.bjl;

public class Charpter5_shixun1 {
    public static void main(String[]
args) {
        int[] a = { 10, 20, 30, 40, 50 };
        int[] b = { 10, 2, 30 };
        try {
            for (int i = 0; i <= 4; i++) {
                System.out.println(
"a[" + i + "]/b[" + i + "]的值="
                        +(a[i]/b[i]));
            }
        } catch (ArithmeticException e) {
            System.out.println("出现
了数学异常，除数不能为 0");
        } catch (ArrayIndexOutOfBou-
ndsException e) {
            System.out.println("出现
了数组越界");
        }
        System.out.println("程序执行
完成");
    }
}
```

Step 8　保存程序并运行，其结果如图 5-22 所示。

图 5-22　程序再次捕获异常后的运行结果

Step 9　修改程序，将 "System.out.println("程序执行完成");" 放在 finally 语句块中，并完善程序，最终的程序如下。

```java
package com.bj1;

public class Charpter5_shixun1 {
    public static void main(String[]
args) {
        int[] a = { 10, 20, 30, 40, 50 };
        int[] b = { 10, 2, 30 };
        try {
            for (int i = 0; i <= 4; i++) {
                System.out.println(
"a[" + i + "]/b[" + i + "]的值="
                        +(a[i]/b[i]));
            }
        } catch (ArithmeticException e) {
            System.out.println("出现
了数学异常，除数不能为0");
        } catch (ArrayIndexOutOfBounds
Exception e) {
            System.out.println("出现
了数组越界");
        } catch (Exception e) {
            e.printStackTrace();
        } finally {
            System.out.println("程序
执行完成");
        }
    }
}
```

5.4.2　实训二——自定义异常

1. 实训目的

本实训要求能够自己定义异常并能捕获处理，具体实训目的如下。

◆ 掌握异常的自定义。

◆ 掌握 throw 关键字抛出异常。

◆ 掌握 throws 关键字由调用者处理异常。

2. 实训要求

（1）某高校的每个学生，都会有一个品德分，该分数初始值都为 100 分。如果学生做了好人好事，或者为学校、班级做了贡献，就会加分；如果学生总是旷课，或者受到了处分，就会扣分。

（2）创建一个学生类 Student：包含 3 个属性，分别为 studentNo（学号）、studentName（学生姓名）、studentMorality（学生品德分）。创建两个方法：addScore(int score)，表示加分；subtractScore(int score)，表示扣分。

（3）创建异常类 OverSubtractException，表示过度扣分，用来处理当扣除分数后的品德分少于 60 的情况。该类继承 Exception 类，并覆盖该类的 public String toString ()方法，返回提示信息 "品德分已经低于 60 了，请注意"。

（4）创建异常类 AddException，表示加分异常，当加的分数小于等于 0 分时的情况。该类继承 Exception 类，并覆盖该类的 public String toString ()方法，返回提示信息 "加分不能为 0，也不能小于 0"。

（5）在 Student 类的 boolean subtractScore(int score)方法中，如果发现品德分-score<60，抛出一个 OverSubtractException，并使用 subtractScore 方法进行捕获，捕获后打印异常的 toString 返回的信息。

（6）在 void addScore（int score）方法中，如果发现 score 小于或者等于 0，则抛出一个 AddException 异常，并在方法头中申明 addScore 方法自身不处理该异常，由调用它的函数处理（提示：StudentTest 类的 main()函数处理）。

（7）编写一个测试程序 StudentTest，其代码实现下列过程：

◆ 新建一个 Student 对象，值为["201200010"，"张三",100]；

◆ 加 10 分，再加-1 分，再扣 150 分；

◆ 捕获所有可能发生异常。

3. 完成实训

Step 1　为满足实训要求，在项目 Charpter5 中创建类 Student，并输入如下代码。

```java
package com.bjl;

public class Student {
    private String studentNo;
    private String studentName;
    private int studentMorality;

    public Student(String studentNo,
String studentName, int studentMorality) {
        this.studentNo = studentNo;
        this.studentName = studentName;
        this.studentMorality =
studentMorality;
    }

    // 扣分
    public boolean subtractScore(int
score) {
        if ((studentMorality - score)
< 60) {
            System.out.println("品德
分已经很低了");
            return false;
        } else {
            studentMorality =
studentMorality - score;
            System.out.println("扣分
成功");
            return true;
        }
    }

    // 加分
    public void addScore(int score) {
        studentMorality = studentMorality +
score;
    }

}
```

Step 2　创建两个类 OverSubtractException 和 AddException，这两个类都继承 Exception，并覆盖 toString 方法，实现代码分别如下。

```java
package com.bjl;

public class OverSubtractException
extends Exception {
```

```java
    @Override
    public String toString() {
    // TODO Auto-generated method stub
        return "品德分已经低于 60 了，请
注意";
    }

}

public class AddException extends
Exception {

    @Override
    public String toString() {
    // TODO Auto-generated method stub
        return "加分不能为 0，也不能小于 0";
    }

}
```

Step 3　修改 Student 类，使其能够使用 Step2 中的两个异常类，修改后的代码如下。

```java
package com.bjl;

public class Student {
    private String studentNo;
    private String studentName;
    private int studentMorality;

    public Student(String studentNo,
String studentName, int studentMorality) {
        this.studentNo = studentNo;
        this.studentName = studentName;
        this.studentMorality =
studentMorality;
    }

    // 扣分
    public boolean subtractScore(int
score) {
        if ((studentMorality - score)<60){
            try {
throw new OverSubtract Exception();
            } catch (OverSubtract
Exception e) {
                System.out.println(
e.toString());
            }
```

```
            return false;
        } else {
            studentMorality =
studentMorality - score;
            System.out.println("扣分
成功");
            return true;
        }
    }


    // 加分
    public void addScore(int score)
throws AddException {
        if (score <= 0) {
            throw new AddException();
        } else {
            studentMorality =
studentMorality + score;
        }
    }

}
```

Step 4 创建 StudentTest 类进行测试,其代码如下。

```
package com.bjl;

public class StudentTest {

    public static void main(String[]
args) {
        Student student = new Student
("2012000010", "张三", 100);
        try {
            student.addScore(10);
        } catch (AddException e) {
// TODO Auto-generated catch block
    System.out.println(e.toString());
        }

        try {
            student.addScore(-1);
        } catch (AddException e) {
// TODO Auto-generated catch block

            System.out.println(e.toString());
        }
        student.subtractScore(150);
```

```
        }
    }
}
```

Step 5 保存并运行 StudentTest 类,其结果如图 5-23 所示。

图 5-23 程序运行结果

5.5 练习与上机

1. 选择题

(1)关于异常的含义,下列描述正确的是
(　　)。

　A. 程序编译错误

　B. 程序语法错误

　C. 程序自定义的异常

　D. 程序编译或者运行时发生的异常事件

(2)抛出异常时,应该使用关键字(　　)。

　A. throw　　　　B. catch

　C. finally　　　　D. throws

(3)自定义异常时,可通过对下列(　　)项进行继承。

　A. Error 类　　　　B. Applet 类

　C. Exception 类　　D. AssertionError 类

(4)当方法产生该方法无法确定如何处理的异常时,应该如何处理?(　　)

　A. 申明异常　　　　B. 捕获异常

　C. 抛出异常　　　　D. 嵌套异常

(5)对于 try 和 catch 子句的排列方式,下列各项正确的是(　　)。

　A. 子类异常在前,父类异常在后

　B. 父类异常在前,子类异常在后

　C. 只能有子类异常

　D. 父类异常和子类异常不能同时出现在

同一个类中

（6）对于下面的程序，下列描述正确的是（　　）。

```
public class test6 {
    public static void main(String[]
args) {
        method ();
    }
    static void method() throws
Exception {
        try {
          System.out.println("test6");
        }
        finally {
          System.out.println("finally");
        }
    }
}
```

    A．代码编译成功，输出 test 和 finally

    B．代码编译成功，输出 test

    C．代码实现选项 A 的功能，之后，Java 停止运行，抛出异常，但是不进行处理

    D．代码不能编译通过

（7）对于已经被定义过可能抛出异常的语句，在编程时，（　　）。

    A．如果程序错误，必须使用 try/catch 语句块处理异常

    B．必须使用 try/catch 语句块处理异常，或用 throws 将其抛出

    C．只能使用 try/catch 语句块处理

    D．可以置之不理

（8）在代码中使用 catch(Exception e)的好处是（　　）。

    A．忽略一些异常

    B．执行一些程序

    C．捕获 try 语句块中产生的所有类型的异常

    D．只会捕获个别类型的异常

（9）程序读入用户输入的一个值，要求创建一个自定义的异常，如果输入值大于 10，使用 throw 语句显式地引发异常，异常输出信息为"something'swrong!"，语句为（　　）。

    A．if (i > 10) throw new Exception ("something's wrong!");

    B．if (i > 10) throw new Exception e ("something's wrong!");

    C．if (i > 10) throw Exception ("something's wrong!");

    D．if (i > 10) throw Exception e ("something's wrong!");

2．实训操作题

（1）编写一个类 ExceptionTest1，在 main( ) 方法中使用 try、catch、finally。具体要求如下。

◆ 在 try 块中，编写被 0 除的代码。

◆ 在 catch 块中，捕获被 0 除所产生的异常，并且打印异常信息。

◆ 在 finally 块中，打印一条语句。

实训目的：掌握异常的处理过程。

（2）编写类 ExceptionTest2，定义两个方法：method()和 main()。在 method 方法中声明要抛出异常，在该方法体内使用 throw 语句抛出一个 Exception 的对象。在 main()方法中，调用 method 方法，使用 try/catch 语句块捕获 method 方法中抛出的异常。

实训目的：抛出异常。

（3）编写一个用于随机生成 0～100 之间的整数的类(随机数发生类)和用户定义异常对象，使得当使用随机数发生类的对象获取的随机数大于 60 时，抛出用户定义异常。（提示：可以采取两种方法，一种是自己处理，另一种是让调用者进行处理。）

读书笔记

第**6**章
线程

📖 **学习目标**

学习 Java 线程的基础知识。主要内容包括线程的概念、创建多线程、与线程有关的操作、线程的同步、线程间的通信、线程的生命周期、线程各状态之间的转换。通过本章的学习，掌握线程的相关知识，掌握多线程的应用。

📖 **学习重点**

理解进程和线程；理解单线程和多线程；掌握多线程的创建方法；掌握两种创建线程方法的不同；理解后台线程和前台线程；掌握联合线程；掌握向线程传递数据的方法；掌握从线程返回数据的方法；理解线程的安全问题；掌握实现线程安全的方法；掌握同步代码块、同步函数；理解线程的死锁；掌握线程通信的方法；理解线程的各个状态；掌握线程状态的控制方法。

📖 **主要内容**

◆ 进程和线程
◆ 单线程和多线程
◆ 创建多线程的方法
◆ 后台线程和前台线程
◆ 联合线程
◆ 通过线程传递数据
◆ 线程的安全问题
◆ 同步代码块和同步函数
◆ 线程死锁
◆ 线程通信
◆ 线程的生命周期
◆ 上机实训

6.1 线程简介

6.1.1 线程概述

1. 进程

所谓的进程简单地说就是在多任务操作系统中，每个独立执行的程序，所以进程也就是"正在进行的程序"。现在使用的操作系统一般都是多任务的，即能够同时执行多个应用程序。

之所以操作系统能够同时运行多个程序，其原因就是操作系统对 CPU 等设备的分配和管理，CPU 在同一时刻只能做一件事情，但它能以非常小的时间间隔交替执行多个程序，就可以给人以同时执行多个程序的感觉。

在操作系统中，同一时间可以有多个进程，这些进程包括系统进程（由操作系统内部建立的进程）和用户进程（由用户程序建立的进程）。可以通过 Windows 资源管理器查看系统正在运行的进程，如图 6-1 和图 6-2 所示。

图 6-1 正在运行的应用程序

从图中可以看出，任务管理器中包括应用程序和进程。其中，应用程序可以理解为有窗口的程序，进程包括有窗口的程序和没有窗口的程序。

2. 线程

线程是程序运行的基本执行单元。当操作系统

（不包括单线程的操作系统，如微软早期的 DOS）执行一个程序时，会在系统中建立一个进程，而在这个进程中，必须至少建立一个线程（这个线程被称为主线程）作为这个程序运行的入口点。因此，在操作系统中运行的任何程序都至少有一个线程。

图 6-2 正在运行的进程

一个进程中可以有一个或多个线程。进程和进程之间不共享内存，也就是说，系统中的进程是在各自独立的内存空间中运行的。而一个进程中的线程可以共享系统分派给这个进程的内存空间。线程不仅可以共享进程的内存，而且拥有一个属于自己的内存空间。这段内存空间也叫做线程栈，是在建立线程时由系统分配的，主要用来保存线程内部所使用的数据，如线程执行函数中所定义的变量。

 注意： 任何一个线程在建立时都会执行一个函数，这个函数叫做线程执行函数，也可以将这个函数看作线程的入口点（类似于程序中的 main 函数）。无论使用什么语言或技术来建立线程，都必须执行这个函数（这个函数的表现形式可能不一样，但都会有一个这样的函数）。

在操作系统将进程分成多个线程后，这些线程可以在操作系统的管理下并发执行，从而大大提高了程序的运行效率。一块 CPU 在同一时间只能执行一条指令，在拥有一块 CPU 的计算机上不可能同时执行两个任务。所以，操作系统为了提

高程序运行的效率，在一个线程空闲时会撤下这个线程，并且会让其他的线程来执行，这种方式叫做线程调度。

假设操作系统在某一时刻运行了 3 个线程，分别为线程 A、线程 B 和线程 C。在运行时，线程 A 可能执行了 1 毫秒后，立刻停止，然后执行线程 B，线程 B 可能执行了 1 毫秒后，也被停止，CPU 转去执行进程 C，依次类推。所以，对于我们来讲，线程 A、线程 B 和线程 C 好像是同时运行，但实际上这 3 个线程是交替执行的。

3. 单线程和多线程

在单线程中，程序代码按调用顺序依次往下执行。在这种情况下，当主函数调用了子函数，主函数必须等待子函数返回才能继续往下执行，不能实现两段程序代码交替运行的效果，如下面的程序。

```java
public void int getAInteger(){
    System.out.print("请输入一个整数：");
    Scanner in = new Scanner(System.in);
    return in.nextInt();
}
public static void main(String[] args){
    int aint = getAInteger();
    System.out.println("刚才输入的整数是："+aint);
}
```

程序执行后，会停在如图 6-3 所示的地方，等待键盘输入，只有当 getAInteger 函数执行完毕后才能继续往下执行，即再去执行主函数，如图 6-4 所示。

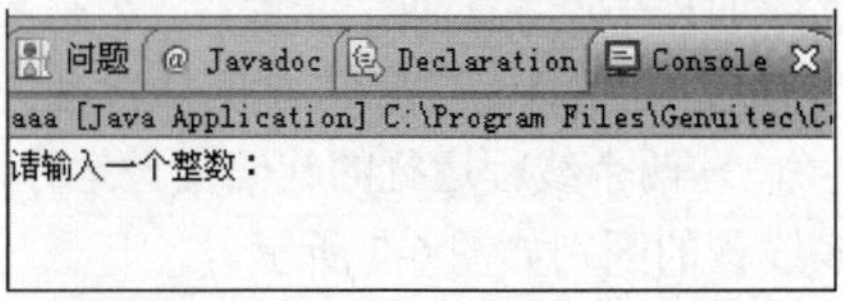

图 6-3　调用子函数等待子函数执行

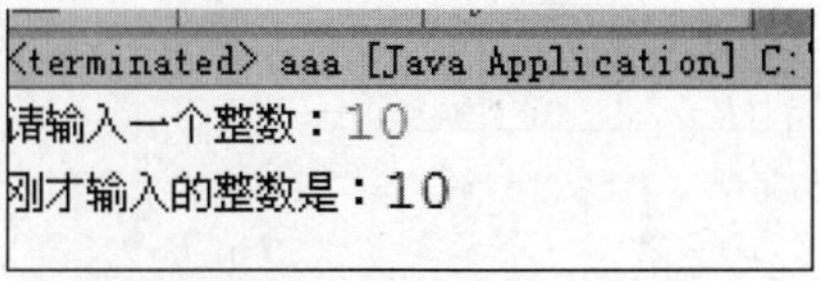

图 6-4　单线程程序执行完毕

如果要在程序实现多段代码交替运行，就须产生多个线程，并指定每个线程上所要运行的程序代码段，这就是多线程。

当程序启动时，就自动产生一个线程，主函数 main 就是在这个线程上运行的，当不再产生新的线程时，程序就是单线程的。本书之前的例子都是单线程的。而要实现多线程，则必须在程序中创建线程，可通过继承 Thread 类和实现 Runnable 接口来创建，这两种方法将在后面的章节中详细介绍。

4. 线程的好处

如果能合理地使用线程，将会减少开发和维护成本，甚至可以改善复杂应用程序的性能。如在 Web 服务器上开启多个线程来处理客户端的请求在网络下载时，可以开启多个线程去下载多个任务。因此，使用线程有如下的好处。

（1）大大提高 CPU 的利用率。

（2）编程模型的简化。

（3）简化异步事件的处理。

（4）提高 GUI 的效率。

（5）节约成本。

6.1.2　创建多线程

在 Java 中创建线程有两种方法：使用 Thread 类和使用 Runnable 接口。在使用 Runnable 接口创建线程时，需要建立一个 Thread 实例。因此，无论是通过 Thread 类还是 Runnable 接口建立线程，都必须建立 Thread 类或它的子类的实例。

1. 使用 Thread 类创建线程

一个 Thread 类的对象代表一个线程，而且只能代表一个线程。通过 Thread 类和它定义的对象，可以获得当前线程对象、某一线程的名称，可以实现控制线程暂停一段时间等功能。

通过下面的程序，来对线程进一步的加深理解。

```java
public class ThreadTest1 {
    public static void main(String
args[]) {
        new TestThread ().run();
        while (true) {
            System.out.println("主线
```

程正在运行");
```
        }
    }

}

    class TestThread {
        public void run() {
            while (true) {
                System.out.println(Thread.
currentThread().getName() + "正在运行");
            }
        }
    }
```

程序运行结果如图 6-5 所示。

从上面的程序可以得到下面的几个结论。

（1）一段代码被执行，一定是在某个线程上运行的。如上面 TestThread 类中的 run 代码必须在 main 线程上执行。

（2）代码与线程密不可分，同一段代码可以与多个线程相关联，在多个线程上执行的也可以是相同的一段代码。

（3）Thread.currentThread()静态方法获得该代码当前执行时对应的那个线程对象。

（4）getName()方法得到线程对象的名称。

（5）main 线程调用 TestThread 对象的 run 方法，因为是无限循环，所以 main 方法的循环不会执行。

（6）上述程序是一个典型的单线程的例子。在同一个时刻，只有一个 main 线程在执行。

现在将上面的程序做一点修改，代码如下。

```
public class ThreadTest2 {
    public static void main(String
args[]) {
        new TestThread ().start();
        while (true) {
            System.out.println("主线
程正在运行");
        }
    }

}

    class TestThread extends Thread {
        public void run() {
            while (true) {
```

System.out.println(Thread.
currentThread().getName() + "正在运行");
```
            }
        }
    }
```

上面的程序主要做了两点修改。

（1）在 TestThread 中使该类继承 Thread 类。

（2）将 ThreadTest2 中创建的 TestThread 对象用 start 方法来调用。start 方法是从 Thread 类中继承来的。其功能是产生一个新的线程，并在该线程上运行该 Thread 类对象的 run 方法。

上述程序的运行结果如图 6-6 所示。

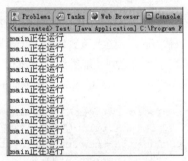

图 6-5　程序的运行结果

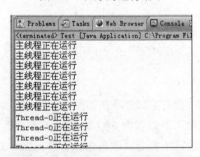

图 6-6　继承 Thread 类后的运行结果

上面的程序产生了两个线程，一个是 main 线程，一个是由 start 方法创建的线程，名字为 Thead-0，这两个线程运行的代码交替运行。单线程和多线程的区别如图 6-7 所示。

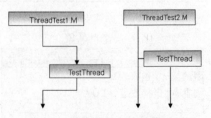

图 6-7　单线程和多线程的区别

可见，在单线程中，main 方法必须等到 TestThread.run 方法执行完毕后才能继续往下执行。而在多线程中，main 方法调用 TestThread.start() 方法启动了一个新线程，并执行 TestThread.run() 方法后，main 方法不等待 TestThread.run 方法返回就继续执行，TestThead.run 方法在一边独自运行，不影响原来的 main 方法的运行。

对于使用 Thread 类创建线程，有如下说明。

◆ 要将一段代码在一个新的线程上运行，该代码应该在一个类的 run 方法中，并且 run 方法所在的类是 Thread 类的子类。反过来，要实现多线程，必须编写一个继承了 Thread 类的子类，子类要覆盖 Thread 类中的 run 方法，在子类的 run 方法中调用想在新线程上运行的程序代码。

◆ 启动一个新的线程，不是直接调用 Thread 子类对象的 run 方法，而是调用 Thread 子类对象的 start(从 Thread 类中继承)方法。Thread 类对象的 start 方法将产生一个新的线程，并在该线程上运行该 Thread 类对象中的 run 方法。根据面向对象的多态性，在该线程上实际运行的是 Thread 子类(也就是编写的那个类) 对象中的 run 方法。

◆ 由于线程的代码段在 run 方法中，那么该方法执行完成后，线程也就相应地结束了，因而可以通过控制 run 方法中的循环条件来控制线程的终止。

2. 使用 Runnable 接口创建线程

实现 Runnable 接口的类必须使用 Thread 类的实例才能创建线程。通过 Runnable 接口创建线程分为四步。

（1）创建一个实现 Runnable 接口的类，并实现接口的 run 方法。

（2）实例化这个类的对象。

（3）建立一个 Thread 对象，并将第一步实例化后的对象作为参数传入 Thread 类的构造方法。其格式如下。

```
Thread t =new Thread(Runnable target)
```

（4）最后通过 Thread 类的 start 方法建立线程。

```
t.start();
public class ThreadTest3 {
    public static void main(String args[]) {
        //第二步，实例化这个类的对象
        TestThread test Thread = new TestThread();
        //创建一个 Thread 对象，将第二步的实例化对象作为参数传递
        Thread t = new Thread(test Thread);
        //第四步调用 start 方法启动新的线程
        t.start();
        while (true) {
            System.out.println("主线程正在运行");
        }
    }
}
//第一步，实现 Runnable 接口，并实现接口的 run 方法
class TestThread implements Runnable {
    public void run() {
        while (true) {
        System.out.println(Thread.currentThread().getName() + "正在运行");
        }
    }
}
```

上述程序运行的结果和前面一样，如图 6-6 所示。

3. 两种实现多线程方式的比较

既然多线程的实现可以通过继承 Thread 类或者通过实现 Runnable 接口来实现，那么这两种实现多线程的方法在应用上有什么区别呢？下面通过编写一个应用程序来进行比较。

某次体育课结束后，需要将篮球捡到筐里并抬到器械室。假设课堂上用了 10 个篮球，需要 3 个同学负责捡球，用程序来模拟这个过程。每个同学需要使用一个线程来表示。实现代码如下。

```
public class PEClass {
    public static void main(String[] args) {
        BallPickUp p1 = new BallPickUp();
```

```
        BallPickUp p2 = new BallPickUp();
        BallPickUp p3 = new BallPickUp();
        // 启动 3 个线程，模拟 3 个同学捡球
        p1.start();
        p2.start();
        p3.start();
    }

}
// 学生捡球的线程
class BallPickUp extends Thread {
    private int balls = 10; // 篮球的个数

    // 篮球没捡完，一直要捡下去
    public void run() {
        for (int i = 0; i < 10; i++) {
            if (this.balls > 0) {
                System.out.println(
Thread.currentThread().getName() + "同学
捡了第"+ this.balls-- + "个篮球");
            }
        }
    }
}
```

上述程序的执行结果如图 6-8 所示。

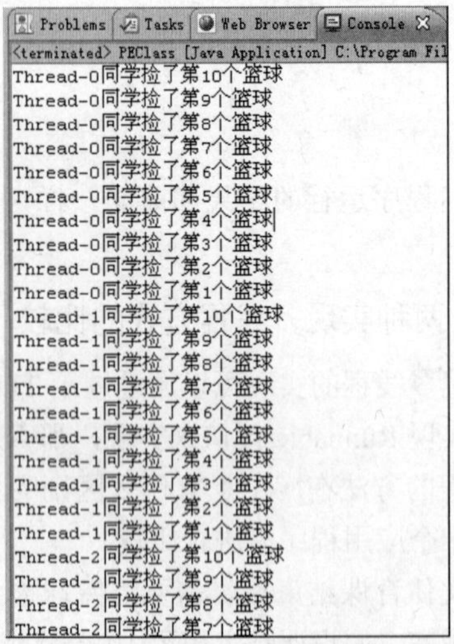

```
Problems  Tasks  Web Browser  Console
<terminated> PEClass [Java Application] C:\Program Fil
Thread-0同学捡了第10个篮球
Thread-0同学捡了第9个篮球
Thread-0同学捡了第8个篮球
Thread-0同学捡了第7个篮球
Thread-0同学捡了第6个篮球
Thread-0同学捡了第5个篮球
Thread-0同学捡了第4个篮球
Thread-0同学捡了第3个篮球
Thread-0同学捡了第2个篮球
Thread-0同学捡了第1个篮球
Thread-1同学捡了第10个篮球
Thread-1同学捡了第9个篮球
Thread-1同学捡了第8个篮球
Thread-1同学捡了第7个篮球
Thread-1同学捡了第6个篮球
Thread-1同学捡了第5个篮球
Thread-1同学捡了第4个篮球
Thread-1同学捡了第3个篮球
Thread-1同学捡了第2个篮球
Thread-1同学捡了第1个篮球
Thread-2同学捡了第10个篮球
Thread-2同学捡了第9个篮球
Thread-2同学捡了第8个篮球
Thread-2同学捡了第7个篮球
```

图 6-8 继承 Thread 对象模拟捡球行为

从运行结果可以看出，创建的 3 个线程，每个线程都捡了 10 个篮球，共捡了 30 个篮球，但实际只有 10 个篮球，每个线程都捡自己的 10 个篮球，并没有达到资源共享的目的。

现在将上面的程序进行修改，用 Runnable 接口来实现，并将篮球数修改为 100，改成 100 的原因是程序处理的时间长一些，代码如下。

```
public class PEClass {
    public static void main(String[]
args) {
        BallPickUp p1 = new BallPickUp();
        //创建一个 BallPickUp 的对象，让
3 个线程去处理统一资源
        new Thread(p1).start();
        new Thread(p1).start();
        new Thread(p1).start();
    }

}
// 学生捡球的线程
class BallPickUp implements Runnable {
    private int balls = 100;
// 篮球的个数

    // 篮球没捡完，一直要捡下去
    public void run() {
        for (int i = 0; i < 100; i++) {
            if (this.balls > 0) {
                System.out.println(
Thread.currentThread().getName() + "同学
捡了第" + this.balls-- + "个篮球");
            }
        }
    }
}
```

修改后的程序执行的结果如图 6-9 所示。

```
Problems  Tasks  Web Browser  Console
<terminated> PEClass [Java Application] C:\Program Fil
Thread-0同学捡了第22个篮球
Thread-0同学捡了第21个篮球
Thread-0同学捡了第20个篮球
Thread-0同学捡了第19个篮球
Thread-0同学捡了第18个篮球
Thread-0同学捡了第17个篮球
Thread-0同学捡了第16个篮球
Thread-0同学捡了第15个篮球
Thread-0同学捡了第14个篮球
Thread-0同学捡了第13个篮球
Thread-0同学捡了第12个篮球
Thread-0同学捡了第11个篮球
Thread-0同学捡了第10个篮球
Thread-0同学捡了第9个篮球
Thread-0同学捡了第8个篮球
Thread-0同学捡了第7个篮球
Thread-0同学捡了第6个篮球
Thread-0同学捡了第5个篮球
Thread-0同学捡了第4个篮球
Thread-0同学捡了第3个篮球
Thread-0同学捡了第2个篮球
Thread-0同学捡了第1个篮球
Thread-1同学捡了第81个篮球
Thread-2同学捡了第80个篮球
```

图 6-9 实现 Runnable 接口模拟捡球行为

上面的程序创建了 3 个线程，每个线程调用的是同一个 BallPickUp 对象中的 run 方法，访问的是同一个对象中的变量 balls 的实例，所以 3 个线程总共捡了 100 个球。

所以，实现 Runnable 接口相对于继承 Thread 类来说，有如下显著的优点。

◆ 适合多个相同程序代码的线程去处理同一资源的情况，体现面向对象的思想。

◆ 可以避免 Java 的单继承带来的局限。如：

Class A extends B

A 就不能再继承 Thread 类。

◆ 有利于程序的健壮性，代码能够被多个线程共享，代码与数据是独立的。

事实上，多线程应用都可用第二种方式，即实现 Runnable 接口。

6.2 与线程有关的操作

6.2.1　后台线程

使用 Thread 建立的线程默认情况下是前台线程，在进程中，只要有一个前台线程未退出，进程就不会终止。主线程就是一个前台线程。而后台线程不管线程是否结束，只要所有的前台线程都退出（包括正常退出和异常退出），进程就会自动终止。所以，一般情况下，前台线程一般用于处理需要长时间等待的任务，而后台线程一般用于处理时间较短的任务。

前台线程是相对后台线程而言的，前面所介绍的线程都是前台线程。那么，什么样的线程是后台线程呢？如果某个线程对象在启动（调用start()方法）之前调用了 setDaemon(true)方法，这个线程就变成了后台线程。下面来看一下进程中只有后台线程在运行的情况，代码如下。

```
public class ThreadTest {
    public static void main(String[]
args) {
```

```
        DaemonThread dt = new
DaemonThread();
        Thread t = new Thread(dt);

        t.setDaemon(true);
        t.start();

    }
}

class DaemonThread implements Runnable {
    public void run() {

        while (true) {
            System.out.println(Thread.
currentThread().getName() + "正在运行");
        }
    }
}
```

程序的运行结果如图 6-10 所示。

图 6-10　后台线程运行的结果

从上面的程序和运行结果可以看到：虽然创建了一个无限循环的线程，但因为它是后台线程，整个进程在主线程结束时就随之终止运行了。

6.2.2　联合线程

联合线程就是把两个独立的线程合并成一个线程，方法是使用 Thread 类的 join 方法。join 方法的功能就是使异步执行的线程变成同步执行。也就是说，当调用线程实例的 start 方法后，这个方法会立即返回，如果在调用 start 方法后需要使用一个由这个线程计算得到的值，就必须使用 join 方法。如果不使用 join 方法，就不能保证当执行到 start 方法后面的某条语句时，这个线程一定会执行完。而使用 join 方法后，直到这个线程退出，程序才会往下执行。

```java
public class JoinThreadTest {
    public static void main(String[]
args) {

        JoinThread jt = new JoinThread();

        Thread t = new Thread(jt);
        t.start();
        // 首先主线程运行 100 次
        for (int i = 0; i < 100; i++) {
            try {
                Thread.sleep(1000);
//等待 1 秒，便于查看运行结果
            } catch (InterruptedException e) {
                // TODO Auto-generated catch block
                e.printStackTrace();
            }
            System.out.println("主线
程正在运行" + i + "次");
        }
        // 主线程无限执行，但是要合并线程
        while (true) {
            try {
                t.join(); // 该方法的作
用是把 t 所对应的线程合并到调用 t.join()的线程中
            } catch (InterruptedException e) {
                // TODO Auto-generated catch block
                e.printStackTrace();
            }
            System.out.println("合并
后主线程正在运行");
        }

    }
}

class JoinThread implements Runnable {
    int i = 0;

    public void run() {
        while (true) {
            try {
                Thread.sleep(1000);
//等待 1 秒
            } catch (InterruptedException e) {
                // TODO Auto-generated
catch block
                e.printStackTrace();
            }

            System.out.println(Thread.
currentThread().getName() + "正在执行 "
```

```java
+ i + "次");
            i++;
        }
    }
}
```

程序的运行结果如图 6-11 所示。

图 6-11 联合线程运行的结果

在上面的程序中，使用 "t.join();" 语句将 t 所对应的线程合并到调用这句话的线程中，即 main 线程中。在 main 线程中的执行了 100 次之后，将 t 线程合并进来，只有 Thread-0 线程在执行，而 main 线程并没有结束，可见 Thread-0 线程并入到 main 线程中，也就是说，Thread-0 线程中的代码不执行完，main 线程中的代码就只能一直等待。

Thread 类的 join 方法还有两个带参数的 join() 方法，分别是 join(long millis) 和 join(long millis,int nanos)，它们的作用是指定合并时间，前者精确到毫秒，后者精确到纳秒。意思是两个线程合并指定的时间后又开始分离，回到合并前的状态。

注意：Thread.sleep()方法迫使线程执行到该处后暂停执行,让出 CPU 给别的线程，在指定的时间（毫秒）后，CPU 回到刚才暂停的线程上执行。

【任务 1】体育课后捡篮球，3 个同学捡 100 个篮球，只有全部捡完才能去吃饭。

Step 1 根据题目要求，3 个同学捡 100 个篮球，需要开启 3 个线程进行捡球，同时，3 个同学捡的这 100 个篮球应该是相同的 100 个篮球，读者可参考 6.1.2 节的内容。

Step 2 题目要求，只有捡完这 100 个篮球才能去吃饭，所以应该将 3 个线程合并到主线程中，等这 3 个线程完成后，才能继续进行。代码如下。

```java
public class PEClass {
    public static void main(String[] args) {

            BallPickUp bp = new BallPickUp();
            Thread p1 = new Thread(bp);
            Thread p2 = new Thread(bp);
            Thread p3 = new Thread(bp);

            p1.start();
            p2.start();
            p3.start();
            // 将 3 个线程分别并入到main线程中
            try {
                p1.join();
                p2.join();
                p3.join();
            } catch (InterruptedException e) {
// TODO Auto-generated catch block
                e.printStackTrace();
            }

            System.out.println("收拾完，去吃饭！");

    }
}

// 学生捡球的线程
class BallPickUp implements Runnable {
    private int balls = 100;
// 篮球的个数

// 篮球没捡完，一直要捡下去
    public void run() {
        for (int i = 0; i < 100; i++) {
            try {
                Thread.sleep(10);
            }

catch (Interrupted Exception e) {
    // TODO Auto-generated catch block
                e.printStackTrace();
            }
            if (this.balls > 0) {
                System.out.println(
Thread.currentThread().getName() + "同学
捡了第" + this.balls-- + "个篮球");
            }
```

Step 3　保存并运行程序，结果如图 6-12 所示。

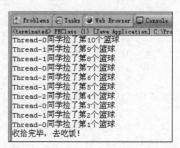

图 6-12　联合线程模拟捡球的行为

从任务 1 可以看出，可以等待多个子线程全部执行完毕再执行主线程，这在实际应用中经常碰到。

6.2.3　向线程传递数据

在传统的同步开发模式下，当调用一个方法时，通过这个方法的参数将数据传入，并通过这个方法的返回值来得到最终的计算结果。但在多线程的异步开发模式下，数据的传递和返回和同步开发模式有很大的区别。由于线程的运行和结束是不可预料的，因此，在传递和返回数据时就无法像方法一样通过方法参数和 return 语句来返回数据。下面就介绍几种用于向线程传递数据的方法，在 6.2.4 节中将介绍从线程中返回数据的方法。

一般在使用线程时都需要初始化数据，然后，线程利用这些数据进行加工处理，并返回结果。在这个过程中，最先要做的就是向线程中传递数据。

1. 通过构造方法传递数据

在创建线程时，必须建立一个 Thread 类或其子类的实例。因此，可以在调用 start 方法之前通过线程类的构造方法将数据传入线程，并将传入的数据使用类属性保存起来，以便线程使用（其实就是在 run 方法中使用）。

```java
public class PassValueByConstructor
extends Thread {
    private String value;
```

```
    public PassValueByConstructor(String
value) {
        this.value = value;
    }

    public void run() {
        System.out.println("传递来的
值是: " + value);
    }

    public static void main(String[]
args) {
        Thread thread = new PassValueBy
Constructor ("Java 线程");
        thread.start();
    }
}
```

上述程序通过线程类带有参数的构造方法进行值的传递。通过构造方法传递参数必须保证在线程类中包含构造方法，一般情况下，有一个私有的成员变量，通过构造方法为私有变量赋值。

由于这种方法是在创建线程对象的同时传递数据的，因此，在线程运行之前，这些数据就已经传递过去了，这样就不会造成数据在线程运行后才传入的现象。如果要传递更复杂的数据，可以使用集合、类等数据结构。使用构造方法来传递数据虽然比较安全，但如果要传递的数据比较多，就会造成很多不便。由于 Java 没有默认参数，要想实现类似于默认参数的效果，就得使用重载，这样不但使构造方法本身过于复杂，而且会使构造方法在数量上大增。因此，要想避免这种情况，就得通过类方法或类变量来传递数据。

2. 通过变量和方法传递数据

给对象赋值，也就是向对象中传递数据，一般有两种方法。第一种方法是在建立对象时通过构造方法将数据传入，第二种方法就是在类中定义一系列的 public 的方法或变量，在创建完对象后，通过对象实例逐个赋值。

```
public  class  PassValueByAssignment
implements Runnable {
    private String value;

    public void setValue(String value) {
```

```
        this.value = value;
    }

    public void run() {
        System.out.println("传递来的
值是: " + value);
    }

    public static void main(String[]
args) {
        PassValueByAssignment pa = new
PassValueByAssignment();
        pa.setValue("Java 线程");
        Thread thread = new Thread(pa);
        thread.start();
    }
}
```

上述的程序通过 setValue 方法为线程类的 value 属性赋值，读者要注意的是，赋值要在线程开始执行之前，即在调用 start 方法之前。

6.2.4 从线程返回数据

从线程中返回数据和向线程传递数据类似，也可以通过类成员。使用这种方法返回数据，必须在调用 start 方法后，最好是在线程执行完毕后，通过类变量或方法得到数据。先通过一个例子来看一下返回数据的方法。

```
public class ReturnValueByThread extends
Thread {
    private String value1;
    private String value2;

    public void run() {
        value1 = "线程类 value1 的值";
        value2 = "线程类 value2 的值";
    }

    public static void main(String[]
args) throws Exception {
        ReturnValueByThread thread =
new ReturnValueByThread();
        thread.start();
        System.out.println("value1:" +
thread.value1);
        System.out.println("value2:" +
thread.value2);
    }
```

}

上述程序的运行结果如图 6-13 所示。

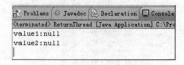

图 6-13 从线程返回值

上面的运行结果看起来很不正常。在 run 方法中已经对 value1 和 value2 赋了值，而返回的却是 null。发生这种情况的原因是调用 start 方法后就立刻输出了 value1 和 value2 的值，而这里 run 方法还没有执行到 value1="线程类 value1 的值"和 value2="线程类 value2 的值"这两条语句，所以 vlaue1 和 value2 的值都为 null。

要避免这种情况的发生，就需要等待 run 方法执行完后再执行输出 value1 和 value2 的代码。因此，可以使用 sleep 方法将主线程进行延迟，如可以在"thread.start();"后加一条如下的语句。

```
sleep(1000);
```

这样做可以使线程延迟 1s 后再往下执行，但这样做有一个问题，就是如何知道要延迟多长时间。在这个例子的 run 方法中只有两条赋值语句，而且只创建了一个线程，因此，延迟 1s 已经足够，但如果 run 方法中的语句很复杂，这个时间就很难预测，因此，这种方法并不稳定。

我们的目的就是得到 value1 和 value2 的值，因此，只要判断 value1 和 value2 是否为 null。如果它们都不为 null，就可以输出这两个值了。可以使用如下的代码来达到这个目的。

```
while (thread.value1 == null || thread.
value2 == null);
```

使用上面的语句可以很稳定地避免这种情况发生，但这种方法太耗费系统资源。大家可以设想，如果 run 方法中的代码很复杂，value1 和 value2 需要很长时间才能被赋值，这样 while 循环就必须一直执行下去，直到 value1 和 value2 都不为空为止。因此，可以对上面的语句做如下的改进。

```
while (thread.value1 == null || thread.
value2 == null)
    sleep(100);
```

在 while 循环中判断一次 value1 和 value2 的值后休眠 100 毫秒，然后再判断这两个值。这样所占用的系统资源会小一些。

上面的方法虽然可以很好地解决延迟时间不确定的问题，但 Java 的线程模型为用户提供了更好的解决方案，这就是 join 方法。在前面已经讨论过，join 方法的功能就是使用线程从异步执行变成同步执行。当线程变成同步执行后，就和从普通的方法中得到返回数据没有什么区别了。因此，可以使用如下的代码更有效地解决这个问题。

```
thread.start();
thread.join();
```

在"thread.join();"执行完后，线程 thread 的 run 方法已经退出了，也就是说，线程 thread 已经结束了。因此，在"thread.join();"后面可以使用 ReturnThread 类的任何资源来得到返回数据。

6.3 线程同步

6.3.1 线程的不安全问题

在 6.2.2 节的任务 1 中，如果将"Thread.sleep(10);"放在"if(this. balls>0)"代码块中，会出现怎么样的结果呢？代码如下。

```
public class PEClass {
    public static void main(String[]
args) {

        BallPickUp bp = new BallPickUp();
        Thread p1 = new Thread(bp);
        Thread p2 = new Thread(bp);
        Thread p3 = new Thread(bp);

        p1.start();
        p2.start();
        p3.start();
        // 将 3 个线程分别并入到 main 线程中
        try {
            p1.join();
            p2.join();
            p3.join();
```

```
            } catch (InterruptedException e) {
                //TODO Auto-generated catch
block
                e.printStackTrace();
            }
            System.out.println("收拾完毕,
去吃饭！");
        }
    }
    // 学生捡球的线程
    class BallPickUp implements Runnable {
        private int balls = 100;
    // 篮球的个数
    // 篮球没捡完，一直要捡下去
        public void run() {
            for (int i = 0; i < 100; i++) {
                try {
                    Thread.sleep(10);
                } catch (Interrupted
Exception e) {
                    // TODO Auto-generated
catch block
                    e.printStackTrace();
                }
                if (this.balls > 0) {
                    //新增加的一条语句
                    try {
                        Thread.sleep(10);
                    } catch (Interrupted
Exception e) {
                        // TODO Auto-
generated catch block
                        e.printStack
Trace();
                    }
                    System.out.println(
Thread.currentThread().getName() + "同学
捡了第"+ this.balls-- + "个篮球");
                }
            }
        }
    }
}
```

程序运行的结果如图 6-14 所示。

我们发现，在上面的程序运行过程中出现了 0 和−1 这两种情况，显然这不符合实际的要求，为什么已经通过 if(this.balls>0)来进行限制，怎么还会出现 0 和−1 呢？造成这种现象的原因是当一个线程执行完 if(this.balls >0)后，CPU 切换到另外的线程上，这时第一个线程并没有将 balls 减 1，另

外的线程减 1 做完后，又切回到该线程，然后，该线程再减 1，就出现负数。

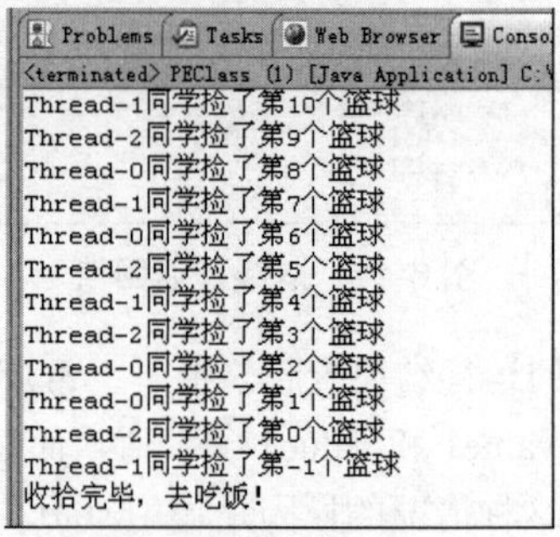

图 6-14　线程等待后程序运行的结果

所以我们说，当通过多线程来完成某一个任务，但是在执行过程中出现了意外，这就是线程不安全了。

6.3.2　实现线程安全性

要避免上面的意外，必须保证下面代码的原子性。

```
if (this.balls > 0) {
        System.out.println(Thread.
currentThread().getName() + "同学捡了第"+
this.balls-- + "个篮球");
    }
```

所谓原子性,即当一个线程运行到 if(this.balls >0)后，CPU 不去执行其他线程中的代码，可能影响当前线程执行结果的代码块，CPU 必须等到该线程的下一条语句执行完毕才能去执行其他线程的有关代码块。

为了保证线程的安全性，通常都是通过 synchronized 关键字来实现，既可以通过同步代码块，也可以通过同步函数。

1. 同步代码块

同步代码块的格式如下。

```
synchronized(objectReference)
{
    代码块；
}
```

其中，objectRefernec 可以是任意的一个对象，包括字符串。

将上面的 BallPickUp 代码进行修改，加上

sychronized 关键字，代码如下。

```
class BallPickUp implements Runnable {
    private int balls = 100; // 篮球
的个数
    String obj = "";

    // 篮球没捡完，一直要捡下去
    public void run() {
        for (int i = 0; i < 100; i++) {
            try {
                Thread.sleep(10);
            } catch (Interrupted
Exception e) {
            // TODO Auto-generated catch block
                e.printStackTrace();
            }
            synchronized (obj) {
                if (this.balls > 0) {
                    // 新增加的一句话
                    try {
                    Thread.sleep(10);
                    }catch (Interrupted
Exception e) {
// TODO Auto- generated catch block
                e.printStack Trace();
                }
                    System.out.println
(Thread.currentThread().getName() + "同学
捡了第" + this.balls-- + "个篮球");
                }
            }
        }
    }
}
```

在 if(this.balls>0) 语句块的外面加入了"synchronized(obj);" 这句话，从而使得 if 语句块成为同步代码块，保证了代码的原子性。而 obj 是随便创建的一个字符串对象。

程序修改完毕以后，就再也不会出现不安全的情况，即修改后的程序是线程安全的。

为什么加入了 synchronized 之后就可以实现同步呢？其根本原因就在于 Java 任意类型的对象都有一个标志位，该标志位具有 0 和 1 两种状态，其开始状态为 1。当某个线程执行了 synchronized(object)语句后，object 对象的标志位变为 0 状态，直到执行完整个 sysnchronized 语句中的代码块后，该对象的标志位又回到 1 状态。

当一个线程执行到 synchronized(object)语句的时候，先检查 object 对象的标志位，如果状态为 0，表明已经有另外的线程正在执行 synchronized 的代码，那么该线程暂时阻塞，让出 CPU 资源，直到另外的线程执行完相关的代码块，并将 object 对象的标志位变为 1 状态，这个线程的阻塞就被取消了，线程能继续运行。该线程又将 object 的标志位变为 0 状态，防止其他线程再进入相关的同步代码块中。

一个用于 synchronized 语句的对象称为一个监视器，当一个线程获得了 synchronized(object)语句中代码块的执行权时，意味着锁定了监视器。同步处理后，程序运行速度会减慢，因为系统不停地对同步监视器进行检查。

2. 同步函数

第二种实现代码同步的方法是同步函数，其格式如下。

```
synchronized 方法名()
{
    代码块
}
```

将上面需要同步的代码单独拿出来,新创建一个新的方法pickup,只不过这个方法是同步函数,代码如下。

```
class BallPickUp implements Runnable {
    private int balls = 100;
    // 篮球的个数

    public synchronized void pickup() {
        if (this.balls > 0) {
            try {
                Thread.sleep(10);
            } catch (Interrupted
Exception e) {
                //TODO Auto-generated catch
                block e.printStackTrace();
            }
            System.out.println(Thread.
currentThread().getName() + "同学捡了第"+
```

```
              this.balls-- + "个篮球");
                }
            }

        public void run() {
            for (int i = 0; i < 100; i++) {
                try {
                    Thread.sleep(10);
                } catch (Interrupted
Exception e) {
        // TODO Auto-generated catch block
                    e.printStackTrace();
                }
                pickup();
            }
        }
    }
```

运行上面的程序，其执行结果和同步代码块的执行结果完全相同，可见在方法定义前使用 synchronized 关键字也能很好地实现线程间的同步。

3. 代码块与函数间的同步

如果在一段程序中，既有同步代码块又有同步函数，那代码块和函数之间如何实现同步呢？我们在前面曾经提到过，线程同步之所以能够实现，依靠的就是检查同一个对象的标志位，只要让代码块与函数使用同一个监视器对象，就能实现两者的同步。

我们在讲同步代码块的时候，用的监视器对象是任意一个 String 类型的对象，但是因为这个对象是局部变量，所以在函数内是不能访问的。而同步函数之所以能够实现同步，原因也是有一个监视器对象。那么，这个监视器对象是什么呢？答案就是这个对象本身，即 this。

所以，当在一段程序中，既有同步代码又有同步函数，只要将 synchronized(str)改为 synchronized(this) 即可实现同步。

如下面的代码，创建两个线程，其中一个线程调用同步函数，另一个线程直接执行同步代码块。代码如下。

```
public class PEClass {
    public static void main(String[]
args) {
        BallPickUp bp = new BallPickUp();
        // p1 线程调用同步代码块
        Thread p1 = new Thread(mt);
        p1.start();
        // p2 线程调用同步函数
        Thread p2 = new Thread(mt);
        p2.start();
        try {
            p1.join();
            p2.join();
        } catch (InterruptedException e) {
            // TODO Auto-generated
catch block
            e.printStackTrace();
        }

        System.out.println("捡完毕，去
吃饭！");

    }
}

// 学生捡球的线程
class BallPickUp implements Runnable {
    private int balls = 100;
// 篮球的个数
    public String method = "";

    public synchronized void pickup() {
        if (this.balls > 0) {
            try {
                Thread.sleep(10);
            } catch (Interrupted
Exception e) {
                // TODO Auto-generated
catch block
                e.printStackTrace();
            }
            System.out.println(Thread.
currentThread().getName() + "同学捡了第"
    + this.balls-- + "个篮球");
        }
    }

    public void run() {
        for (int i = 0; i < 100; i++) {
            try {
                Thread.sleep(10);
            } catch (Interrupted
Exception e) {
    //TODO Auto-generated catch block
            e.printStackTrace();
```

```
                }
            if(method.equals ("function"))
        {
                pickup();
        } else {
// 使用this作为监视器, 可以实现和同步函数的同步
                synchronized (this) {
                    if (this.balls > 0) {
                        try {
                        Thread.sleep(10);
                        }
catch (InterruptedException e) {
            // TODO Auto-generated catch block
                e.printStackTrace();
                        }
                            System.out.
println(Thread.currentThread().getName()+
"同学捡了第" + this.balls-- + "个篮球");
                    }
                }
            }
        }
    }
```

在上面的代码中, 将同步代码块的 synchronized(obj)修改为 synchronized(this)后就能保证同步函数和同步代码块使用的监视器对象是同一个对象。

对于线程同步, 要注意下面的问题。

◆ 同步主要解决的是当多个线程共享数据时, 必须防止一个线程对共享数据仅仅进行了部分操作就退出的情况出现, 这种情况会破坏数据的一致性。

◆ 共享数据时, 应当是类的 private 数据成员。

6.3.3 线程的死锁

死锁是一种少见的, 而且难于调试的错误, 在两个线程对两个同步对象具有循环依赖时, 就会出现死锁。例如:

```
public class DeadLock {
    public static void main(String[]
args) {
        // TODO Auto-generated method stub
        Object obj = new Object();
        Object obj1 = new Object();
```

```
        DeadLockThread diedLock = new
DeadLockThread(obj, obj1);
        DeadLockThread1 diedLock1 =
new DeadLockThread1(obj, obj1);
        diedLock.start();
        diedLock1.start();
    }
}

class DeadLockThread extends Thread {
    private Object obj;
    private Object obj1;

    public DeadLockThread(Object obj,
Object obj1) {
        this.obj = obj;
        this.obj1 = obj1;
    }

    @Override
    public void run() {
        synchronized (obj) {
            System.out.println(Thread.
currentThread().getName() + "获取了 obj 的
锁! ");
            try {
                Thread.sleep(100);
                synchronized (obj1) {
                    System.out.println
(Thread.currentThread().getName() + "获取
了obj1 的锁! ");
                    obj1.getClass();
                }
            }
catch (InterruptedException e) {
            // TODO Auto-generated catch block
                e.printStackTrace();
            }
        }
    }
}

class DeadLockThread1 extends Thread {
    private Object obj;
    private Object obj1;

    public DeadLockThread1(Object obj,
Object obj1) {
        this.obj = obj;
        this.obj1 = obj1;
    }
```

```
@Override
public void run() {
    synchronized (obj1) {
        System.out.println(Thread.
currentThread().getName() + "获取了 obj1 的
锁！");
        try {
            Thread.sleep(100);
            synchronized (obj) {
                System.out.println
(Thread.currentThread().getName() + "获取
了 obj 的锁！");
                obj.getClass();
            }
        }
catch (InterruptedException e) {
                e.printStackTrace();
        }

    }
}
}
```

程序的运行结果如图 6-15 所示。

图 6-15　死锁的执行结果

程序出现了死锁，原因是 Thread-0 线程获得了 obj 对象的锁，然后等待 Thread-1 线程对 obj1 对象锁的释放；而与此同时，Thread-0 线程获得了 obj1 对象的锁，然后等待 Thread-0 线程对 obj 对象锁的释放，于是造成了两个线程相互等待对方已被锁定的资源，形成了死锁。

6.4 线程间的通信

6.4.1　问题的引出

线程之间的关系是平等的，彼此之间并不存在任何依赖，它们各自竞争 CPU 资源，互不相让，并且无条件地阻止其他线程对共享资源的异步访问。然而，也有很多现实问题要求不仅要同步地访问同一共享资源，而且线程间还彼此牵制，通过相互通信来向前推进。那么，多个线程之间是如何进行通信的呢？

在现实应用中，很多时候都需要让多个线程按照一定的次序来访问共享资源，例如，经典的生产者和消费者问题。这类问题描述了这样一种情况，假设仓库中只能存放一件产品，生产者将生产出来的产品放入仓库，消费者将仓库中的产品取走消费。如果仓库中没有产品，则生产者可以将产品放入仓库，否则停止生产并等待，直到仓库中的产品被消费者取走为止。如果仓库中放有产品，则消费者可以将产品取走消费，否则停止消费并等待，直到仓库中再次放入产品为止。显然，这是一个同步问题，生产者和消费者共享同一资源，并且，生产者和消费者之间彼此依赖，互为条件向前推进。但是，该如何编写程序来解决这个问题呢？

6.4.2　解决思路

传统的思路是利用循环检测的方式来实现，这种方式通过重复检查某一个特定条件是否成立来决定线程的推进顺序。例如，一旦生产者生产结束，它就继续利用循环检测来判断仓库中的产品是否被消费者消费，而消费者也是在消费结束后就会立即使用循环检测的方式来判断仓库中是否又放进产品。显然，这些操作是很耗费 CPU 资源的，不值得提倡。那么，有没有更好的方法来解决这类问题呢？

首先，当线程在继续执行前需要等待一个条件方可继续执行时，仅有 synchronized 关键字是不够的。因为虽然 synchronized 关键字可以阻止并发更新同一个共享资源，实现了同步，但是它不能用来实现线程间的消息传递，也就是所谓的通信。而在处理此类问题的时候又必须遵循一种原则，即：对于生产者，在生产者没有生产之前，要通知消费者等待；在生产者生产之后，马上又通知消费者消费；对于消费者，在消费者消费之后，要通知生产者已经消费结束，需要继续生产新的产品以供消费。

其实，Java 提供了 3 个非常重要的方法来巧妙地解决线程间的通信问题。这 3 个方法分别是：

wait()、notify()和 notifyAll()。它们都是 Object 类的方法，因此每一个类都默认拥有它们。

虽然所有的类都默认拥有这 3 个方法，但是只有在 synchronized 关键字作用的范围内，并且是同一个同步问题中搭配使用这 3 个方法时才有实际的意义。

这些方法在 Object 类中声明的语法格式如下所示：

```
final void wait() throws InterruptedException
final void notify()
final void notifyAll()
```

其中，调用 wait()方法可以使调用该方法的线程释放共享资源的锁，然后从运行状态退出，进入等待队列，直到被再次唤醒。而调用 notify()方法可以唤醒等待队列中第一个等待同一共享资源的线程，并使该线程退出等待队列，进入可运行状态。调用 notifyAll()方法可以使所有正在等待队列中等待同一共享资源的线程从等待状态退出，进入可运行状态，此时，优先级最高的那个线程最先执行。显然，利用这些方法就不必再循环检测共享资源的状态，而是在需要的时候直接唤醒等待队列中的线程就可以了。这样不但节省了宝贵的 CPU 资源，也提高了程序的效率。

由于 wait()方法在声明的时候被声明为抛出 InterruptedException 异常，因此，在调用 wait() 方法时，需要将它放入 try-catch 代码块中。此外，使用该方法时还需要把它放到一个同步代码段中，否则会出现如下异常："java.lang.Illegal MonitorStateException: current thread not owner"。

这些方法是不是就可以实现线程间的通信了呢？下面将通过多线程同步的模型——生产者和消费者问题来说明怎样通过程序解决多线程间的通信问题。

6.4.3 线程通信——生产者消费者问题

【任务 2】编写程序完成生产者消费者的问题。

Step 1 分析问题。程序中要用到 4 个类：ShareDate、Producer、Consumer 和 ThreadCommunication。

其中，ShareData 类用来定义共享数据和同步方法。在同步方法中调用了 wait()方法和 notify()方法，并通过一个标志位来实现线程间的消息传递。

Step 2 在项目 Charpter6 中，创建 Thread Communication 类，代码如下。

```
public class ThreadCommunication {
    public static void main(String[] args) {
        ShareData s = new ShareData();
        new Consumer(s).start();
        new Producer(s).start();
    }

}
class ShareData {
    private char c;
    private boolean isProduced = false;
//标志是否被生产者生产出来

    public synchronized void putShare
Char (char c) // 同步方法 putShareChar()
    {
        if (isProduced)
// 如果产品还未消费，则生产者等待
        {
            try {
                wait(); // 生产者等待
            }
catch (InterruptedException e) {
                e.printStackTrace();
            }
        }
        this.c = c;
        isProduced = true;
// 标记已经生产
        notify();
// 通知消费者已经生产，可以消费
    }

    public synchronized char getShareChar()
// 同步方法 getShareChar()
    {
        if (!isProduced)
// 如果产品还未生产，则消费者等待
        {
            try {
                wait(); // 消费者等待
```

```
                    }
catch (InterruptedException e) {
                    e.printStackTrace();
                    }
                    }
            isProduced = false;
// 标记已经消费
            notify();
// 通知需要生产
            return this.c;
        }
    }

    class Producer extends Thread
// 生产者线程
    {
        private ShareData s;

        Producer(ShareData s) {
            this.s = s;
        }

        public void run() {
            for (char ch = 'A'; ch <= 'D'; ch++) {
                try {
                    Thread.sleep((int)
(Math.random() * 3000));
                    }
catch (InterruptedException e) {
                    e.printStackTrace();
                    }
                    s.putShareChar(ch);
// 将产品放入仓库
                    System.out.println(ch + "
产品被生产者生产出来.");
                }
            }
        }
    }

    class Consumer extends Thread
// 消费者线程
    {
        private ShareData s;

        Consumer(ShareData s) {
            this.s = s;
        }

        public void run() {
            char ch;
            do {
```

```
                try {
                    Thread.sleep((int)
(Math.random() * 3000));
                    }
catch (InterruptedException e) {
                    e.printStackTrace();
                    }
                    ch = s.getShareChar();
// 从仓库中取出产品
                    System.out.println(ch + "
产品被消费者取走.");
                } while (ch != 'D');
            }
        }
    }
```

Step 3 保存并运行程序，结果如图 6-16 所示。

图 6-16 线程之间的通信

上面的任务是 Java 线程中非常经典的一个问题，很多教科书上都有讲解，希望读者能认真体会。

6.5 线程的生命周期和状态控制

6.5.1 线程的生命周期

和人有生老病死一样，线程也有它完整的生命周期：新建状态、就绪状态、运行状态、阻塞状态、死亡状态。下面分别进行介绍。

1. 新建状态

用 new 关键字和 Thread 类或其子类建立一个线程对象后，该线程对象就处于新建状态。处于新建状态的线程有自己的内存空间，通过调用

start 方法进入就绪状态（runnable）。

> **注意**：不能对已经启动的线程再次调用 start()方法，否则会出现"java.lang.IllegalThreadStateException"异常。

2. 就绪状态

处于就绪状态的线程已经具备了运行条件，但还没有分配到 CPU，处于线程就绪队列（尽管是采用队列形式，事实上，把它称为可运行池而不是可运行队列。因为 CPU 的调度不一定是按照先进先出的顺序来调度的），等待系统为其分配 CPU。等待状态并不是执行状态，当系统选定一个等待执行的 Thread 对象后，它就会从等待执行状态进入执行状态，系统挑选的动作称之为"CPU 调度"。一旦获得 CPU，线程就进入运行状态并自动调用自己的 run 方法。

> **提示**：如果希望子线程调用 start()方法后立即执行，可以使用 Thread.sleep()方式使主线程睡眠一会儿，转去执行子线程。

3. 运行状态

处于运行状态的线程最为复杂，它可以变为阻塞状态、就绪状态和死亡状态。

处于就绪状态的线程，如果获得了 CPU 的调度，就会从就绪状态变为运行状态，执行 run()方法中的任务。如果该线程失去了 CPU 资源，就会又从运行状态变为就绪状态，重新等待系统分配资源。也可以对在运行状态的线程调用 yield()方法，它就会让出 CPU 资源，再次变为就绪状态。

当发生如下情况时，线程会从运行状态变为阻塞状态。

◆ 线程调用 sleep 方法主动放弃所占用的系统资源。

◆ 线程调用一个阻塞式 IO 方法，在该方法返回之前，该线程被阻塞。

◆ 线程试图获得一个同步监视器，但更改同步监视器正被其他线程所持有。

◆ 线程在等待某个通知（notify）。

◆ 程序调用了线程的 suspend 方法将线程挂起。不过，该方法容易导致死锁，所以程序应该尽量避免使用该方法。

当线程的 run()方法执行完，或者被强制性地终止，例如出现异常，或者调用了 stop()、desyory()方法等，就会从运行状态转变为死亡状态。

4. 阻塞状态

处于运行状态的线程在某些情况下，如执行了 sleep（睡眠）方法，或等待 I/O 设备等资源，将让出 CPU 并暂时停止自己的运行，进入阻塞状态。

在阻塞状态的线程不能进入就绪队列。只有当引起阻塞的原因消除时，如睡眠时间已到，或等待的 I/O 设备空闲下来，线程便转入就绪状态，重新到就绪队列中排队等待，被系统选中后从原来停止的位置开始继续运行。

5. 死亡状态

当线程的 run()方法执行完，或者被强制性地终止，就认为它死去。这个线程对象也许是活的，但是，它已经不是一个单独执行的线程。线程一旦死亡，就不能复生。 如果在一个死去的线程上调用 start()方法，会抛出"java.lang.IllegalThreadStateException"异常。

线程的状态转化如图 6-17 所示。

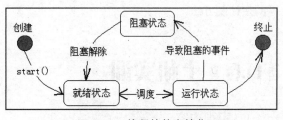

图 6-17　线程的状态转化

6.5.2　线程的状态控制

Java 提供了一些便捷的方法用于线程状态的控制，如表 6-1 所示。

表 6-1　线程状态控制的方法

方法名称	说明
void .interrupt()	中断线程
void join()	等待该线程终止
void join(long millis)	等待该线程终止的时间最长为 millis 毫秒
void .join(long millis, int nanos)	等待该线程终止的时间最长为 millis 毫秒+ nanos 纳秒
void .setDaemon(boolean on)	将该线程标记为守护线程或用户线程
Void. setPriority(int newPriority)	更改线程的优先级
Static.void sleep(long millis)	在指定的毫秒数内让当前正在执行的线程休眠（暂停执行），此操作受到系统计时器和调度程序精度和准确性的影响
Stati..void sleep(long millis, int nanos)	在指定的毫秒数加指定的纳秒数内让当前正在执行的线程休眠（暂停执行），此操作受到系统计时器和调度程序精度和准确性的影响
void start()	使该线程开始执行；Java 虚拟机调用该线程的 run 方法
static void yield()	暂停当前正在执行的线程对象，并执行其他线程

从表中可以看到很多方法已经标注为过时的，我们应该尽可能地避免使用它们，而应该重点关注 start()、interrupt()、join()、sleep()、yield() 等直接控制方法，以及 setDaemon()、setPriority() 等间接控制方法。

6.6 上机实训

1. 实训内容

某小饭店只有一个厨师和一个服务员，只有当厨师做好一个菜之后才能由服务员上菜，如果厨师没有做好，服务员只能等待；而厨师也是等到服务员通知有人点菜后才做菜，否则厨师也是在等待。编写程序，用以模拟该过程，程序包含两个线程，分别代表厨师和服务员。

2. 实训目的

通过实训掌握线程的创建、线程的同步、线程的通信。具体实训目的如下。

◆ 掌握使用 Runnable 创建线程的方法。
◆ 掌握同步函数的实现方法。
◆ 掌握线程的通信，以及 wait()、notify()方法的使用。

3. 实训要求

（1）创建菜品类 Dish，包含属性 name（菜名）和 feature（特点），完成做菜和上菜的方法，并保证线程同步。

（2）创建服务员类 Waiter，完成对上菜的操作。

（3）创建厨师类 Cooker，完成做菜的操作。

（4）创建测试类，对实训内容进行测试。

4. 完成实训

Step 1　启动 Eclipse，并创建项目 Charpter6，也可以利用已创建的项目。

Step 2　创建类文件 Dish，输入如下的代码。

```
package com.bjl;

public class Dish {
    private String name = "酸辣土豆丝";
    private String feature = "酸辣";
// 菜的特点
    boolean isDone = false;
// 标志位，用来标识是否已经做好了菜

    // 做菜
    public synchronized void doDish
(String name, String feature) {
        if (isDone) {
            try {
                wait();
            } catch (Exception e) {
                System.out.println(
e.getMessage());
            }
        }
        this.name = name;
        this.feature = feature;
        isDone = true;
        notify();
    }
```

```
        // 上菜
        public synchronized void serveDish() {
            if (!isDone) {
                try {
                    wait();
                } catch (Exception ex) {
                    System.out.println(
ex.getMessage());
                }
            }
            System.out.println("你点的" +
name+"做好了，它的特点是："+feature+"\n");

            isDone = false;
            notify();

        }

    }
```

Step 3 创建类文件Cooker，输入如下的代码。

```
package com.bj1;

public class Cooker implements Runnable {
    private Dish dish = null;

    public Cooker(Dish dish) {
        this.dish = dish;
    }

    public void run() {
        // i 用来标记做什么菜，交替制作酸
辣土豆丝和水煮鱼
        int i = 0;
        while (true) {
            try {
                Thread.sleep(1000);
            } catch (InterruptedException e) {
                // TODO Auto-generated
catch block
                e.printStackTrace();
            }
            if (i % 2 == 0) {
                dish.doDish("酸辣土豆
丝", "酸辣");
                System.out.println(
"酸辣土豆丝做出来了");
            } else {
                dish.doDish("水煮鱼",
"麻辣");
```

```
                System.out.println(
"水煮鱼做出来了");
                }
                i++;
            }
        }
    }
```

Step 4 创建类文件 Waiter，输入如下的代码。

```
package com.bj1;

public class Waiter implements Runnable
{
    private Dish dish = null;
    public Waiter(Dish dish)
    {
        this.dish=dish;
    }
    public void run()
    {
        while(true)
        {
            try {
                Thread.sleep(1000);
            }
catch (Interrupted Exception e) {
            // TODO Auto-generated catch block
                e.printStackTrace();
            }
            System.out.println("===
============上菜===========");
            dish.serveDish();
        }
    }
}
```

Step 5 创建类文件 Charpter6_Shixun，输入如下的代码。

```
package com.bj1;

public class Charpter6_Shixun {
    public static void main(String[]
args) {
        Dish dish = new Dish();
        Cooker cooker = new Cooker(dish);
        Thread thread1 = new Thread(cooker);
        thread1.start();

        Waiter waiter = new Waiter(dish);
```

```
Thread thread2 = new Thread(waiter);
thread2.start();

    }
}
```

Step 6 保存并运行程序 Charpter6_Shixun，结果如图 6-18 所示。

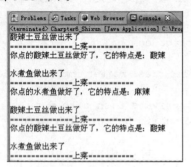

图 6-18 实训结果

6.7 练习与上机

1. 选择题

（1）Runnable 接口中的抽象方法是（   ）。

A. stop B. run

C. start D. yield

（2）启动一个线程是用（   ）方法。

A. notify B. run

C. start D. 以上都不是

（3）有以下程序段：

```
class MyThread extends Thread {
    public static void main(String
args[]) {
        MyThread t = new MyThread();
        MyThread s = new MyThread();
        t.start();
        System.out.print("one.");
        s.start();
        System.out.print("two.");
    }
    public void run() {
        System.out.print("Thread");
    }
}
```

则下列选项说法正确的是（   ）。

A. 程序运行结果是 one.two.ThreaThread

B. 编译失败

C. 程序运行结果是 one.Threadtwo.Thread

D. 程序运行结果不确定

（4）用 new 关键字和 Thread 类或其子类建立一个线程对象后，该线程对象就处于（   ）。

A. 新建状态 B. 就绪状态

C. 运行状态 D. 阻塞状态

2. 实训操作题

（1）使用 Thread 和 Runnable 分别创建两个线程，并分别输出一句话。

（2）编写程序完成典型的生产者消费者的问题，要求产生一台电脑搬走一台电脑。（实训目的：掌握线程的同步）

第7章
Java 常用 API

📖 **学习目标**

学习 Java API 的知识。主要内容包括 API 的概念、字符串操作类、基本数据类型的包装类、常用的集合类、HashTable 和 Propterties 类、System 类和 Runtime 类、时间日期类、Math 类和 Random 类。通过本章的学习，掌握常用 API 的使用方法，尤其是包装类和集合类的用法。

📖 **学习重点**

理解 API 的作用；掌握 String 类和 StringBuffer 类的用法；理解字符串池；掌握基本数据类型的包装类；掌握不同数据类型的转化；掌握 Collection 接口和 Map 接口的使用；掌握 List 接口的使用；掌握 HashTable 类的用法；掌握 Propterties 类的用法；掌握 System 类和 Runtime 类的用法；掌握与时间日期有关的类的用法；掌握 Math 类和 Random 类的用法。

📖 **主要内容**

- ◆ API 的概念
- ◆ String 类和 StringBuffer 类的用法
- ◆ Collection 接口和 Map 接口
- ◆ HashTable 类和 Propterties 类
- ◆ System 类和 Runtime 类
- ◆ 上机实训

7.1 理解 API

Java API（Application Programming Interface，应用编程接口）是一种规范，指明编写应用程序的程序员应如何访问类的行为和状态；Java API 可以通过支持平台无关性和安全性，使得 Java 适应于网络应用。Java API 是运行库的集合，它提供了一套访问主机系统资源的标准方法。

7.1.1　Java API 简介

Java API 作为 Sun 公司开发的 Java 程序，供 Java 编程人员使用的程序接口，并不是说使用 Java 和接口有关，而是 Java 所提供的现成的类库，供编程人员使用。这与 Windows 中的 dll 文件有点像，封装了好多函数，只暴露函数名、参数等信息，不提供具体实体，暴露出来的这些就称为 API 了。也就是说，Java API 也封装了好多的方法，提供了很多的类和接口，便于别人使用。由于 Java 是开源的，还可以看到类库中方法的具体实现。

比方说，目前比较流行的 Android 应用程序开发，如果要在我们的应用程序中取到所有的应用程序信息，则需要通过以下代码实现。

```
getPackageManager().getInstalledPackages(
PackageManager.GET_UNINSTALLED_PACKAGES);
```

其中，PackageManager 就是 Google 为用户编写好的 API，它提供方法和参数，用户只要拿过来用就行了。

用一句话概括起来，API 就是 JDK 中提供的各种功能的 Java 类，如 System 类、String 类等。

本章将对 Java 中常用的几个 API 进行介绍，读者在学习 API 时，应注意以下几点。

（1）学习编程语言，并掌握大量的 API，能够让我们在处理某些问题时轻而易举，同时也能从这些 API 类中学会高手组织 Java 类的方法，划分系统结构的技巧。

（2）学习 API，并不需要死记硬背，只要在需要的时候，能够通过某种方式临时获取，现用现学就可以。

（3）学习 API 以够用为原则，适可而止，不要将大量的时间花在 API 上，完全没有必要。

7.1.2　使用 Java API 文档

Sun 公司提供了大量的功能类，这些功能类有哪些？又有怎样的功能？这些功能要怎么用？我想，当今世界上没有任何一个人敢说，对 Java 提供的所有 API 了如指掌，因此，读者在必要的时候能够通过某个途径查找到需要的内容就可以了。

Sun 公司提供的 Java API Docs 是学习和使用 Java 语言中最经常使用的参考资料之一，开发人员可以通过 Sun 中国技术社区的网站在线浏览相关文档，也可以将全部文档下载到本地以方便检索和使用。目前，Java API Docs 在网上有很多，建议读者在学习的过程中下载一份中文的 Java API 文档，以便在学习过程中随时查阅。

将下载的 API 文档解压缩后，打开 API 的文档，如图 7-1 所示。

图 7-1　Java API 文档

读者可以通过查找包或者通过索引找到需要的类，然后单击该类查找该类提供的方法，如 Thread 类和 Thread 类的 sleep 方法，如图 7-2 和图 7-3 所示。

读者在今后的学习中，应该能够掌握 Java API 的使用，这对今后的工作和学习都有很大的帮助。

图 7-2　Thread 类

图 7-3　Thread 类的 sleep 方法

7.2 字符串操作类

一个字符串就是一连串的字符。字符串的处理在许多程序中都用得到，很多编程语言将字符串定义为基本数据类型。但在 Java 语言中，字符串被定义为一个类。Java 定义了 String 和 StringBuffer 两个类来封装对字符串的各种操作，它们都被放到了 Java.lang 包中，不需要使用 inport java.lang 这个语句导入该包就能直接使用它们。

7.2.1　String 类

String 类用于比较两个字符串、查找和抽取字符串中的字符或子串、字符串与其他类型之间的相互转换等，主要用来处理创建以后不再改变的字符串。

Java 为字符串提供了特别的链接操作符（+），可以把其他各种类型的数据转换成字符串，并把后面的字符串连接到前一个字符串的后面，形成一个新的字符串。

```
String android = "Welcome Android " +
4 + " Platform";
```

上面的字符串合并以后就是 "Welcome android 4 Platform"。

对于上面的字符串，还可以通过下面的语句来创建。

```
String android = new String("Welcome
android 4 Platform");
```

上面两种创建字符串的方式得到的字符串值是一样的。

1. 字符串池

Java 程序可包含许多字符串字面量。字符串字面量（String Literal）是指双引号引住的一系列字符，双引号中可以没有字符，可以只有一个字符，也可以有很多个字符。"字符串池"存放在程序中创建的所有字符串字面量，任何时候创建字符串字面量，系统都会搜索字符串池，查看是否存在该字符串字面量。

比如 String day="Monday"，会首先查看字符串池中是否存在字符串 "Monday"，如果存在，则直接将 "Monday" 赋给 day，如果不存在，则会先在字符串池中新建一个字符串 "Monday"，然后将其赋给 day。

```
String day= "Monday";
String weekday = "Monday";
```

上面两句话的执行过程如图 7-4 所示。

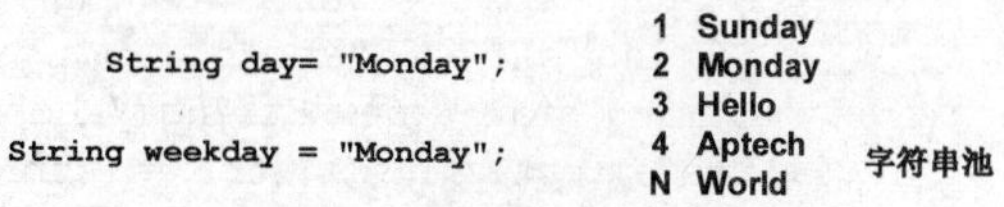

String day= "Monday";	1	Sunday
	2	Monday
	3	Hello
String weekday = "Monday";	4	Aptech	字符串池
	N	World

图 7-4　Java 中的字符串池

从图 7-4 中可以看到，当执行完 "String day = "Monday";" 之后，再执行 "String weekday = "Monday";" 时，系统会首先检查字符串池中是否

含有"Monday"这个字符串。因为 day 语句执行完后字符串池中已经有了"Monday"字符串，所以系统直接将"Monday"赋值给 weekday 变量。

2. String 类的构造函数

String 作为一个类,其构造函数如表 7-1 所示。

表 7-1　String 类的构造函数

构造方法	说明
String()	它将创建一个空字符串
String(string value)	它将新建一个字符串作为指定字符串的副本
String (char [ ] value)	它将根据字符数组构造一个新字符串
String(byte [ ] value)	它将通过转换指定的字节数组新建一个字符串

看下面的两句话,它们之间有什么区别?

```
String a="Hello";
String a = new String("hello");
```

对于第一句话,我们已经知道字符串池的概念,用这种方式的时候,Java 首先在内存中寻找"Hello"字符串,如果有,就把"Hello"的地址给它,如果没有则创建。

而第二句话是不管内存中有没有"Hello"都开辟一块新内存保存它。

【任务 1】运行下面的程序,查看程序运行的结果是什么,并充分理解两种创建字符串方式的区别。

Step 1　在 Eclipse 中新建项目 Charpter7,并在该项目中创建类 StringTest,输入如下的代码。

```
package com.bjl;

public class StringTest {
    public static void main(String[] args) {
        // TODO Auto-generated method stub
        String str1 = "abc";
        String str2 = "abc";
        String str3 = new String("abc");
        System.out.println(str1 == str2);
        System.out.println(str2 == "abc");
        System.out.println(str3 == "abc");
        System.out.println(str2 == str3);
        System.out.println(str2.equals(str3));
    }
}
```

Step 2　保存并运行程序,结果如图 7-5 所示。

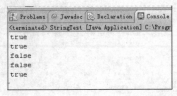

图 7-5　字符串比较运算结果

根据上面的讲解,程序中为字符串赋值的 3 条语句中,其中第 1 条语句的真正含义是在 String 池中创建一个对象"abc",然后引用时 str1 指向池中的对象"abc"。第 2 条语句执行时,因为"abc"已经存在于 String 池,所以,str1 和 str2 都指向同一个地址。而第 3 条语句执行时,只在栈内存创建 str3 引用,在堆内存上创建一个 String 对象,内容是"abc", str3 则指向堆内存对象的首地址。

要比较字符串内容是否一致,使用 equals 方法。

3. String 类的常用方法

(1) 字符串比较

字符串比较主要用来比较两个字符串是否一致,其主要方法如表 7-2 所示。

表 7-2　字符串比较函数

方法名称	说明
==	检查字符串是否指向同一个或不同的对象,检查该变量保存的地址是否相同
Boolean equals(string anString)	检查组成字符串内容的字符
int length()	返回此字符串的长度
Boolean equalsIgnoreCase (string value)	比较两个字符串,忽略大小写形式
int compareTo (string value)	按字母顺序比较两个字符串。如果两个字符串相等,则返回 0;否则返回第一个不相等的字符差。如果字符串在该值之前,则返回值小于 0;如果字符串在该值之后,则返回回值大于 0。如果较长字符的前面部分恰巧是较短的字符串,则返回它们的长度差
boolean startsWith (string value)	检查一个字符串是否以另一个字符串开始
boolean endsWith (string value)	检查一个字符串是否以另一个字符串结束

（2）搜索字符串

搜索字符串主要用来判断某个字符串中是否含有某个字符或者字符串。如表 7-3 所示。

表 7-3　indexOf 和 LastIndexOf 的重载方法

方法名称	说明
indexOf(int ch)	返回一个字符在字符串中首次出现的位置，如果没有这个字符则返回-1
lastIndexOf(int ch)	返回指定字符在此字符串中最后一次出现处的索引
int indexOf(int ch, int fromIndex)	返回在此字符串中第一次出现指定字符处的索引，从指定的索引开始搜索
int indexOf(string str)	返回指定子字符串在此字符串中第一次出现处的索引
int indexOf(string str, int fromIndex)	返回指定子字符串在此字符串中第一次出现处的索引，从指定的索引开始
int lastIndexOf(int ch, int fromIndex)	返回指定字符在此字符串中最后一次出现处的索引，从指定的索引处开始进行反向搜索
int lastIndexOf(string str)	返回指定子字符串在此字符串中最后一次出现处的索引
int lastIndexOf(string str, int fromIndex)	返回指定子字符串在此字符串中最后一次出现处的索引，从指定的索引开始反向搜索

【任务 2】检查一个邮箱地址是否是合法的 QQ 邮箱地址。

Step 1　在 Charpter7 项目中创建类 EmailCheck。

Step 2　合法的 QQ 邮箱地址应该为××××@qq.com，所以，只要判断一下该邮箱字符串中是否含有@符号和 qq.com 即可判断是否是合法的邮箱地址。

Step 3　在类 EmailCheck 中输入如下代码。

```
package com.bjl;

public class EmailCheck {
    public static void main(String[]
args) {
        String email = "3899243@qq.
com"; // 要检查的 QQ 邮箱的地址
        int aindex, qindex;
// 分别表示@的索引和 qq.com 的索引
        aindex = email.indexOf('@');
        qindex = email.indexOf("qq.com");
```

```
        if (aindex == -1 || qindex == -1) {
            System.out.println("该 qq
邮件地址无效");
        } else {
            System.out.println("该 qq
邮件地址有效");
        }
    }
}
```

Step 4　保存并运行程序，结果如图 7-6 所示。

图 7-6　判断电子邮件是否合法

（3）提取字符串

提取字符串主要是得到某一个字符串中部分字符串的内容，其主要方法如表 7-4 所示。

表 7-4　提取字符串的方法

方法名称	说明
public char charAt (int index)	此方法用于从指定位置提取单个字符，该位置由索引指定，索引中的值必须为非负
public string substring (int index)	此方法用于提取从位置索引开始的字符串部分
public string substring (int beginindex, int endindex)	此方法用于提取 beginindex 和 endindex 位置之间的字符串部分
public string concat (string str)	此方法用于连接两个字符串，并新建一个包含调用字符串的字符串对象
public string replace (char old, char new)	此方法用于将调用字符串中出现某个字符的所有位置都替换为另一个字符
public string trim()	此方法用于返回一个前后不含任何空格的调用字符串的副本

（4）更改字符串中字符的大小写

更改字符串中字符的大小写只有两种方法，如表 7-5 所示。

表 7-5　更改字符串中字符的大小写

方法名称	说明
String toLowerCase()	使用默认语言环境的规则将此字符串中的所有字符都转换为小写
String toUpperCase()	使用默认语言环境的规则将此字符串中的所有字符都转换为大写

7.2.2　StringBuffer 类

StringBuffer 类和 String 类一样，也用来代表字符串，只是由于 StringBuffer 的内部实现方式和 String 不同，所以 StringBuffer 在进行字符串处理时不生成新的对象，在内存使用上要优于 String 类。所以在实际使用时，如果经常需要对一个字符串进行修改，例如插入、删除等操作，使用 StringBuffer 要更加适合一些。

在 StringBuffer 类中存在很多和 String 类一样的方法，这些方法在功能上和 String 类中的功能是完全一样的。但是有一个最显著的区别在于，对于 StringBuffer 对象的每次修改都会改变对象自身，这点是和 String 类最大的区别。

一旦通过 StringBuffer 生成了最终想要的字符串，就应该使用 StringBuffer.toString()方法将其转换成 String 类，随后，就可以使用 7.2.1 节中 String 类的各种方法操纵这个字符串了。

StringBuffer 的构造方法和主要方法，如表 7-6 所示。

表 7-6　StringBuffer 构造方法和主要方法

方法名称	说明
public StringBuffer()	保留 16 个字符的空间
public StringBuffer (int length)	设置缓存器大小
public StringBuffer (Stringvalue)	接收字符串参数，用来设置初始内容，并在不重新分配的情况下保留 16 个字符的空间
public StringBuffer append(string str)	该方法的作用是追加内容到当前 StringBuffer 对象的末尾，类似于字符串的连接
public StringBuffer deleteCharAt(int index)	删除指定位置的字符，然后将剩余的内容形成新的字符串
public StringBuffer insert(int offset, string str)	在 StringBuffer 对象中插入内容，然后形成新的字符串
public StringBuffer reverse()	将 StringBuffer 对象中的内容反转，然后形成新的字符串
public void setCharAt (int index, char ch)	修改对象中索引值为 index 位置的字符为新的字符 ch
public void trimToSize()	将 StringBuffer 对象中存储空间缩小到和字符串长度一样的长度，减少空间的浪费

一般情况下，StringBuffer 用在构建比较长的字符串方面。

【任务 3】使用 Java 操作数据库时，经常需要编写很长的 SQL 语句，这时可以使用 StringBuffer 类进行构建。

Step 1　在 Charpter7 项目中创建类 StringBufferTest，并输入如下的代码。

```
package com.bjl;

public class StringBufferTest {
    public static void main(String[]
args) {
        StringBuffer sb = new String
Buffer();
        String user = "test";
        String pwd = "123";
        sb.append("select * from userInfo
where username=")
                .append(user)
                .append(" and pwd=")
                .append(pwd);
        System.out.println("构建后的
SQL 语句是："+sb.toString());
    }

}
```

Step 2　保存并运行程序，结果如图 7-7 所示。

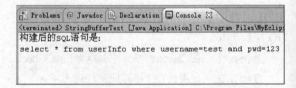

图 7-7　使用 StringBuffer 构建字符串

7.3 基本数据类型的包装类

Java 对数据既提供基本数据的简单类型，也提供了相应的包装类。使用基本数据类型，可以改善系统的性能，也能够满足大多数应用需求。但基本简单类型不具有对象的特性，不能满足某些特殊的需求。

```
int num = 10;
```

上述语句声明一个整型变量 num，其中 int 表示一个基本数据的简单类型，num 是不能作为对象处理的，所以为了在某些情况下处理起来方便，Java 中的 java.lang 包为用户提供了基本数据类型的包装类，这些包装类与 Java 基本数据类型一一对应。

上述的 int 类型，Java 中用 Integer 包装类来与之对应，例如：

```
int num1 = 5;
Integer num = new Integer(num1);
int num2 = num.intValue();
```

换句话说，包装类就是将基本数据类型包装成一个对象。表 7-7 就是 Java 中 8 种基本数据类型对应的包装类。

表 7-7　基本数据类型与包装类的对应关系

基本数据类型	包装类
Byte（字节）	Byte
Char（字符）	Character
int（整型）	Integer
Long（长整型）	Long
Float（浮点型）	Float
double（双精度）	Double
boolean（布尔）	Boolean
Short（短整型）	Short

这些包装类都提供了 toString() 方法，以便转换成 String 对象，例如：

```
Long l1 = new Long(509);
String str = l1.toString();
```

同时，所有的包装类都定义了字符串转换成这种类型的方法，例如：

```
Short.parseShort(str)
Byte.parseByte(str)
Long.parseLong(str)
```

既然提供了基本类型，为什么还要使用封装类呢？这是因为在某些情况下，数据必须作为对象出现，此时必须使用封装类来将简单类型封装成对象。这种情况主要包括以下几种。

◆ 如果想使用 List 来保存数值，由于 List 中只能添加对象，因此需要将数据封装到封装类中再加入 List。在 JDK 5.0 以后的版本可以自动封包，可以简写成 list.add(1) 的形式，但添加的数据依然是封装后的对象。

◆ 有些情况下，也会编写诸如 func(Object o) 的这种方法，它可以接收所有类型的对象数据，但对于简单数据类型，则必须使用封装类的对象。

◆ 某些情况下，使用封装类可以更加方便地操作数据。比如，封装类具有一些基本类型不具备的方法，比如 valueOf()、toString()，以及方便地返回各种类型数据的方法，如 Integer 的 shortValue()、longValue()、intValue() 等。

基本数据类型与其对应的封装类，由于本质的不同具有一些区别。

◆ 基本数据类型只能按值传递，而封装类按引用传递。

◆ 基本类型在堆栈中创建，而对于对象类型，对象在堆中创建，对象的引用在堆栈中创建。基本类型由于在堆栈中，效率会比较高，但是可能会存在内存泄漏的问题。

下面以 Character 包装类为例，介绍包装类的使用。Character 的主要方法如表 7-8 所示。

表 7-8　Character 包装类的主要方法

方法名称	说明
isDigit()	确定字符是否为 0 至 9 之间的数字
isLetter()	确定字符是否为字母
isLowerCase()	确定字符是否为小写形式
isUpperCase()	确定字符是否为大写形式
isUnicodeIdentifierStart()	确定是否允许将指定字符作为 Unicode 标识符中的首字符

【任务 4】判断字符数组中的字符是否是字母、数字、大写、小写以及 Unicode 标识符。

Step 1　在 Chapter7 项目中创建类 CharacterTest，并输入如下的代码。

```
package com.bjl;
```

```
public class CharacterTest {
    public static void main(String[]
args) {
        char[] chars = { 'w', '7', '@',
' ', 'M', '\n' };
    for (int i = 0; i < chars.length; i++) {
        if (Character.isDigit(chars [i])) {
                System.out.println(
chars[i] + "是一个数字");
            }
        if (Character.isLetter(chars [i])) {
                System.out.println(
chars[i] + "是一个字母");
            }
            if (Character.isUpperCase
(chars[i])) {
                System.out.println
(chars[i] + "是大写形式");
            }
            if (Character.isLowerCase
(chars[i])) {
                System.out.println(
chars[i] + "是小写形式");
            }
            if (Character.isUnicode
IdentifierStart(chars[i])) {
                System.out.println(
chars[i] + "是 Unicode " + "标识符的第一个
有效字符");
            }
        }
    }
}
```

Step 2 保存并运行程序，结果如图 7-8
所示。

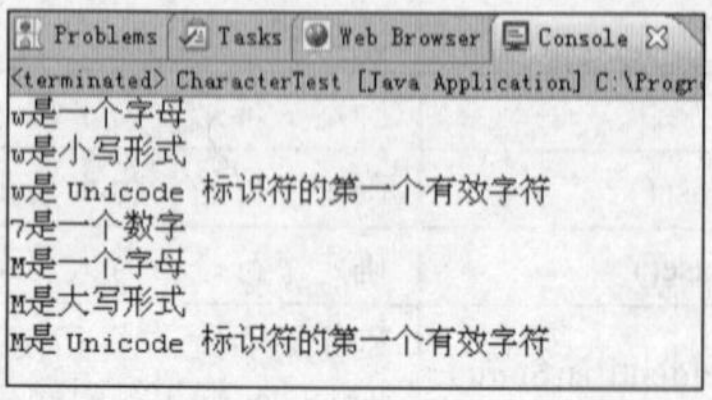

图 7-8　Character 包装类的运行结果

在实际编程过程中，经常需要在不同数据类
型之间进行转换，如在网站注册的时候，年龄输
入的是字符串，但是需要转换成整数。可以通过
以下的方法进行转换。

（1）将字符串 String 转化为整数 int。

```
int i = Integer.parseInt(str);
int i = Integer.valueOf(my_str).
intValue();
```

注：字符串转成 Double、Float、Long 的方法
大同小异。

（2）将字符串 String 转化为 Integer。

```
Integer integer=Integer.valueOf(i)
```

（3）将整数 int 转换成字符串 String 有 3 种方法。

```
String s = String.valueOf(i);
String s = Integer.toString(i);
String s = "" + i;
```

注：Double、Float、Long 转成字符串的方法
大同小异。

（4）将整数 int 转化为 Integer。

```
Integer integer=new Integer(i);
```

（5）将 Integer 转化为字符串 String。

```
Integer integer=String();
```

（6）将 Integer 转化为 int。

```
int num=Integer.intValue();
```

（7）将 String 转化为 BigDecimal。

```
BigDecimal d_id=new BigDecimal(str);
```

7.4 常用的集合类

Java 集合类主要负责保存、盛装对象数据，
因此，集合类也称容器类。

7.4.1　集合的分类

Java 中的容器由一组用来操作对象的接口组成，不
同接口描述不同类型的组，其层次结构如图 7-9 所示。

集合接口（短虚线表示）：表示不同集合类型，
是集合框架的基础。

抽象类（长虚线表示）：对集合接口的部分实
现，可扩展为自定义集合类。

实现类（实线表示）：对接口的具体实现。

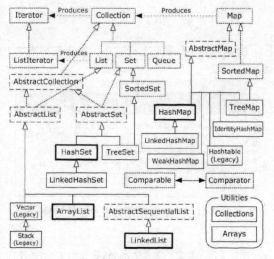

图 7-9 集合层次结构图

Java 容器类类库的用途是"保存对象",并将其划分为两个不同的概念:Collection 和 Map。

1. Collection

一组对立的元素,这些元素通常都服从某种规则。List 必须保持元素特定的顺序,而 Set 不能有重复元素。

2. Map

一组成对的"键值对"对象。Collection 和 Map 的区别在于容器中每个位置保存的元素个数。Collection 每个位置只能保存一个元素(对象)。此类容器包括 List 以特定的顺序保存一组元素,Set 则是元素不能重复。

Map 保存的是"键值对",就像一个小型数据库。可以通过"键"找到该键对应的"值"。

3. Collection 和 Map 的区别

Collection 和 Map 的区别在于容器中每个位置保存的元素个数。Collection 的每个位置只能保存一个元素(对象)。此类容器包括 List 和 Set,其中 List 以特定的顺序保存一组元素,Set 则是元素不能重复。

- ◆ Collection: 对象之间没有指定的顺序,允许重复元素。
- ◆ Set: 对象之间没有指定的顺序,不允许重复元素。

- ◆ List: 对象之间有指定的顺序,允许重复元素,并引入位置下标。
- ◆ Map: Map 接口用于保存关键字(Key)和数值(Value)的集合,集合中的每个对象加入时都提供数值和关键字。Map 接口既不继承 Set 也不继承 Collection。

7.4.2 Collection 接口

1. 常用方法

Collection 接口用于表示任何对象或元素组。想要尽可能以常规方式处理一组元素时,就使用这一接口。从图 7-9 可以看出,Collection 是 List 和 Set 的父类,并且它本身也是一个接口。它定义了作为集合所应该拥有的一些方法,如表 7-9 所示。

表 7-9 Collection 常用方法

方法名称	说明
boolean add(Object element)	将 element 对象添加到 Collection 中
boolean remove(Object element)	从此 collection 中移除指定元素的单个实例,如果存在的话
int size()	返回此 collection 中的元素数
boolean isEmpty()	如果此 collection 不包含元素,则返回 true
boolean contains(Object element)	如果此 collection 包含指定的元素,则返回 true
Iterator iterator()	返回在此 collection 的元素上进行迭代的迭代器
boolean containsAll (Collection collection)	如果此 collection 包含指定 collection 中的所有元素,则返回 true
boolean addAll (Collection collection)	将指定 collection 中的所有元素都添加到此 collection 中
void clear()	移除此 collection 中的所有元素
void removeAll (Collection collection)	移除此 collection 中那些也包含在指定 collection 中的所有元素
void retainAll (Collection collection)	仅保留此 collection 中那些也包含在指定 collection 的元素
Object[] toArray()	返回包含此 collection 中所有元素的数组
Object[] toArray(Object[] a)	返回包含此 collection 中所有元素的数组;参数 a 应该是集合中所有存放对象的类的父类

【任务 5】通过一个例子，了解集合类基本方法的使用。

Step 1　在 Charpter7 项目中创建类 CollectionTest，并输入如下的代码。

```
package com.bjl;

import java.util.ArrayList;
import java.util.Collection;

public class CollectionTest {
    public static void main(String[]
args) {
        Collection collection = new
ArrayList();// 创建一个集合对象
        collection.add(" 第 一 个 对 象
");// 添加对象到 Collection 集合中
        collection.add("第二个对象");
        collection.add("第三个对象");

        System.out.println("集合 collection
的大小: " + collection.size());
        System.out.println(" 集 合
collection 的内容: " + collection);
        collection.remove("第一个对象");
// 从集合 collection 中移除掉 "第一个对象" 这
个对象
        System.out.println("集合collection
移除第一个对象后的内容: " + collection);
        System.out.println("集合collection
中是否包含第一个对象: "+ collection.contains
("第一个对象"));
        System.out.println("集合collection
中是否包含第二个对象: "+ collection.contains
("第二个对象"));

        Collection collection2 = new
ArrayList();
        collection2.addAll(collection);
// 将 collection 集合中的元素全部都加到
collection2 中
        System.out.println("集合 collection2
的内容: " + collection2);
        collection2.clear();
// 清空集合 collection 中的元素
        System.out.println("集合 collection2
是否为空 : " + collection2.isEmpty());
        // 将集合 collection 转化为数组
        Object s[] = collection.toArray();
        for (int i = 0; i < s.length;
i++) {
            System.out.println(s[i]);
        }
```

```
    }
}
```

Step 2　保存并运行程序，其结果如图 7-10 所示。

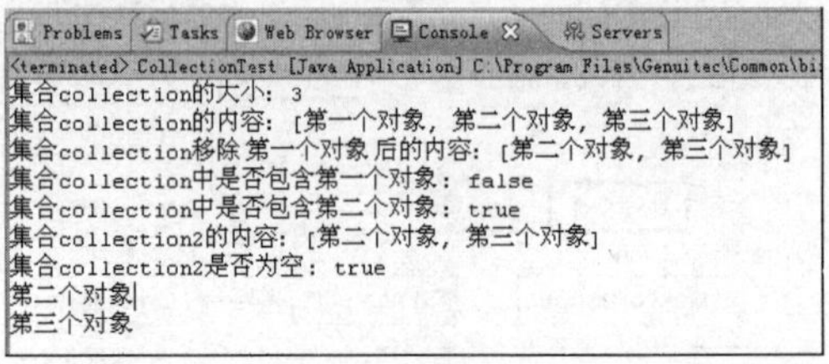

```
Problems  Tasks  Web Browser  Console  Servers
<terminated> CollectionTest [Java Application] C:\Program Files\Genuitec\Common\bi
集合collection的大小: 3
集合collection的内容: [第一个对象，第二个对象，第三个对象]
集合collection移除第一个对象后的内容: [第二个对象，第三个对象]
集合collection中是否包含第一个对象: false
集合collection中是否包含第二个对象: true
集合collection2的内容: [第二个对象，第三个对象]
集合collection2是否为空: true
第二个对象
第三个对象
```

图 7-10　集合类使用方法的运行结果

> **注意:** 因为 Collection 接口和 ArrayList 都属于 Java.util 包，因此在程序开始要通过 "import java.util.ArrayList;" 和 "import java.util.Collection;" 引入这两个包。

2. 迭代器

任何容器类，都必须通过某种方式将东西放进去，然后通过某种方式将东西取出来。毕竟，存放事物是容器最基本的工作。对于 ArrayList，add()方法是插入对象的方法，而 get()是取出元素的方式之一。ArrayList 很灵活，可以随时选取任意的元素，或使用不同的下标一次选取多个元素。例如，

ArrayList.get(0)用于取出 ArrayList 中的第一个元素。

如果从更高层的角度思考，会发现这里有一个缺点：要使用容器，必须知道其中元素的确切类型。乍一看，这没有什么不好的，但是考虑一下，如果原本是 ArrayList，但是后来考虑到容器的特点，你想换用 Set，应该怎么做？或者你打算写通用的代码，它们只是使用容器，不知道或者说不关心容器的类型，那么，如何才能不重写代码就可以应用于不同类型的容器？

因此，迭代器（Iterator）的概念，就是为达成此目的而形成的。因为，Collection 不提供 get()方法，如果要遍历 Collectin 中的元素，就必须用 Iterator。

迭代器（Iterator）本身就是一个对象，它的工作就是遍历并选择集合序列中的对象，而客户

端的程序员不必知道或关心该序列底层的结构。此外，迭代器通常被称为"轻量级"对象，创建它的代价小。但是，它也有一些限制，例如，某些迭代器只能单向移动。

Collection 接口的 iterator()方法返回一个 Iterator。使用 Iterator 接口方法，可以从头至尾遍历集合，并安全地从底层 Collection 中除去元素。

Collection 的 Iterator 的用处如下。

♦ 使用方法 iterator()要求容器返回一个 Iterator，第一次调用 Iterator 的 next()方法时，它返回集合序列的第一个元素。

♦ 使用 next() 获得集合序列的中的下一个元素。

♦ 使用 hasNext()检查序列中是否有元素。

♦ 使用 remove()将迭代器新返回的元素删除。

【任务 6】 通过 Iterator 遍历整个集合，并删除集合中的所有元素。

Step 1 **Step 1** 在 Charpter7 项目中创建类 IteratorTest，并输入如下的代码。

```
package com.bjl;

import java.util.ArrayList;
import java.util.Collection;
import java.util.Iterator;

public class IteratorTest {
    public static void main(String[]
args) {
Collection collection = new ArrayList();
        collection.add("s1");
        collection.add("s2");
        collection.add("s3");
        Iterator iterator = collection.
iterator();// 得到一个迭代器
        while (iterator.hasNext())
{// 遍历
        Object element = iterator.next();
  System.out.println("iterator="+element);
        }
        if (collection.isEmpty())
System.out.println("集合是空的");
        else
```

```
        System.out.println("集合
非空，总共元素个数="+ collection.size());

    Iterator iterator2 = collection.iterator();
        while (iterator2.hasNext()) {
// 移除元素
    Object element = iterator2.next();
            System.out.println("删除
元素: " + element);
            iterator2.remove();
        }

        Iterator iterator3 = collection.
iterator();
        if (!iterator3.hasNext()) {
// 查看是否还有元素
        System.out.println("没有元素");
        }

        if (collection.isEmpty())
            System.out.println("集合
是空的!!");
    // 使用 collection.isEmpty()方法来判断
    }
}
```

Step 2 保存并运行程序，其结果如图 7-11 所示。

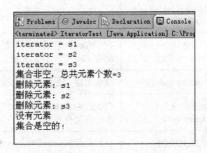

图 7-11　Iterator 的使用

通过上面的程序可以看出，Java 实现的这个迭代器的使用就是如此地简单。Iterator（迭代器）虽然功能简单，但仍然可以帮助我们解决许多问题。

7.4.3　List 接口

前面讲述的 Collection 接口实际上并没有直

接的实现类，而 List 是容器的一种，表示列表的意思。当不知道存储的数据有多少时，就可以使用 List 来完成存储数据的工作。例如，要保存一个应用系统当前的在线用户的信息，就可以使用一个 List 来存储。因为 List 的最大的特点就是能够自动地根据插入的数据量来动态改变容器的大小。

1. 常用方法

List 就是列表的意思，它是 Collection 的一种，即继承了 Collection 接口，以定义一个允许重复项的有序集合。

该接口不但能够对列表的一部分进行处理，还添加了面向位置的操作。List 是按对象的进入顺序进行保存对象的，不做排序或编辑操作。它除了拥有 Collection 接口的所有方法外还拥有一些其他的方法。

面向位置的操作包括插入某个元素或 Collection 的功能，还包括获取、除去或更改元素的功能。在 List 中搜索元素可以从列表的头部或尾部开始，如果找到元素，还将报告元素所在的位置。其主要方法如表 7-10 所示。

表 7-10　List 常用方法

方法名称	说明
void add(int index, Object element)	添加对象 element 到位置 index 上
boolean addAll(int index, Collection collection)	在 index 位置后添加容器 collection 中所有的元素
Object get(int index)	取出下标为 index 的位置的元素
int indexOf (Object element)	查找对象 element 在 List 中第一次出现的位置
int lastIndexOf(Object element)	查找对象 element 在 List 中最后出现的位置
Object remove(int index)	删除 index 位置上的元素
Object set(int index, Object element)	将 index 位置上的对象替换为 element 并返回原来的元素
boolean addAll (Collection collection)	将指定 collection 中的所有元素都添加到此 collection 中
void clear()	移除此 collection 中的所有元素
void removeAll (Collection collection)	移除此 collection 中那些也包含在指定 collection 中的所有元素

续表

方法	说明
void retainAll(Collection collection)	仅保留此 collection 中那些也包含在指定 collection 的元素
Object[] toArray()	返回包含此 collection 中所有元素的数组
Object[] toArray(Object[] a)	返回包含此 collection 中所有元素的数组；参数 a 应该是集合中所有存放对象的类的父类

对于 List 接口，其功能是提供基于索引的对成员的随机访问，它有两个实现，分别是 ArrayList 和 LinkedList。其中，ArrayList 提供快速的基于索引的成员访问，对尾部成员的增加和删除支持较好；而 LinkedList 对列表中任何位置的成员的增加和删除支持较好，但对基于索引的成员访问支持性能较差。

【任务 7】通过键盘依次输入 5 个人的名字，并将这些名字加入到一个 List 中，并通过循环语句将 List 中的元素逐一显示出来。

Step 1　在 Charpter7 项目中创建类 NameListTest，并输入如下的代码。

```java
package com.bjl;

import java.util.ArrayList;
import java.util.List;
import java.util.Scanner;

public class NameListTest {
    public static void main(String[] args) {
        List array = new ArrayList();
        Scanner in = new Scanner(System.in);
        //向 List 中添加元素
        for(int i=0;i<5;i++){
            System.out.print("请输入"+(i+1)+"个人的名字：");
            String name = in.next();
            array.add(name);
        }
        for(int i=0;i<array.size();i++){
            System.out.println("第"+(i+1)+"个元素是："+array.get(i));
        }
    }
}
```

Step 2　保存并运行程序，其结果如图 7-12 所示。

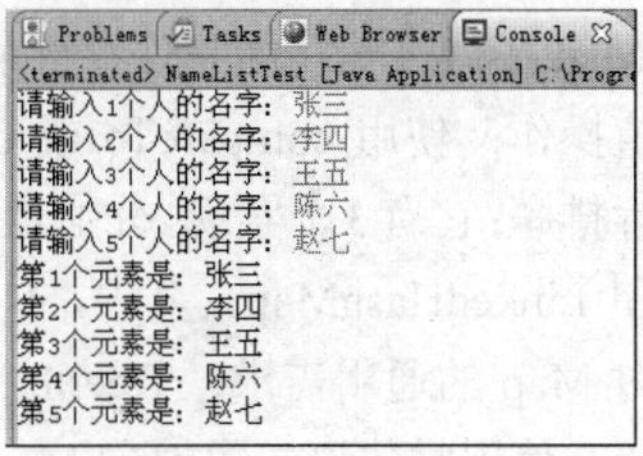

图 7-12 List 接口的应用

2. ListIterator 接口

ListIterator 接口继承 Iterator 接口以支持添加或更改底层集合中的元素，还支持双向访问。

以下源代码演示了列表中的反向循环，请注意 ListIterator 最初位于列表尾之后（list.size()），因为第一个元素的下标是 0。

```
List list = ...;
ListIterator iterator = list.listIterator
(list.size());
while (iterator.hasPrevious()) {
  Object element = iterator.previous();
  // Process element
}
```

正常情况下，不用 ListIterator 改变某次遍历集合元素的方向——向前或者向后。虽然在技术上可能实现，但在 previous() 后立刻调用 next()，返回的是同一个元素。把调用 next() 和 previous() 的顺序颠倒一下，结果相同。

【任务 8】使用 ListIterator 接口对 List 进行操作。

Step 1 在 Charpter7 项目中创建类 ListIteratorTest，并输入如下的代码。

```
package com.bjl;

import java.util.ArrayList;
import java.util.List;
import java.util.Scanner;

public class ListIteratorTest {
    public static void main(String[]
args) {
        List list = new ArrayList();
        Scanner in = new Scanner
(System.in);
        // 向 List 中添加元素
        for (int i = 0; i < 5; i++) {
            System.out.print("请输入"
```

```
+ (i + 1) + "个人的名字：");
            String name = in.next();
            list.add(name);
        }

        System.out.println("下标 0 开始:"
+ list.listIterator(0).next());// next()
        System.out.println("下标 1 开
始:" + list.listIterator(1).next());
        System.out.println(" 子 List
1-3:" + list.subList(1, 3));// 子列表

        ListIterator  it  =  list.
listIterator();// 默认从下标 0 开始
        //隐式光标属性 add 操作 ,插入到当
前的下标的前面
        it.add("sss");
        while (it.hasNext()) {
            System.out.println("下一个
元素的索引=" + it.nextIndex() + ",其元素内容="
                    + it.next());
        }

        // set 属性
        ListIterator  it1  =  list.
listIterator();
        it1.next();
        it1.set("老大");
        ListIterator  it2  =  list.
listIterator(list.size());// 下标
        while (it2.hasPrevious()) {
            System.out.println("前一
个元素的索引=" + it2.previousIndex() + ",
其元素内容=" + it2.previous());
        }
    }
}
```

Step 2 保存并运行程序，其结果如图 7-13 所示。

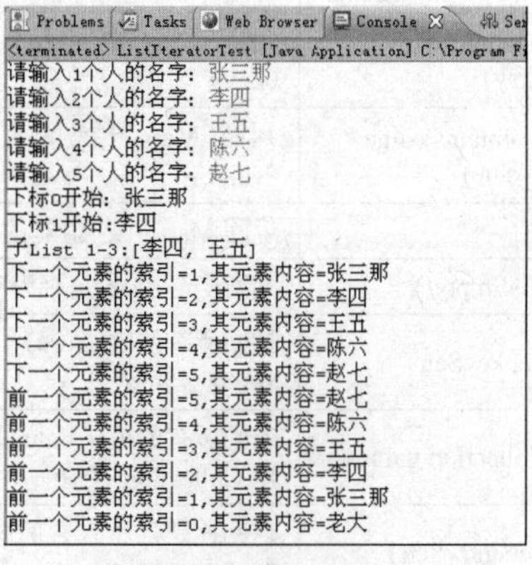

图 7-13 ListIterator 接口的应用

注意：对子列表的更改（如 add()、remove() 和 set() 调用）对底层 List 也有影响。

7.4.4 Map 接口

数学中的映射关系在 Java 中就是通过 Map 来实现的。它表示存储的元素是一个键值对（key-value），通过一个对象，可以在这个映射关系中找到另外一个和这个对象相关的对象。

例如，根据学号得到对应的学生信息，就属于这种关系的应用。将一个学号和这个学生的信息做了一个映射关系。也就是说，把学号和学生信息当成了一个"键值对"，"键"就是学号，"值"就是学生信息。

Map 接口不是 Collection 接口的继承，而是从自己的用于维护键-值关联的接口层次结构入手。按定义，该接口描述了从不重复的键到值的映射。其主要方法如表 7-11 所示。

表 7-11 Map 常用方法

方法名称	说明
Object put (Object key,Object value)	用来存放一个键-值对到 Map 中
Object remove (Object key)	根据 key（键），移除一个键-值对，并将值返回
void putAll (Map mapping)	将另一个 Map 中的元素存入当前的 Map 中
void clear()	清空当前 Map 中的元素
Object get(Object key)	根据 key（键）取得对应的值
boolean containsKey (Object key)	判断 Map 中是否存在某键（key）
boolean containsValue (Object value)	判断 Map 中是否存在某值（value）
int size()	返回 Map 中键-值对的个数
boolean isEmpty()	判断当前 Map 是否为空
public Set keySet()	返回所有的键（key），并使用 Set 容器存放
public Collection values()	返回所有的值（Value），并使用 Collection 存放
public Set entrySet()	返回此映射中包含的映射关系的 Set 视图

对于 Map 接口，其功能是保存键值对成员；基于键找值操作；使用 compareTo 或 compare 方法对键进行排序；它有 3 个实现，分别是 HashMap、TreeMap 和 LinkedHashMap。其中，HashMap 能满足用户对 Map 的通用需求；TreeMap 支持对键有序地遍历，使用时建议先用 HashMap 增加和删除成员，最后从 HashMap 生成 TreeMap，同时附加实现了 SortedMap 接口，支持子 Map 等要求顺序的操作；而 LinkedHashMap 保留键的插入顺序，用 equals 方法检查键和值的相等性。

【任务 9】 使用 Map 保存数据，并利用 Map 的方法对 Map 进行操作。

Step 1 在 Charpter7 项目中创建类 MapTest，并输入如下的代码。

```java
package com.bjl;
import java.util.HashMap;
import java.util.Map;
public class MapTest {
    public static void main(String[] args) {

        Map map1 = new HashMap();
        Map map2 = new HashMap();
        map1.put("20130001", "张三");
        map1.put("20130002", "李四");
        map2.put("computer", "计算机系");
        map2.put("manage", "管理系");

        // 根据键 "20130001" 取得值:"张三"
        System.out.println("map1.get(\"1\")=" + map1.get("20130001"));
        // 根据键 "20130001" 移除键值对
        "20130001"-"张三"
        System.out.println("map1.remove(\"1\")=" + map1.remove "20130001"));
        System.out.println("map1.get(\"1\")=" + map1.get("20130001"));

        // 将 map2 全部元素放入 map1 中
        map1.putAll(map2);
        // 清空 map2
        map2.clear();
        System.out.println("map1 是否为空?=" + map1.isEmpty());
        System.out.println("map2 是否为空?=" + map2.isEmpty());
        System.out.println("map1 中的键值对的个数 size = " + map1.size());
        System.out.println("map1 中所
```

有的键=" + map1.keySet());// set
```
                System.out.println("map1 中的
所有值=" + map1.values());// Collection
                System.out.println("map1 中的
映射关系=" + map1.entrySet());
                System.out.println("map1 是否包含
键: computer="+map1.containsKey("computer"));
                System.out.println("map2 是否包含
值: 管理系= " + map1.containsValue("管理系"));
            }
        }
```

Step 2　保存并运行程序，其结果如图 7-14 所示。

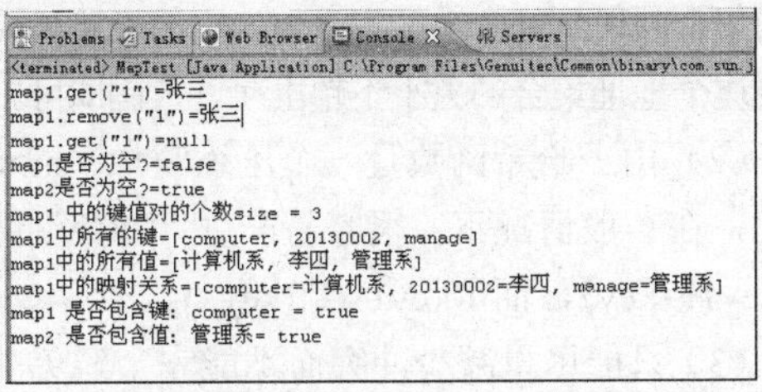

图 7-14　Map 接口的应用

7.5 HashTable 类和 Properties 类

7.5.1　HashTable 类

HashTable（哈希表）是一种重要的存储方式，也是一种常见的检索方法。Hashtable 不仅可以像 Map 一样动态存储一系列的对象，而且对存储的每一个对象（称为值）都要安排另一个对象（称为关键字）与之相关联。关键字和值都不允许为 null。

1. 构造方法

HashTable 类中提供了以下 3 种构造方法。

```
public Hashtable()
public Hashtable(int initialCapacity)
public Hashtable(int initialCapacity,
float loadFactor)
```

参数 initialCapacity 是 Hashtable 的初始容量，它的值应大于 0。loadFactor 又称装载因子，是一个在 0.0～0.1 之间的浮点数。它是一个百分比，

表明了哈希表何时需要扩充，例如，有一个哈希表，容量为 100，而装载因子为 0.9，那么，当哈希表 90%的容量已被使用时，此哈希表会自动扩充成一个更大的哈希表。如果用户不为这些参数赋值，系统会自动进行处理，不需要用户操心。

2. 常用方法

HashTable 类允许插入、检索、删除、清除等操作，其主要方法如表 7-12 所示。

表 7-12　HashTable 常用方法

方法名称	说明
void put (Object key,Object value)	给对象 value 设定关键字 key，并将其加到 Hashtable 中。若此关键字已经存在，则将此关键字对应的旧对象更新为新的对象 value。这表明哈希表中相同的关键字不可能对应不同的对象（从哈希表的基本思想来看，这也是显而易见的）
Object get(Object key)	根据给定关键字 key 获取相对应的对象
Object remove (Object key)	从哈希表中删除关键字 key 所对应的对象
boolean containsKey (Object key)	判断哈希表中是否包含关键字 key
boolean containsValue (Object value)	判断 value 是否是哈希表中的一个元素
void clear()	清除哈希表
Enumeration keys()	返回关键字对应的枚举对象
Enumeration elements()	返回元素对应的枚举对象

【任务 10】使用 Hash 保存数据，并利用 Hash 的方法对 Hash 进行操作。

Step 1　在 Charpter7 项目中创建类 HashTest，并输入如下的代码。

```
package com.bjl;

import java.util.Enumeration;
import java.util.Hashtable;

public class HashTest {
    public static void main(String
args[]) {
            // 创建了一个哈希表的对象 hash,
初始容量为 2, 装载因子为 0.8
```

```
        Hashtable hash = new Hashtable
(2, (float) 0.8);
        // 将字符串对象"北京"给定一关键
字"北京",并将它加入 hash
        hash.put("北京", "北京");
        hash.put("辽宁", "沈阳");
        hash.put("山东", "济南");
        // 打印 hash 的内容和大小
        System.out.println("哈希表的
内容= " + hash);
        System.out.println("哈希表中
的元素个数=" + hash.size());
        Enumeration enum1 = hash.elements();
        System.out.print("哈希表的元
素= ");
        while (enum1.hasMoreElements())
            System.out.print(enum1.
nextElement() + " ");
        System.out.println();
        // 依次打印 hash 中的内容
        if (hash.containsKey("辽宁"))
            System.out.println("辽宁
省的省会= " + hash.get("辽宁"));
        hash.remove("北京");
        // 删除关键字 Beijing 对应对象
        System.out.println("现在哈希
表的内容=: " + hash);
        System.out.println("哈希表中
的元素个数 " + hash.size());
    }
}
```

Step 2 保存并运行程序,其结果如图 7-15 所示。

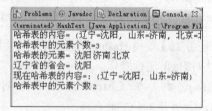

图 7-15 HashTable 的应用

3. HashTable 的基本原理

HashTable 的基本原理是在哈希表的元素的关键字与该元素的存储位置之间建立一种映射关系(哈希函数 h)。由哈希函数计算出的数值称为哈希码(Hash Code)/散列索引(这样可以直接通过关键字获取该元素的值),如图 7-16 所示。

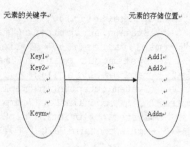

图 7-16 HashTable 的基本原理

对于 HashTable 有如下的说明。

(1)哈希(Hash)函数是一个映像,即将关键字的集合映射到某个地址集合上。它的设置很灵活,只要这个地址集合的大小不超出允许范围即可。

(2)由于哈希函数是一个压缩映像(m>n),因此,在一般情况下,很容易产生"冲突"现象,即 key1!=key2,而 f(key1) = f(key2)。

(3)只能尽量减少冲突而不能完全避免冲突,这是因为关键字集合通常比较大,其元素包括所有可能的关键字,而地址集合的元素仅为哈希表中的地址值。在构造这种特殊的"查找表"时,除了需要选择一个"好"(尽可能少产生冲突)的哈希函数之外,还需要找到一种"处理冲突"的方法。

7.5.2 Properties 类

Properties 类是 Hashtable 类的子类,它增加了将 Hashtable 对象中的关键字、值对保存到文件和从文件中读取关键字、值对到 Hashtable 对象中的方法。

在实际的应用中,Properties 类主要用于读取以项目的配置文件(以.properties 结尾的文件和.xml 文件)。比如,开发了一个操作数据库的模块,在开发的时候连接本地的数据库,那么,IP 地址、数据库名称、表名称、数据库主机等信息是本地的,要使操作数据的模块具有通用性,以上信息就不能写死在程序里。当模块改变了运行环境(要连接另外的数据库),只要修改配置文件的内容即可。

1. Properties 文件的格式

如开发的数据库模块,其配置文件为 db.properties,内容如下。

```
# 以下为服务器、数据库信息
dbPort = 1433
databaseName = mydb
dbUserName = sa
dbPassword = 123456
# 以下为数据库表信息
dbTable = mytable
# 以下为服务器信息
ip = 192.168.0.9
```

在上述的文件中，以#开始的行为注释信息；在"="左边的称之为 key；"="右边的称之为 value（其实就是我们常说的键-值对）。key 是程序中的变量，而 value 是根据实际情况配置的。

上述的文件中，连接的服务器 IP 地址为 192.168.0.9；服务器的端口为 1433；使用的用户名为 sa；密码为 123456；访问的数据库为 mydb；访问的表为 mytable。模块编写好以后，如果要更换运行环境，只要修改 db.properties 文件的 value 部分即可。

2. Properties 类的主要方法

使用 Properties 类操作文件，主要方法如表 7-13 所示。

表 7-13　Properties 类的常用方法

方法名称	说明
String getProperty(String key)	用指定的键在此属性列表中搜索属性。也就是通过参数 key，得到 key 所对应的 value
void load(InputStream inStream)	从输入流中读取属性列表（键-值对）。通过对指定的文件（如上面的 db.properties 文件）进行装载来获取该文件中的所有键-值对，以供 getProperty(Stringkey) 来搜索
Object setProperty (String key, String value)	调用 Hashtable 的方法 put。它通过调用基类的 put 方法来设值键-值对
void store(OutputStream out, String comments)	适合使用 load 方法加载到 Properties 表中的格式，将此 Properties 表中的属性列表（键-值对）写入输出流。与 load 方法相反，该方法将键-值对写入到指定的文件中

【任务 11】在 C 盘根目录下创建一个文件 db.properties，文件内容如下所示。

```
ip = 192.168.19.3
dbPort = 1433
databaseName = mydb
dbUserName = sa
```

```
dbPassword = 123456
```

利用 Properties 类对该文件进行操作。

Step 1　打开记事本，输入上述的内容，将该文件保存为 C:\db.properties 文件，如图 7-17 所示。

图 7-17　db.properties 文件内容

Step 2　在 Charpter7 项目中创建类 PropertiesTest，并输入如下的代码。

```
package com.bjl;

import java.io.FileInputStream;
import java.io.FileNotFoundException;
import java.io.FileOutputStream;
import java.io.IOException;
import java.util.Properties;

public class PropertiesTest {
    public static void main(String[]
args) {
        Properties propertie = new
Properties();
        try {
            propertie.load(new
FileInputStream("c:\\db.properties"));
        }
    catch (FileNotFoundException ex) {
            System.out.println(" 读取属
性文件--->失败！-原因：文件路径错误或者文件不存在");
            ex.printStackTrace();
        } catch (IOException ex) {
            System.out.println(" 装载
文件--->失败！");
            ex.printStackTrace();
        }
        // 下面读取db.properties 文件的内容
        String ip = propertie.getProperty
("ip");
        System.out.println("配置文件
的 IP=" + ip);
        String dbport = propertie.getProperty
("dbport");
        System.out.println("配置文件
的 dbport=" + dbport);
        String databaseName = propertie.
```

```
getProperty("databaseName");
              System.out.println("配置文件
的 databaseName=" + databaseName);
              String dbUserName = propertie.
getProperty("dbUserName");
              System.out.println("配置文件
的 dbUserName=" + dbUserName);
              String dbPassword = propertie.
getProperty("dbPassword");
              System.out.println("配置文件
的 dbPassword=" + dbPassword);

              // 下面修改 db.properties 文件,
将 ip 修改为 192.168.0.9,并保存到 db.properties
文件中
              propertie.setProperty("ip",
"192.168.0.9");
              try {
                     propertie.store(new
FileOutputStream("c:\\db.properties"),
"Modify");
              } catch (FileNotFoundException ex) {
                     System.out.println("写入属
性文件--->失败!-原因:文件路径错误或者文件不存在");
                     ex.printStackTrace();
              } catch (IOException ex) {
                     System.out.println("装载
文件--->失败!");
                     ex.printStackTrace();
              }
       }
   }
```

Step 3 保存并运行程序,结果如图 7-18 所示,修改后的 db.properties 文件如图 7-19 所示。

图 7-18　程序运行的结果

图 7-19　修改后的 db.properties 文件

通过上面的例子不难看出,在 Java 中操作配置文件是非常简单的。在一个需要用到大量配置信息的模块或系统里,可以通过 Properties 类对配置文件进行操作。

7.6 System 类和 Runtime 类

7.6.1 System 类

Java 不支持全局函数和全局变量,Java 设计者将一些系统相关的重要函数和变量收集到了一个统一的类——System 类中。System 类中的所有成员都是静态的,当需要使用这些变量和方法时,直接使用 System 类名作为前缀。

1. exit 方法

exit(int status) 方法提前终止虚拟机的运行。对于发生了异常情况而想终止虚拟机的运行,传递一个非零值。正常情况下,传递零值。

如:

```
public class ExitTest {
    public static void main(String[]
args) {
        try {

            System.out.println("Hello
World");

            System.exit(0);

        } finally {

            System.out.println("Goodbye
World");

        }
    }
}
```

System.exit 方法会导致当前运行线程停止并使其他线程都终止,因此上面这段代码中的 finally 代码块不会被执行。

因此,如果想在任何时候退出程序的执行,

就可以使用 System.exit 方法。

2. CurrentTimeMills 方法

CurrentTimeMills 方法返回自 1970 年 1 月 1 日 0 点 0 分 0 秒起至今的以毫秒为单位的时间，是 Long 型的大数值。在计算机内部，只有数字，没有日期类型，也就是说，我们平常用的日期在本质上就是一个数值，但是通过这个数值，能够推算出其对应的具体日期时间。

【任务 12】 计算 1~100 之间能被 3 整除的数的个数，并计算这段程序的执行时间。

Step 1 创建类文件 CodeRunTimes，输入如下的代码。

```java
package com.bjl;

public class CodeRunTimes {
    public static void main(String[] args) {
        //用来保存程序开始执行的时间
        Long startTime = System.current
TimeMillis();
        int count = 0;
        for(int i=1;i<=100;i++){
            if(i % 3 ==0){
                //如果能被3整除就休眠10毫秒
                try {
                    Thread.sleep(10);
                } catch (Interrupted
Exception e) {
    //TODO Auto- generated ca tch block
                    e.printStackTrace();
                }
                count++;
            }
        }
        System.out.println("1~100 之间
能被 3 整除的个数="+count);
        //用来保存程序运行结束的时间
        Long endTime = System. CurrentTime
Millis();
        System.out.println("程序总共运
行了: "+(endTime-startTime)+"毫秒");
    }
}
```

Step 2 保存并运行程序,结果如图 7-20 所示。

图 7-20　程序运行时间

7.6.2　Runtime 类

RunTime 类封装了 Java 命令本身的运行线程，不能直接创建 RunTime 实例，但可以通过 Runtime.getRuntime 获得正在运行的 Runtime 对象。

Java 程序运行后，本身就是多任务操作系统上的一个进程，exec 方法用于在这个进程中启动一个新的进程。

exec 方法返回一个代表子进程的 Process 对象，通过这个对象，Java 进程可以与子进程进行交互。

例如，在 Java 程序中启动一个 Windows 记事本程序的运行实例，并在该运行实例中打开这个 Java 程序的源文件，启动的记事本程序 5 秒后被关闭。实现代码如下。

```java
public class RuntimeTest {
    public static void main(String[] args) {
        Process p = null;
        try {
//从当前的这个进程中，启动一个新的进程
            p=Runtime.getRuntime().exec
("notepad.exe");
            Thread.sleep(5000);
        } catch (Exception e) {
// TODO Auto-generated catch block
            e.printStackTrace();
        }
        //终止这个进程
        p.destroy();
    }
}
```

▌7.7▐ 上机实训

1. 实训内容

某学校要在所有学生中招募一批志愿者，用程序模拟该过程，并能显示报名学生的信息。

2. 实训目的

通过实训掌握集合类的用法，具体实训目的如下。

◆ 掌握向集合类中添加对象的方法。

◆ 掌握遍历整个集合类的方法。

3. 实训要求

◆ 定义学生类 Student。
◆ 定义属性：学号（studentNo）、姓名（studentName）、所在院系（department）、英语水平（english）及对应 setter/getter 方法。
◆ 定义志愿者类 Volunteers，包含 ArrayList 的对象，用来保存学生，并创建报名志愿者的方法 addVolunteer 和显示学生信息信息的 getVolunteers 方法。
◆ 通过测试类 VolunteersTest，学生报名参加志愿者，并显示志愿者的详细信息。

4. 完成实训

Step 1 启动 Eclipse，并创建项目 Charpter7，也可以利用已创建的项目。

Step 2 创建 Student 类，输入如下代码。

```java
package com.bjl;

public class Student {
    private String studentNo;
    private String studentName;
    private String department;
    private String english;

    public String getStudentNo() {
        return studentNo;
    }

    public void setStudentNo(String studentNo) {
        this.studentNo = studentNo;
    }

    public String getStudentName() {
        return studentName;
    }

    public void setStudentName(String studentName) {
        this.studentName = studentName;
    }

    public String getDepartment() {
        return department;
    }

    public void setDepartment(String department) {
```

```java
        this.department = department;
    }

    public String getEnglish() {
        return english;
    }

    public void setEnglish(String english) {
        this.english = english;
    }

    public Student() {

    }

    public Student(String studentNo,
String studentName, String department,
        String english) {

        this.studentNo = studentNo;
        this.studentName = studentName;
        this.department = department;
        this.english = english;
    }

}
```

Step 3 创建 Volunteers 类，输入如下代码。

```java
package com.bjl;

import java.util.ArrayList;
import java.util.Iterator;

public class Volunteers {
    private ArrayList list = new
ArrayList(); // 用来报名的学生

    // 学生报名参加志愿者
    public void addVolunteer(Student
student) {
        list.add(student);
    }

    // 得到志愿者的所有信息
    public void getVolunteers() {
        int studentCount = 0;
// 记录志愿者的人数
        Iterator iterator = list.
iterator();// 得到一个迭代器
        while(iterator.hasNext()){//遍历
            Student student = (Student)
iterator.next();// 强制类型转换
            System.out.println("学生
学号: " + student.getStudentNo() + ",姓名:"
    + student. getStudentName() + ",所在
院系: "+ student. getDepartment() + ",英语
水平" + student. getEnglish());
```

```
                studentCount++;
        }
            System.out.println("志愿者共
有: " + studentCount + "个同学");

        }
    }
```

Step 4　创建 CartTest 类，输入如下代码。

```
package com.bjl;

public class VolunteersTest {
    public static void main(String[]
args) {
        Volunteers v = new Volunteers();
        v.addVolunteer(new   Student
("20130001","张三","计算机系","良好"));
        v.addVolunteer(new   Student
("20130102","李四","管理系","优秀"));
        v.addVolunteer(new   Student
("20130201","王五","机械系","良好"));
        v.addVolunteer(new   Student
("20130305","陈六","中文系","良好"));
        v.getVolunteers();
    }
}
```

Step 5　保存并运行程序，结果如图 7-21 所示。

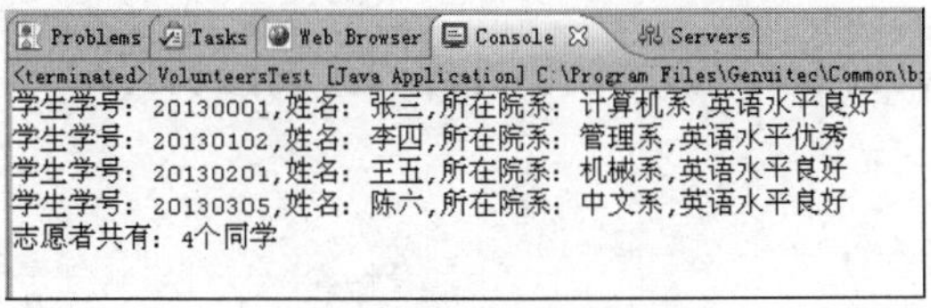

图 7-21　程序运行结果

▌7.8 ▌ 练习与上机

1. 选择题

（1）在 Java 中，如果要在字符串类型对象 s= "java"中找出字母 'v' 出现的位置（即位置 2），可使用（　　　）。

    A．mid(2,s);   B．s.indexOf('v');

    C．indexOf(s,'v');   D．charAt(2);

（2）关于基本数据类型和基本数据类型的包装类，下列说法错误的是（　　　）。

    A．基本简单类型不具有对象的特性

    B．要让一个整数具有对象的特性，必须用整数的包装类

    C．基本类型在堆栈中创建

    D．字符串转换成整数需要使用 valueOf 方法

2. 实训操作题

（1）创建类 StringTest，在 main 方法中，创建 4 个字符串对象。

```
String a=new String("abc");
String b=new String("abc");
String x="abc";
String y="abc";
```

编写如下程序，查看输出结果，思考原因。

```
System.out.println(a==b);
System.out.println(x==y);
System.out.println(a.equals(b));
System.out.println(x.equals(y));
```

（2）在题（1）的基础上利用 String 类提供的方法，完成如下的要求。

① 输出字符串 a 的长度。

② 输出字符串 a 的第三个字符。

③ 输出字符串 a 中第一次出现字符 c 的位置。

④ 将字符串 a 中的 a 替换成 A。

（3）选择一个合适的集合类，用程序模拟一个购物车，购买的商品为书籍，显示购物车商品信息，并显示所有书籍的价格总和。（实训目的：掌握集合类的使用）

（4）在 Java 程序中启动一个 Windows 记事本程序的运行实例，并在该运行实例中打开这个 Java 程序的源文件，启动的记事本程序 5 秒后被关闭。（实训目的：掌握 Runtime 类的用法）

读书笔记

第 **8** 章

IO 输入输出

8.1 File 类

文件是相关记录或放在一起的数据的集合，通常情况下，文件都是存储在硬盘、光盘、移动硬盘中的。要在程序中操作文件，必须使用 java.io 包中的 File 类。通过 File 类提供的各种方法，可以创建、删除文件，重命名文件，判断文件的读写权限及是否存在文件，设置和查询文件的最近修改时间。在 Java 中，目录也被当作文件使用，只是多了一些目录特有的功能，如可以用 list 方法列出目录中的文件名。

File 类的构造函数主要有 3 个。

◆ File(File parent, String child)：根据 parent 抽象路径名和 child 路径名字符串创建一个新 File 实例。

◆ File(String pathname)：通过将给定路径名字符串转换为抽象路径名来创建一个新 File 实例。

◆ File(String parent, String child)：根据 parent 路径名字符串和 child 路径名字符串创建一个新 File 实例。

File 类的常用方法如表 8-1 所示。

表 8-1 File 类的常用方法

方法名称	说明
boolean canRead()	判断文件是否可读
boolean canWrite()	判断文件是否可写
boolean createNewFile()	当且仅当不存在具有此抽象路径名指定名称的文件时，不可分地创建一个新的空文件
boolean delete()	删除此抽象路径名表示的文件或目录
boolean equals(Object obj)	判断此抽象路径名与给定对象是否相等
boolean exists()	判断此抽象路径名表示的文件或目录是否存在
File getAbsoluteFile()	返回此抽象路径名的绝对路径名形式
String getAbsolutePath()	返回此抽象路径名的绝对路径名字符串
String getName()	返回由此抽象路径名表示的文件或目录的名称
String getParent()	返回此抽象路径名父目录的路径名字符串；如果此路径名没有指定父目录，则返回 null

续表

方法名称	说明
File getParentFile()	返回此抽象路径名父目录的抽象路径名；如果此路径名没有指定父目录，则返回 null
String getPath	将此抽象路径名转换为一个路径名字符串
boolean isDirectory()	判断此抽象路径名表示的文件是否是一个目录
boolean isFile()	判断此抽象路径名表示的文件是否是一个标准文件
boolean isAbsolute()	判断此抽象路径名是否为绝对路径名
long lastModified()	返回此抽象路径名表示的文件最后一次被修改的时间
long length()	返回由此抽象路径名表示的文件的长度
boolean mkdir()	创建此抽象路径名指定的目录
final String separator	与系统有关的默认名称分隔符。此字段被初始化为包含系统属性 file.separator 值的第一个字符。在 UNIX 系统上，此字段的值为'/'；在 MicrosoftWindows 系统上，它为'\\'

【任务 1】判断 C 盘根目录下是否存在 1.txt 文件，如果存在就删掉，如果不存在就创建该文件。并调用 File 类的方法，得到文件的各种属性。

Step 1　在 Eclipse 中新建项目 Charpter8，并在该项目中创建类 FileTest，输入如下的代码。

```java
package com.bjl;

import java.io.File;

public class FileTest {
    public static void main(String[] args) {
        File f = new File("c:\\1.txt");
        if (f.exists())
            //如果文件存在，就删掉
            f.delete();
        else
            try {
                f.createNewFile();
            } catch (Exception e) {
                System.out.println(
e.getMessage());
            }
        System.out.println(" 文 件 名
称:" + f.getName());
        System.out.println("文件所在
路径:" + f.getPath());
        System.out.println("文件绝对
路径:" + f.getAbsolutePath());
        System.out.println("文件的父
目录:" + f.getParent());
```

```
              System.out.println(f.exists() ?
"文件存在" : "文件不存在");
              System.out.println(f.canWrite()?
"文件可写" : "文件不可写");
              System.out.println(f.canRead() ?
"文件可读" : "文件不可读");
              System.out.println(f.isDirectory()?
"是目录 " : "不是目录");
              System.out.println(f.isFile() ?
"是个普通文件": "不是标准文件");
              System.out.println(f.isAbsolute() ?
"是绝对路径名" : "不是绝对路径名");
              System.out.println("文件上次
修改时间:" + f.lastModified());
              System.out.println("文件大小:"
+ f.length() + " Bytes");
        }
    }
```

Step 2 保存并运行程序，其结果分为两种情况，第一种情况是文件一开始就不存在，第二种情况是文件一开始就存在。其结果如图 8-1 和图 8-2 所示。

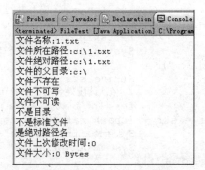

图 8-1 文件不存在时的运行结果

图 8-2 文件存在时的运行结果

 注意：delete 方法删除由 File 对象的路径所标示的磁盘文件或目录，如果删除的对象是目录，则该目录中的内容必须为空。

8.2 RandomAccessFile 类

之前的 File 类只是针对文件本身进行操作的，而如果想对文件内容进行操作，则可以使用 RandomAccessFile 类。RandomAccessFile 类可以说是 Java 语言中功能最为丰富的文件访问类，它提供了众多的文件访问方法。RandomAccessFile 类支持"随机访问"方式，可以跳转到文件的任意位置处读写数据。

RandomAccessFile 对象类有一个位置指示器，指向当前读写处的位置，当读写 N 个字节后，文件指示器将指向这 N 个字节后的下一个字节处。当打开一个新文件时，文件指示器指向文件的开头处，可以移动文件指示器到新的位置，随后的读写将从新的位置开始。

RandomAccessFile 类的指针示意如图 8-3 所示。

图 8-3 RandomAccessFile 类的指针示意图

从图中看出，如果指针指向了第一行的末尾，那么，进行读或者写的操作就从当前指针指向的位置开始。

RandomAccessFile 类的构造函数主要有两个。

◆ RandomAccessFile(File file, String mode)：创建从中读取和向其中写入（可选）的随机访问文件流，该文件由 file 参数指定。

◆ RandomAccessFile(String name, String mode)：

创建从中读取和向其中写入（可选）的随机访问文件流，该文件由 name 字符串指定，mode 为访问文件的方式，有 "r" 或 "rw" 两种形式。若 mode 为 "r"，则文件只能读出，对这个对象的任何写操作将抛出 IOException 异常；若 mode 为 "rw" 并且文件不存在，则该文件将被创建。若 name 为目录名，也将抛出 IOException 异常。

RandomAccessFile 类的常用方法如表 8-2 所示。

表 8-2　RandomAccessFile 类的常用方法

方法名称	说明
byte readByte()	从此文件读取一个有符号的 8 位数
char readChar()	从此文件读取一个字符
int readInt()	从此文件读取一个有符号的 32 位整数
void seek(long pos)	指定文件指针在文件中的位置
int skipBytes(int n)	在文件中跳过指定的字节数
void write(byte[] b)	将 b.length 个字节从指定数组 byte 写入到此文件，并从当前文件指针开始
void writeInt(int v)	按 4 个字节将 int 写入该文件，先写高字节

【任务 2】创建一个 Student 类，包含 name 和 age 属性，创建一个构造方法，保证每一个 Student 对象的数据只包含 12 个字节。在主程序中创建 3 个 Student 的对象，依次写入 C:\1.txt 文件中，然后按照第二个学生、第一个学生、第三个学生的先后顺序依次读出。

Step 1　在项目 Charpter8 中创建类 RandomAccessFileTest 类，输入如下的代码。

```
package com.bj1;

import java.io.FileNotFoundException;
import java.io.IOException;
import java.io.RandomAccessFile;

public class RandomAccessFileTest {
    public static void main(String[]
args) {
        Student s1 = new Student
("zhangsan", 20);
        Student s2 = new Student
("lisi", 19);
        Student s3 = new Student
("wangwuchang", 18);

        // 创建 RandomAccessFile 对象，
将 Student 的 3 个对象写入文件中
        try {
            RandomAccessFile ra = new
RandomAccessFile("c:\\1.txt", "rw");
            //使用 write(byte[])方法将
名字写入，而 String.getBytes()方法可将字符串
转换成字节数组
            ra.write(s1.name.getBytes());
            ra.writeInt(s1.age);
            ra.write(s2.name.getBytes());
            ra.writeInt(s2.age);
            ra.write(s3.name.getBytes());
            ra.writeInt(s3.age);
            ra.close();
        }
catch (FileNotFoundException e) {
        // TODO Auto-generated catch block
            e.printStackTrace();
        } catch (IOException e) {
        // TODO Auto-generated catch block
            e.printStackTrace();
        }

        //创建 RandomAccessFile 对象，按
照第二个学生、第一个学生、第三个学生的先后顺序依
次读出
        RandomAccessFile raf;
        try {
            raf = new RandomAccessFile
("c:\\1.txt", "r");
            int len = 8; // 跳过第一个
学生的信息，其中姓名 8 字节，年龄 4 字节
            raf.skipBytes(12);
            System.out.println("第二
个学生信息：");
            String str = "";
            //依次读出姓名的 8 个字节的内容
            for (int i = 0; i < len; i++)
    str = str + (char) raf.readByte();
            System.out.println("姓名:" + str);
            System.out.println("年龄:"
+ raf.readInt());

            System.out.println("第一
个学生信息：");
            raf.seek(0);
// 将指针移动到文件开始位置
            str = "";
            for (int i = 0; i < len; i++)
    str = str + (char) raf.readByte();
```

```
        System.out.println("姓名:" + str);
    System.out.println("年龄:"+raf.readInt());

        System.out.println("第三个学生信息：");
                raf.skipBytes(12); // 因
为已经读取完第一个学生的信息，指针已经指向第一个
学生信息之后，这里只跳过 12 个字节
                str = "";
                for (int i = 0; i < len; i++)
        str = str + (char) raf. readByte();
        System.out.println("姓名:" + str);
    System.out.println("年龄:"+raf.readInt());

                raf.close();

            } catch (FileNotFoundException e) {
        // TODO Auto-generated catch block
                e.printStackTrace();
            } catch (IOException e) {
        // TODO Auto-generated catch block
                e.printStackTrace();
            }

        }
    }

class Student {
    public String name;
    public int age;
    final static int LEN = 8;
```

　　//为了方便控制指针，将 Student 对象固定为 12 个长度，因为 age 属性是 int 类型，占用 4 个字节，所以我们限定 name 属性必须为 8 个字节

```
    public Student(String name, int
age) {
    // 如果 name 属性的长度超过 8 个字节，就截断
        if (name.length() > LEN) {
                name = name.substring(0, 8);
            } else {
                // 否则，用空格补齐
                while (name.length() < LEN)
                    name = name + "\u0000";
            }
            this.name = name;
            this.age = age;
        }

    }
```

Step 2　保存并运行程序，其结果如图 8-4 所示。

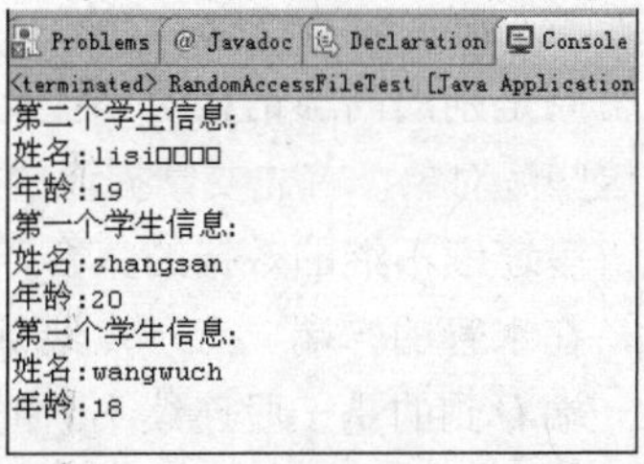

```
Problems  @ Javadoc  Declaration  Console
<terminated> RandomAccessFileTest [Java Application
第二个学生信息：
姓名:lisi□□□□
年龄:19
第一个学生信息：
姓名:zhangsan
年龄:20
第三个学生信息：
姓名:wangwuch
年龄:18
```

图 8-4　使用 RandomAccessFile 类读写文件内容

> 提示：（1）String 的 getBytes()方法是得到一个字符串的字节数组。
>
> （2）write()方法只写入一个字节的数据或是字节数组。
>
> （3）writeInt()方法写入一个整数，除此之处，写入的方法还有 writeByte()、writeBoolean()、writeShort()、writeChar()、writeInt()、 writeLong()、 writeFloat()、writeDouble()、 writeChars()。
>
> （4）操作完毕后，要用 close 方法关闭文件。

8.3 Java IO 流

　　大多数应用程序都需要与外部设备进行数据交换，最常见的外部设备包含磁盘和网络，IO 就是指应用程序对这些设备的数据输入与输出。在程序中，一般情况下，键盘被当作输入文件，显示器被当作输出设备使用。Java 语言定义了许多类专门负责各种方式的输入输出，这些类都放在 java.io 包中。

8.3.1　流的概念

　　流机制是 Java 及 C++中的一个重要的机制，通过流能自由地控制包括文件、内存、IO 设备等中的数据的流向。例如，可以从文件输入流中获取数据，经处理后，再通过网络输出流把数据输出到网络设备上；或利用对象输出流把一个程序

中的对象输出到一个格式流文件中，并通过网络流对象将其输出到远程机器上，然后在远程机器上利用对象输入流将对象还原。

这些机制是别的高级语言所不能比拟的，但要掌握好这些流对象，首先要掌握流的概念。

流是一串连续不继的数据的集合，就像水管里的水流，在水管的一端一点一点地供水，而在水管的另一端看到的是一股连续不断的水流。数据写入程序可以是一段一段地向数据流管道中写入数据，这些数据段会按先后顺序形成一个长的数据流。对数据的读取程序来说，看不到数据流在写入时的分段情况，每次可以读取其中的任意长度的数据，但只能先读取前面的数据，再读取后面的数据。不管写入时是将数据分多次写入，还是作为一个整体一次写入，读取时的效果都是完全一样的。

8.3.2　流的分类

在 Java 中的流，按流动方向可以分为输入流及输出流两种；按流的处理位置可分为节点流和过滤流；按流的数据单位分为字节流和字符流。

1. 输入流和输出流

输入流和输出流是以程序为参考点来说的，所谓的输入流就是程序从中获取数据的流，输出流就是程序要其写数据的流。

在输入流的一边是程序，而另一边就是流的数据源。输出流的一边是目标，另一边就是程序。其实，流可以想象成是一条长河，在上游有水库提供水源，河边住着一户人，随时都可以从河边取到水，同时，这户人也可以把一些废水倒进河里，使得废水可以流进大海。这里所提到的河就是一个数据的流动通道，而水库就好比是计算机上的一切数据源，包括磁盘文件、内存、IO 设备、键盘等。Java 提供了非常完善的输入流类来把这些数据源挂接到流上使得程序能从这些输入流中获取所需的数据。河边上的用户就是程序，它能随时随地从流中取得数据，只要有数据

源挂接到这个通道上可以。而大海就是程序处理完数据后要流向的目的地，这些目的地包括磁盘文件、内存、IO 设备、显示器等，这些目的地只是相对程序来说的，它们也可能是其他进程的输入流。

输入流和输出流的示意图如图 8-5 所示。

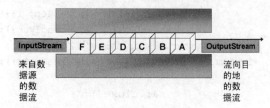

图 8-5　输入输出流示意图

> **注意：** 判断一个流是输入流还是输出流，其参考点一定是程序。如果程序从数据源读取数据，则要用输入流；程序要将数据写入到目标，则要用输出流。请读者一定要注意，不能认为从文件中读取内容就应该是输出流，向文件中写入数据就是输入流。

2. 节点流和过滤流

程序用于直接操作目标设备所对应的类，就是节点流。程序通过一个间接流类去调用节点流类，以达到更加灵活、方便地读写各种类型的数据，这个间接流就是过滤流（也叫处理流）。

如 FileInputStream 是一个节点流，可以直接从文件读取数据，但是 BufferedInputStream 可以包装 FileInputStream，使得其有缓冲功能，所以 BufferedInputStream 就是过滤流。

3. 字节流和字符流

字节流读取的最小单位是一个字节（1byte=8bit），而字符流一次可以读取一个字符（1char = 2byte = 16bit）。

其实，除了以上 3 种分类外，还有其他一些分类，如对象流、缓冲流、压缩流、文件流等，其实都是节点流和过滤流的子分类。

4. 流分类的关系

不管流的分类是多么地丰富和复杂，其根源

来自于 4 个基本的类。这个 4 个类的关系如表 8-3 所示。

表 8-3　流分类的关系

	字节流	字符流
输入流	InputStream	Reader
输出流	OutputStream	Writer

8.3.3　字节流

字节流是最基本的流，文件的操作、网络数据的传输等都依赖于字节流。而字符流常常用于读取文本类型的数据或字符串流的操作等。

1. InputStream

程序可以从中连续读取字节的对象叫输入流，用 InputStream 来完成。其主要方法如表 8-4 所示。

表 8-4　InputStream 类的常用方法

方法名称	说明
int read()	返回下一个输入字节的整型表示。如果因已到达流末尾而没有可用的字节，则返回值 −1
int read(byte[] b)	读入 b.length 个字节放到 b 中并返回实际读入的字节数
int read(byte[] b, int off, int len)	将输入流中最多 len 个数据字节读入字节数组。尝试读取多达 len 字节，但可能读取较少数量。以整数形式返回实际读取的字节数。如果由于已到达流末尾而不再有数据，则返回 −1。其中，参数 b——读入数据的缓冲区；off——在其处写入数据的数组 b 的初始偏移量；len——要读取的最大字节数
long skip(long n)	跳过输入流上的 n 个字节并返回实际跳过的字节数
void close()	在操作完一个流后要使用此方法将其关闭，系统就会释放与这个流相关的资源

2. OutputStream

程序能向其中连续写入字节的对象叫输出流，用 OutputStream 类完成。其主要方法如表 8-5 所示。

表 8-5　OutputStream 类的常用方法

方法名称	说明
void write(int b)	将一个字节写到输出流。注意，这里的参数是 int 型，它允许 write 使用表达式而不用强制转换成 byte 型
void write(byte[] b)	将整个字节数组写入到输入流中
int write(byte[] b, int off, int len)	将字节数组 b 中从 off 开始的 len 个字节写到输出流据
void flush()	刷新此输出流并强制写出所有缓冲的输出字节。flush 的常规协定是：如果此输出流的实现已经缓冲了以前写入的任何字节，则调用此方法指示应将这些字节立即写入它们预期的目标
void close()	关闭输出流

InputStream 和 OutputStream 是抽象类，需要由子类来完成。

3. FileInputStream

FileInputStream 和 FileOutputStream 这两个节点流用来操作磁盘文件。创建字节输入文件流 FileInputStream 类对象的构造方法如下。

◆ FileInputStream(String name)

说明：用文件名 name 建立流对象。例如：

```
FileInputStream fis = new FileInputStream
("c:/config.sys");
```

◆ FileInputStream(File file)

说明：用文件对象 file 建立流对象。例如：

```
File myFile = new File("c:/config.sys");
FileInputSteam fis = new FileInputStream
(myFile);
```

对于 FileInputStream 对象，有如下的说明。

（1）若 FileInputStream 输入流对象创建成功，就相应地打开了该对象对应的文件，接着就可以从文件读取信息了。

（2）若创建对象失败，将产生异常 FileNotFoundException，这是一个非运行时异常，必须捕获和抛出，否则编译会出错。

（3）创建一个 FileInputStream 对象时，这个文件应该存在并且可读。

4. FileOutputStream

FileOutputStream 可表示一种创建并顺序写的文

件。在构造此类对象时，若指定路径的文件不存在，会自动创建一个新文件；若指定路径已有一个同名文件，该文件的内容将覆盖。创建字节输出文件流 FileOutputStream 类对象的构造方法有如下 2 种。

◆ FileOutputStream(String name)

说明：用文件名 name 创建流对象。例如：

```
FileOutputStreamfos=newFileOutputStream
("d:/out.dat");
```

◆ FileOutputStream(File file)

说明：用文件对象 file 建立流对象。例如：

```
File myFile = new File("d:/out.dat");
FileOutputStream fos = new FileOutputStream
(myFile);
```

【任务 3】要操作 C:\x.txt 文件，其内容如图 8-6 所示。使用字节流将该文件的所有内容读出，并将该文件的内容保存到另一个文件 xcopy.txt 中。

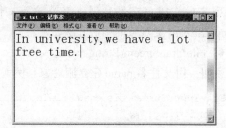

图 8-6 要操作的文件

Step 1 在项目 Charpter8 中创建类 IOStreamTest 类，输入如下的代码。

```
package com.bjl;

import java.io.*;

public class IOStreamTest{
    /**
    * 字节流测试
    */
    public static void testStream() {
        InputStream fis = null;
        OutputStream fos = null;
        try {
            fis = new FileInputStream
("C:\\x.txt");
            fos=new FileOutputStream
("C:\\xcopy.txt");
            long num = 0; // 读取字节计数
```

```
            int bt = 0;
// 每次读入字节内容
            // 当读入文件末尾时，读入数据的值为-1
            //每次读入一个字节，存放到变
量 bt 中，直到读完整个文件
            while ((bt = fis.read()) != -1) {
                System.out.print(bt);
//以数字的形式逐个输出文件的每个字节
                System.out.print((char) bt);
// 以字母的形式逐个输出文件的每个字节
                fos.write(bt);
// 将字节写入输出流中，实现文件的 copy 功能
                num++;
            }
            System.out.println("读取
的字节数为" + num);
            fis.close();
            fos.close();
        } catch (FileNotFoundException e) {
            System.out.println("找不
到指定的文件！");
            e.printStackTrace();
        } catch (IOException e) {
            System.out.println("文件
读取时发生 IO 异常！");
            e.printStackTrace();
        }
    }

    public static void main(String[]
args) {
        testStream();
    }

}
```

Step 2 保存并运行程序，结果如图 8-7 所示。并且在 C 盘根目录下多了一个文件 xcopy.txt 文件，其内容和 x.txt 文件的内容一致。

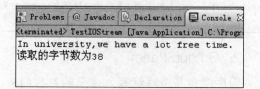

图 8-7 使用字节流读取文件

关于上面的程序，有两点说明。

（1）在读取文件的全部内容时，一般都是采用下面的循环语句。

```
while ((bt = fis.read()) != -1) {
       ...
       }
```

（2）使用 FileInputStream 的 read 方法读出来的是一个整数，所以在显示的时候，需要将其转换成字符。

8.3.4　字符流

Java 中的字符是 Unicode 编码，是双字节的，而 InputSteam 和 OutputStream 是用来处理字节的，在处理字符文本时不太方便，需要编写额外的程序代码。Java 为字符文本的输入输出专门提供了一套单独的类——Reader 和 Writer。Reader 和 Write 也是抽象类。

字符流的处理和字节流差不多，API 基本上完全一样，就是计量单位不同。

1. Reader 和 Writer

Reader 中包含一套字符输入流需要的方法，可以完成最基本的从输入流读入数据的功能。

Writer 中包含一套字符输出流需要的方法，可以完成最基本的输出数据到输出流的功能。

Reader 类的常用方法如表 8-6 所示。

表 8-6　Reader 类的常用方法

方法名称	说明
int read()	如果调用的输入流的下一个字符可读则返回一个整型，文件尾则返回−1
int read(char buffer[ ])	试图读取 buffer 中的 buffer.length 个字符，返回实际成功读取的字符数，文件尾则返回−1
int read(char buffer[ ], int offset, int numChars)	试图读取 buffer 中从 buffer[offset]开始的 numChars 个字符，返回实际成功读取的字符数，文件尾则返回−1
long skip (long numChars)	跳过 numChars 个输入字符，返回跳过的字符数
void close()	关闭输出流

Writer 类的常用方法如表 8-7 所示。

表 8-7　Writer 类的常用方法

方法名称	说明
void write(int ch)	向输出流写入单个字符。参数是一个整型，可以不必把参数转换成字符型就可以调用
void write (char buffer[ ])	向一个输出流写入一个完整的字符数组
Void write (char buffer[ ], int offset ,int numChars)	向调用的输出流写入数组 buffer 以 buffer[offset]为起点的 numChars 个字符区域内的内容
void write(String str)	向调用的输出流写 str
void write (String str, int offset, int numChars)	写数组 str 中以指定的 offset 为起点的长度为 numChars 个字符区域内的内容
void flush()	刷新此输出流并强制写出所有缓冲的输出字节。flush 的常规协定是：如果此输出流的实现已经缓冲了以前写入的任何字节，则调用此方法指示应将这些字节立即写入它们预期的目标
void close()	关闭输出流

Reader 和 Writer 在处理字符串时简化了编程。

2. FileReader 和 FileWriter

FileReader 和 FileWriter 是 Reader 和 Writer 的子类。创建 FileReader 对象的构造方法有如下 2 种。

◆ FileReader (String name)

说明：用文件名 name 创建流对象。例如：

```
FileReader fr = new FileReader ("d:/out.dat");
```

◆ FileReader (File file)

说明：用文件对象 file 建立流对象。例如：

```
File myFile = new File("d:/out.dat");
FileReader fr = new FileReader (myFile);
```

创建 FileWriter 对象的构造方法有如下 3 种。

◆ FileWriter (String name)

说明：用文件名 name 创建流对象。例如：

```
FileWriter fw = new FileWriter ("d:/out.dat");
```

◆ FileWriter (String name, boolean append)

说明：用文件名 name 创建流对象和指定的附加方式创建对象。例如：

```
FileWriter fw = new FileWriter ("d:/out.dat",true);
```

表示在 fw 对文件再次写入时，会在该文件的结尾续写，但不会覆盖。

◆ FileWriter (File file)

说明：用文件对象 file 建立流对象。例如：

```
File myFile = new File("d:/out.dat");
FileWriter fw = new FileWriter (myFile);
```

【任务 4】在任务 3 的基础上，使用字符流对文件进行操作。

Step 1　在项目 Charpter8 中创建类 RWTest 类，输入如下的代码。

```
package com.bjl;

import java.io.*;

public class RWTest {
    /**
     * 字符流测试
     */
    public static void testRW() {
        FileReader fr = null;
        FileWriter fw = null;
        try {
            fr = new FileReader("C:
\\x.txt");
            fw = new FileWriter("C:
\\xcopy.txt");
            char[] buf=new char[1024];
            int len = 0; // 一次读出的个数
            long num = 0; // 读取字符计数
        // 读一个数组大小，写一个数组大小方法
        while ((len = fr.read(buf)) != -1) {
            num = num + len;
            String content = new
String(buf,0,len);
            System.out.println(
content);
            fw.write(buf, 0, len);
        }
        System.out.println("\n
读取的字节数为" + num);
        fr.close();
        fw.close();
        } catch (FileNotFoundException e) {
            System.out.println("找不
到指定的文件！");
```

```
            e.printStackTrace();
        } catch (IOException e) {
            System.out.println("文件
读取时发生 IO 异常！");
            e.printStackTrace();
        }
    }

    public static void main(String[]
args) {
        testRW();
    }

}
```

Step 2　保存并运行程序，结果和任务 3 的执行结果一样。

关于上面的程序，有两点说明。

（1）在读取文件的全部内容时，一般都是采用下面的循环语句。

```
while ((len = fr.read(buf)) != -1) {
    //buf 是一个 1024 的字符数组
    …
}
```

（2）使用 FileWriter 向文件中写入内容，一般使用 "fw.write(buf, 0, len);" 的原因就是从文件中读出的内容可能并不一定正好是 1024 个字符。

> **提示**：对于字节流和字符流要注意以下几点。
>
> （1）不管是输入流还是输出流，使用完毕后要用 close()方法关闭，如果是带有缓冲区的输出流，应在关闭前调用 flush()方法。
>
> （2）应该尽可能使用缓冲区来减少输入输出次数，以提高性能。
>
> （3）能用字符流处理的就不用字节流。

8.3.5　过滤流与包装类

前面介绍的字节流和字符流都是节点流，比方说 FileOutputStream 和 FileInputStream，这两个类只提供了读写字节的方法，通过它们只能向文件中写入字节或者从文件中读取字节。在实际应

用中，要往文件中写入或者读取各种类型的数据，就必须先将其他类型的数据转换成字节数组再写入文件或者将从文件中读取的字节数组转换成其他类型，这给编写程序带来了一些困难和麻烦。

如果有人给我们提供一个中间类，这个中间类提供了读写各种类型的数据的各种方法，当需要写入其他类型的数据时，只要调用中间类对应的方法即可，在这个中间类的方法内部，将其他数据类型转换成字节数组，然后调用最底层的节点流类将这个数组写入目标设备。我们将这个中间类叫做过滤流类或处理流类，也叫包装流类。

如 DataOutputStream 的包装流类，提供了向 IO 设备写入不同类型数据的方法。DataOutputStream 的部分方法列表如下。

```
public final void writeBoolean(boolean v)
public final void writeShort(int v)
public final void writeChar(int v)
public final void writeint(int v)
public final void writeLong(long v)
public final void writeFloat(float v)
public final void writeDouble(double v)
public final void writeBytes(String s)
```

从上面的方法名和参数类型中就知道，这个包装流类能帮我们往 IO 设备中写入各种类型的数据。包装流类的调用过程如图 8-8 所示。

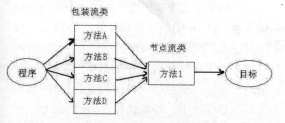

图 8-8　包装流类的调用过程

我们还可以用包装流类去包装另外一个包装流类。创建包装流类对象时，必须指定它要调用的那个底层流对象，也就是说，在这些包装流类的构造方法中，都必须接收另外一个流对象作为参数。如 DataOutputStream 包装类的构造方法如下。

```
public DataOutputStream(OutputStream out)
```

参数 out 就是 DataOutputStream 要调用的那个底层输出流对象。

1. BufferedInputStream 和 BufferedOutputStream

对 IO 进行缓冲是一种常见的性能优化方式。缓冲流为 IO 流增加了内存缓冲区。增加缓冲区有两个基本目的。

◆ 允许 Java 程序一次不只操作一个字节，这样提高了程序的性能。

◆ 由于有了缓冲区，使得在流上执行 skip、mark 和 reset 方法都成为可能。

BufferedInputStream 和 BufferedOutputStream 是 Java 提供的两个缓冲区包装类，不管系统是否使用了缓冲区，这两个类都在自己的实例对象中创建缓冲区。这种缓冲区与底层系统提供的缓冲区是有区别的。底层系统提供的缓冲区直接与目标设备交换数据。包装类创建的缓冲区需要调用包装类所包装的那个输出流对象将这个缓冲区的数据写入到底层设备或底层缓冲区中。底层缓冲区一次向底层设备写入或者读取大量数据，而包装类缓冲区实现一次读取一行的作用。

BufferedInputStream 的两个构造函数如下。

◆ BufferedInputStream(InputStream in)
创建具有 32 个字节的缓冲区的缓冲流。

◆ BufferedInputStream(InputStream in,int size)
按 size 的大小来创建缓冲区。如：

```
FileReader fr=new FileReader("mytest.txt");
BufferedReader br=new BufferedReader(fr);
```

BufferedOutStream 类的两个构造函数如下。

◆ BufferedOutputStream(OutStream out)
创建缓冲输出流，写数据到参数指定的输出流，缓冲区设为默认的 32 字节大小。

◆ BufferedOutputStream(OutputStream out,int size)
创建缓冲输出流，写数据到参数指定的输出流，缓冲区设为指定的 size 字节大小。

缓冲区实际上是一个位数组，当使用 BufferedInputStream 读取数据来源时，例如读取文件，BufferedInputStream 会尽量将缓冲区填满。当使用 read()方法时，实际上是先读取缓冲区中的数据，而不是直接对数据来源做读取。当缓冲区中的数据不足时，BufferedInputStream 才会再实现给定的 InputStream 对象的 read()方法，从指定的装置中提取数据。

而当使用 BufferedOutputStream 的 write()方法写入数据时，实际上会先将数据写到缓冲区中，当缓冲区已满时才会实现给定的 OutputStream 对象的 write()方法，将缓冲区数据写到目的地，而不是每次都对目的地做写入的动作。

【任务 5】在任务 3 的基础上，操作 C:\x.txt 文件，使用包装类 BufferedInputStream 和 BufferedOutputStream 将该文件的所有内容读出，并将该文件的内容保存到另一个文件 bf2.txt 中。

Step 1 在项目 Charpter8 中创建类 BufferedTest 类，输入如下的代码。

```java
import java.io.*;

public class BufferedTest{
    /**
     * 缓冲的字节流测试
     */
    public static void testBufferedStream() {
        int buffer = 10; // 缓冲大小
        try {
            BufferedInputStream bis =
new BufferedInputStream(
                    new FileInputStream
("C:\\x.txt"));
            BufferedOutputStream bos
= new BufferedOutputStream(
                    new FileOutputStream
("C:\\bf2.txt"));
            int len = 0;
            byte bts[] = new byte[buffer];
// 创建字节流缓存
            System.out.println("内容
是：");
            while ((len=bis.read(bts)) !=
-1) {
                System.out.println(
new String(bts,0,len));
                bos.write(bts,0,len);
// 将字节写入输出流中，实现文件的 copy 功能
            }
            // 将输入流缓冲区中的数据全部写出（千万记住）
            bos.flush();
```

```java
            bis.close();
            bos.close();
        catch (FileNotFoundExceptione){
            System.out.println("找不
到指定的文件！");
            e.printStackTrace();
        } catch (IOException e) {
            System.out.println("文件
读取时发生 IO 异常！");
            e.printStackTrace();
        }
    }

    public static void main(String[]
args) {
        testBufferedStream();
    }

}
```

Step 2 在保存并运行程序，其结果如图 8-9 所示。

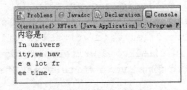

图 8-9　使用过滤流类读取文件

关于上面的程序，有两点说明。

（1）程序中之所以使用"bos.write(bts,0,len);"是因为缓冲区 bts 中的内容有可能不够 10 个长度，所以只写入缓冲区实际长度的字节。

（2）为了确保缓冲区中的数据一定被写出至目的地，建议最后执行 flush()将缓冲区中的数据全部写出目的流中，即要执行"bos.flush();"。

2. DataInputStream 和 DataOutputStream

这两个类提供了从 IO 流中读写各种基本数据类型数据的各种方法。这些方法使用起来非常简单，在前面已经看到了 DataOutputStream 类的大部分 write 方法，在 DataInputStream 类中有与这些 write 方法对应的 read 方法。

DataOutputStream 类提供了 3 个写入字符串

的方法。

♦ public final void writeBytes(String s)

说明：由于 Java 中的字符编码是 Unicode 的，每个字符占用两个字节，writeBytes 方法只是将每个字符的低字节写入到目标设备中。

♦ public final void writeChars(String s)

说明：将每个字符中的两个字节都写入到目标设备中。

♦ public final void writeUTF(String s)

说明：将字符串按 UTF 编码方式写入到目标设备中，在写入的数据中是带有长度头的。

【任务 6】　使用 DataOutputStream 向文件 C:\order.txt 写入数据，并使用 DataInputStream 将内容读取出来。

Step 1　在项目 Charpter8 中创建类 DataTest 类，输入如下的代码。

```java
package com.bjl;

import java.io.*;

public class DataTest{
    public static void write() {
        // 将数据写入某一种载体
        try {
            DataOutputStream out = new
DataOutputStream(new FileOutputStream(
                "c:\\order.txt"));
            // 价格
            double[] prices = { 18.99,
9.22, 14.22, 5.22, 4.21 };
            // 数目
            int[] units = { 10, 10, 20,
39, 40 };
            // 产品名称
            String[] descs = { "T 恤
杉", "杯子", "洋娃娃", "大头针", "钥匙链" };
            for (int i = 0; i <
prices.length; i++) {
                // 写入价格，使用 tab 隔开数据
                out.writeDouble(pri
ces[i]);
                out.writeChar('\t');
                // 写入数目
                out.writeInt(units[i]);
                out.writeChar('\t');
    // 写入产品名称，行尾加入换行符
```

```java
                out.writeChars(descs[i]);
                out.writeChar('\n');
            }
            out.close();
        }
        catch (FileNotFoundException e) {
            System.out.println("找不
到指定的文件！");
            e.printStackTrace();
        } catch (IOException e) {
            System.out.println("文件
读取时发生 IO 异常！");
            e.printStackTrace();
        }
    }

    public static void read() {
        try {
            // 将数据读出
            DataInputStream in = new
DataInputStream(new FileInputStream(
                "c:\\order.txt"));
            double price;
            int unit;
            StringBuffer desc;
            double total = 0.0;
            try {
    // 当文本被全部读出以后会抛出 EOFException 例
外，中断循环
                while (true) {
                    // 读出价格
                    price = in.readDouble();
                    // 跳过 tab
                    in.readChar();
                    // 读出数目
                    unit = in.readInt();
                    // 跳过 tab
                    in.readChar();
                    char chr;
                    // 读出产品名称
                    desc = new StringBuffer();
            while ((chr = in.readChar()) != '\n') {
                        desc.append(chr);
                    }
        System.out.println("定单信息：" + "产品名称：
" + desc + ", \t 数量："+ unit + ", \t 价格：" +
price);
                    total = total + unit * price;
```

```
                    }
                }
                catch (EOFException e) {
                    System.out.println(
"\n总共需要：" + total + "元");
                }
                in.close();
            } catch (FileNotFoundException e) {
                System.out.println("找不
到指定的文件！");
                e.printStackTrace();
            } catch (IOException e) {
                System.out.println("文件
读取时发生 IO 异常！");
                e.printStackTrace();
            }
        }
        public static void main(String[]
args){
            write();
            read();
        }
    }
```

Step 2 保存并运行程序，其结果如图 8-10 所示，order.txt 文件的内容如图 8-11 所示。

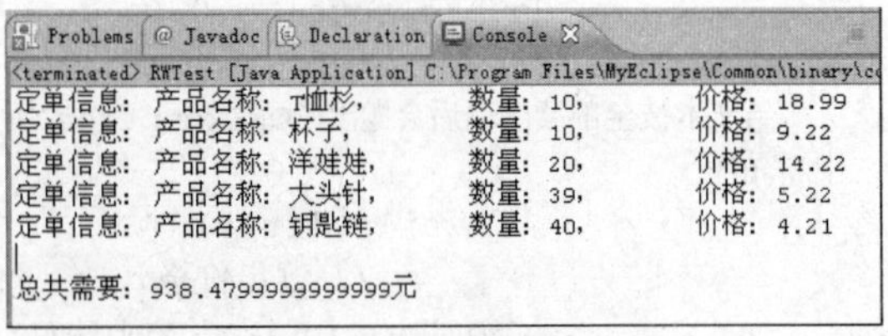

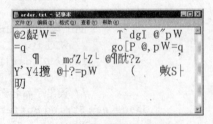

图 8-10 程序运行结果

图 8-11 order.txt 文件内容

如果在程序中使用了一个流栈，程序关闭最上面的一个流也就自动关闭了栈中的所有底层流，如图 8-12 所示。

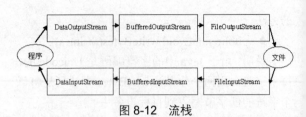

图 8-12 流栈

在图 8-12 中使用了 3 个流对象，只要调用 DataOutputStream 和 DataInputStream 对象的 close 方法，下层的流对象将自动关闭。

3. ObjectInputStream 和 ObjectOutputStream

ObjectInputStream 和 ObjectOutputStream 这两个包装类，用于从底层输入流中读取对象性的数据和将对象类型的数据写入到底层输出流。ObjectInputStream 类与 ObjectOutputStream 类所读写的对象必须实现了 Serializable 接口，但是对象中的 transient 和 static 类型的成员变量不会被读取和写入。

使用 ObjectInputStream 类和 ObjectOutputStream 类保存和读取对象的机制叫做序列化。

向文件写入对象和从文件中读取对象分别使用 wirteObject 方法和 readObject 方法。

【任务 7】创建一个可序列化的学生对象，并用 ObjectOutputStream 类把它存储到一个文件（C:\student.txt）中，然后用 ObjectInputStream 类把存储的数据读取到一个学生对象中，即恢复保存的学生对象。

Step 1 在项目 Charpter8 中创建类 ObjectStreamTest 类，输入如下的代码。

```
package com.bj1;

import java.io.*;

class Student implements Serializable {
    int id;
    String name;
    int age;
    String department;

    public Student(int id, String name,
int age, String department) {
        this.id = id;
        this.name = name;
        this.age = age;
```

```
        this.department = department;
    }
}

public class ObjectStreamTest {
    public static void main(String[]
args) {
        //创建要存储的对象
        Student stu1 = new Student(19,
"zhangsan", 25, "huaxue");
        Student stu2 = new Student(20,
"lisi", 23, "wuli");
        try {
            FileOutputStream fos = new
FileOutputStream("student.txt");
            ObjectOutputStream os =
new ObjectOutputStream(fos);

            //将 stu 对象写入文件
            os.writeObject(stu1);
            os.writeObject(stu2);
            os.close();
        } catch (IOException e) {
            System.out.println(e.get
Message());
        }
        stu1 = null;
        stu2 = null;

        try {

            FileInputStream fis = new
FileInputStream("student.txt");
            ObjectInputStream is = new
ObjectInputStream(fis);
            //读取对象，因为返回 object
类型，所以要强制类型转换
            stu1 = (Student) is.readObject();
            stu2 = (Student) is.readObject();
            is.close();
        } catch (IOException e) {
System.out.println(e.get Message());
        } catch (ClassNotFoundException e) {
        // TODO Auto-generated catch block
            e.printStackTrace();
        }

        System.out.println("id:" + stu1.id);
        System.out.println("name:" + stu1.name);
        System.out.println("age:" + stu1.age);
```

```
        System.out.println("department:" +
stu1.department);

        System.out.println("id:" + stu2.id);
        System.out.println("name:" + stu2.name);
        System.out.println("age:" + stu2.age);
        System.out.println("department:" +
stu2.department);
    }
}
```

Step 2　保存并运行程序，其结果如图 8-13 所示。

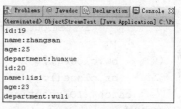

图 8-13　读取对象的运行结果

4. BufferedReader 和 BufferedWriter

BufferedReader 和 BufferedWriter 的用法和 BufferedInputStream 和 BufferedOutputStream 的用法非常类似，这两个类可以将文本写入字符输出流，缓冲各个字符，从而提供单个字符、数组和字符串的高效写入。

【任务 8】通过 BufferedWriter 向 C:\BW.txt 文件中写入 100 个随机浮点数，并通过 BufferedReader 将文件中的内容一次读出。

Step 1　在项目 Chaprter8 中创建类 BufferReaderTest 类，输入如下的代码。

```
package com.bjl;

import java.io.*;

public class BufferReaderTest {

    public static void main(String[]
args) {
        // TODO Auto-generated method stub
        try {
        BufferedWriter bw = new
BufferedWriter(new FileWriter("c:\\BW.txt"));
        BufferedReader br = new
BufferedReader(new FileReader("c:\\BW.txt"));
```

```
        String s = null;
        for (int i = 1; i <= 100; i++) {
    // 将 double 类型转换成 String 类型
    s = String.valueOf(Math.random());
                // 向文件中写入字符串
                bw.write(s);
                // 换行
                bw.newLine();
        }
        // 刷新该流的缓冲
        bw.flush();
        // 从文件中读取数据, 并输出
    while ((s = br.readLine()) != null) {
                System.out.println(s);
        }
        bw.close();
        br.close();
    } catch (IOException e) {
// TODO Auto-generated catch block
        e.printStackTrace();
    }
    }
}
```

Step 2　保存并运行程序，其结果如图 8-14 所示，BW.txt 文件的内容如图 8-15 所示。

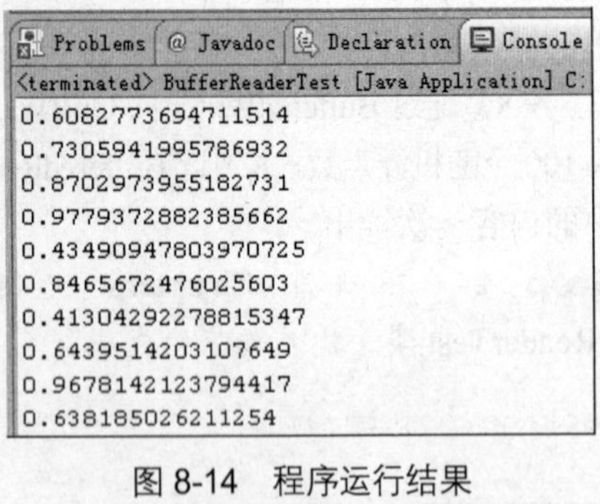

图 8-14　程序运行结果

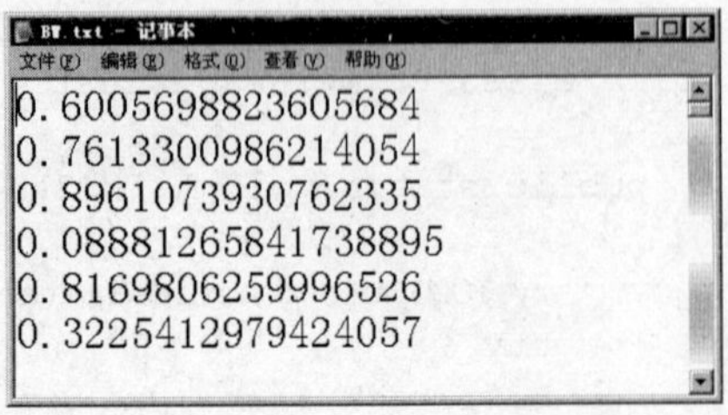

图 8-15　BW.txt 文件内容

8.3.6　字节流与字符流的转换

Java 支持字节流和字符流，我们有时需要在字节流和字符流之间进行转换，InputStreamReader 和 OutputStreamWriter，这两个类是在字节流和字符流之间实现转换的类。InputStreamReader 可以将一个字节流中的字节解码成字符后读取，OuputStreamWriter 将字符编码成字节后写入到一个字节流中。

1. 字节输入流转换为字符输入流

InputStreamReader 是字节流向字符流的桥梁，它使用指定的 charset 读取字节并将其解码为字符，它使用的字符集可以由名称指定或显示给定。根据 InputStream 的实例创建 InputStreamReader 的方法有 4 种。

◆ InputStreamReader（InputStream in）
说明：根据默认字符集创建一个对象。

◆ InputStreamReader（InputStream in,Charset cs）
说明：使用给定字符集创建对象。

◆ InputStreamReader（InputStream in, Charset Decoder dec）
说明：使用给定字符集解码器创建对象。

◆ InputStreamReader（InputStream in,String charsetName）
说明：使用指定字符集创建对象。

2. 字节输出流转换为字符输出流

OutputStreamWriter 是字符流通向字节流的桥梁，它使用指定的 charset 将要写入流中的字符编码成字节，它使用的字符集可以由名称指定或显示给定，否则将接受默认的字符集。根据 OutStream 的实例创建 OutputStreamWriter 的方法有 4 种。

```
OutputStreamWriter(outputstream out)
```
说明：根据默认的字符集创建对象。

```
OutputStreamWriter(outputstream out,charset cs)
```
说明：使用给定的字符集创建对象。

```
OutputStreamWriter(outputstream out,charsetDecoder dec)
```

说明：使用给定字符集解码器创建对象。

```
OutputStreamWriter(outputstream out,String
charsetName)
```

说明：使用给定字符集创建对象。

为了得到更好的效率，避免频繁地在字符与字节间进行转换，最好不要直接使用 InputStreamReader 和 OutputStreamWriter 类来读写数据，应尽量使用 BufferedWriter 类包装 OutputStreamWriter 类，用 BufferedReader 类包装 InputStreamReader 类。

```
BufferedWriter out=new BufferedWriter(new
OuptStreamWriter(System.out));
BufferedReader in = new BufferedReader(new
InputStreamReader(System.in));
```

常用的字符流与字节流的转化的示意图如图 8-16 所示。

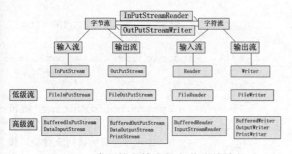

图 8-16　常用的字符流与字节流的转化

例如，用字符流形式读取字节流的对象的代码如下。

```
File f = new File("c:\\test.txt");
BufferedReader reader = null;
reader = new BufferedReader(new Input
StreamReader(new FileInputStream(f)));
// 将字节流变为字符流
char c[] = new char[1024];
int len = reader.read(c); // 读取
reader.close(); // 关闭
System.out.println(new String(c,0,len));
```

用字节的文件输出流以字符的形式输出的代码如下。

```
File f = new File("c:\\test.txt");
BufferedWriter out = null; // 字符输出流
out = new BufferedWriter(
                new OutputStreamWriter
```

```
(new FileOutputStream(f)));
// 字节流变为字符流
        out.write("hello  world!!");
// 使用字符流输出
        out.close();
```

关于字节流和字符流的几点说明如下。

◆ 字节流用于读写诸如图像数据之类的原始字节流。

◆ 字符流用于读写诸如文件数据之类的字符流。

◆ 低级流能和外设交流。

◆ 高级流能提高效率。

◆ InputStreamReader 是字节流通向字符流的桥梁。

◆ OutputStreamWriter 是字符流通向字节流的桥梁。

8.3.7　IO 包中的类层次关系图

（1）字节输入流类如图 8-17 所示。

图 8-17　字节输入流类

（2）字节输出流类如图 8-18 所示。

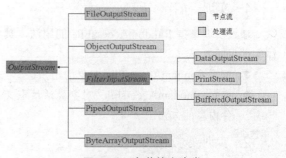

图 8-18　字节输出流类

（3）字符输入流类如图 8-19 所示。

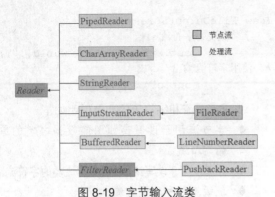

图 8-19 字节输入流类

（4）字符输出流类如图 8-20 所示。

图 8-20 字符输出流类

8.4 上机实训

8.4.1 实训一——使用 Random AccessFile 类读取文件的内容

1. 实训目的

通过实训掌握 RandomAccessFile 的用法，具体实训目的如下。

◆ 掌握 RandomAccessFile 对象的用法。

◆ 掌握 RandomAccessFile 对象灵活读取文件内容的方法。

2. 实训要求

◆ 利用 RandomAccessFile 对象读取 C:\x.txt 文件的内容。该文件的内容如图 8-6 所示。

◆ 将读取出的内容显示出来。

3. 完成实训

Step 1 启动 Eclipse，并创建项目 Charpter8，也可以利用已创建的项目。

Step 2 创建类文件 Charpter8_ShiXun1，输入如下的代码。

```java
package com.bjl;

import java.io.IOException;
import java.io.RandomAccessFile;

public class Charpter8_ShiXun1 {

    /**
     * @param args
     */
    public static void main(String[] args) {
        RandomAccessFile randomFile = null;
        try {
            System.out.println("随机读取一段文件内容: ");
            //打开一个随机访问文件流，按只读方式
            randomFile = new RandomAccessFile("c:\\x.txt", "r");
            int beginIndex = 0;
            randomFile.seek(beginIndex);
            byte[] bytes = new byte[10];
            int byteread = 0;
            // 一次读 10 个字节，如果文件内容不足 10 个字节，则读剩下的字节。
            // 将一次读取的字节数赋给 byteread
            while ((byteread = randomFile.read(bytes)) != -1) {
                System.out.write(bytes, 0, byteread);
            }
        } catch (IOException e) {
            e.printStackTrace();
        } finally {
            if (randomFile != null) {
                try {
                    randomFile.close();
```

```
        } catch (IOException e1) {
        }
    }
}
```

Step 3　保存并运行程序（读者可自行运行该程序查看结果）。

8.4.2　实训二——使用 FileWriter 将内容追加到文件末尾

1. 实训目的

通过实训掌握节点流的用法，具体实训目的如下。

◆ 掌握节点流的创建。

◆ 掌握处理文件的方法。

2. 实训要求

◆ 利用 FileWriter 对象操作 C:\x.txt 文件。其内容如图 8-6 所示。

◆ 利用 FileWriter 的 write 方法将字符串 "Hello Java" 追加到文件末尾。

3. 完成实训

Step 1　启动 Eclipse，并创建项目 Charpter8，也可以利用已创建的项目。

Step 2　创建类文件 Charpter8_ShiXun2，输入如下的代码。

```java
import java.io.FileWriter;
import java.io.IOException;

public class Charpter8_ShiXun2 {

    /**
     * @param args
     */
    public static void main(String[]
args) {
        // TODO Auto-generated method
stub
```

```java
        String fileName = "c:\\x.txt";
        String content = "Hello Java";
        try {
            // 打开一个写文件器，构造方法
中的第二个参数 true 表示以追加形式写文件
            FileWriter writer = new
FileWriter(fileName, true);
            writer.write(content);
            writer.close();
        } catch (IOException e) {
            e.printStackTrace();
        }
    }
}
```

Step 3　保存并运行程序，追加后的文件如图 8-21 所示。

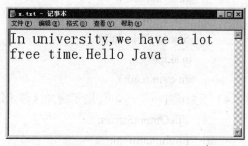

In university,we have a lot free time.Hello Java

图 8-21　使用 FileWriter 将内容追加到文件末尾

▌8.5▌ 练习与上机

1. 选择题

（1）如果需要从文件中读取数据，则可以在程序中创建（　　）类的对象。

  A．FileOutputStream

  B．FileInputStream

  C．FileWriter

  D．DataOutputStream

（2）若要向文件写入数据，数据的形式以字符的方式写入，则可以使用（　　）对象。

  A．FileInputStream

  B．DataOutputStream

C．BufferedReader

D．OutputStreamWriter

（3）要从文件 file.dat 中读出第 10 个字节到变量 c 中，下列（　　）方法适合。

A．RandomAccessFile in=new RandomAccess
File ("file.dat");

in.skip(9);

int c=in.readByte();

B．FileInputStream in=new FileInput
Stream("file.dat");

in.skip(10);

int c=in.read();

C．FileInputStream in=new FileInput
Stream("file.dat");

int c=in.read();

D．FileInputStream in=new FileInput
Stream("file.dat");

in.skip(9);

int c=in.read();

（4）下列流中（　　）使用了缓冲区技术。

A．FileOutputStream

B．FileInputStream

C．BufferedOutputStream

D．DataOutputStream

（5）下列说法中，错误的是（　　）。

A．FileReader 类提供将字节转换为 Unicode
字符的方法

B．InputStreamReader 提供将字节转换为
Unciode 字符的方法

C．FileReader 对象可以作为 BufferedReader
类的构造方法的参数

D．InputStreamReader 对象可以作为 Buffered
Reader 类的构造方法的参数

2．实训操作题

（1）利用 File 类提供的方法，在 C 盘创建文件和文件夹，并显示创建的文件和文件夹的属性。

（2）利用 RandomAccessFile 统计某个文件中大写字母 A 出现的次数。（实训目的：掌握 RandomAccessFile 类的使用）

（3）将某一张图片文件复制一份。（实训目的：掌握输入输出流的使用）

第**9**章

图形用户界面

📖 **学习目标**

学习 Java 图形用户界面相关的知识。主要内容包括 Swing 概述、容器组件、常用的组件、AWT 事件处理、布局管理器、可视化用户界面。通过本章的学习，掌握 GUI 界面的设计，包括常用的组件、布局管理的应用以及 AWT 事件处理的机制。

📖 **学习重点**

掌握图形用户界面所用到的包和常用术语；掌握常用的容器类的使用；掌握常用组件的用法；理解 AWT 事件处理的机制；掌握事件监听的处理方法；掌握布局管理器的使用。

📖 **主要内容**

◆　Swing 包

◆　容器组件——JFrame 和 JPanel

◆　AWT 事件处理的机制

◆　使用事件监听器类处理事件

◆　常用的布局管理器

◆　可视化界面设计

◆　上机实训

用户界面是计算机用户与软件之间的交互接口。一个功能完善、使用方便的用户界面可以使软件的操作更加简单，使用户与程序之间的交互更加有效。因此，图形用户界面（Graphics User Interface，GUI）的设计和开发已经成为软件开发中的一项重要的工作。

9.1 Swing 概述

9.1.1　AWT 包和 Swing 包

Java 语言提供的开发图形用户界面（GUI）的功能包括 AWT（Abstract Window Toolkit）和 Swing 两部分。这两部分功能由 Java 的两个包——AWT 和 Swing 来完成。虽然这两个包都是用于图形用户界面的开发，但是它们不是同时被开发出来的。AWT 包是最早被开发出来的，但是使用 AWT 包开发出来的图形用户界面并不完美，在使用上非常地不灵活。比如 AWT 包所包含的组件，其外观是固定的，无法改变，这就使得开发出来的界面非常死板。这种设计是站在操作系统的角度开发图形用户界面，主要考虑的是程序与操作系统的兼容性。这样做的最大问题就是灵活性差，而且程序在运行时还会消耗很多系统资源。

由于 AWT 包的不足表现，Sun 公司于 1998 年针对它存在的问题对其进行了扩展，开发出了 Swing，即 Swing 包。但是，Sun 公司并没有让 Swing 包完全替代 AWT 包，而是让这两个包共同存在，互取所需。AWT 包虽然存在缺点，但是仍然有可用之处，比如在图形用户界面中用到的布局管理器、事件处理等依然采用的是 AWT 包的内容。

Java 有两个主要类库，分别是 Java 包和 Javax 包。在 Java 包中存放的是 Java 语言的核心包。Javax 包是 Sun 公司提供的一个扩展包，它是对原 Java 包的一些优化处理。

Swing 包由于是对 AWT 包的扩展和优化，所以是存放在 Javax 包下的，而 AWT 包是存放在 Java 包下的。虽然 Swing 是扩展包，但是，现在

的图形用户界面基本都是基于 Swing 包开发的。

```
import java.awt.*;
import javax.swing.*;
```

Swing 包的组件大部分是采用纯 Java 语言进行开发的，这就大大增加了组件的可操作性，尤其是组件的外观。通常情况下，只要通过改变所传递的参数的值，就可以改变组件的外观，而且 Swing 包还提供 Look and Feel 功能，通过此功能可以动态改变外观。Swing 包中也有一些组件不是用纯 Java 语言编写的，这些组件一般用于直接和操作系统进行交互。

 提示：虽然现在 AWT 组件仍得到支持，但是建议在应用程序中尽量使用 Swing 组件。

9.1.2　一个 GUI 实例

【任务 1】编写如图 9-1 所示的界面，在屏幕上显示一个框架组件(JFrame)。

图 9-1 简单的图形用户界面

Step 1　在 Eclipse 中新建项目 Charpter9，并在该项目中创建类 Charpter09_01，输入如下的代码。

```
package com.bjl;

import javax.swing.*;
//用到 Swing 组件，必须引用 java.swing 包

public class Charpter09_01 {
    public static void main(String[] args) {
        JFrame f = new JFrame();
// 创建一个框架对象 f
        f.setTitle("FirstFrame");
// 设定框架的标题
        f.setSize(250, 100);
// 设定框架的大小
        f.setVisible(true); //显示框架
    }
}
```

Step 2 保存并运行程序,结果如图 9-1 所示。

在上面的程序中,主线程的 main 方法执行完 "f.setVisible(true);" 语句后就结束了,程序的 main 线程也随之结束了,但是程序并没有结束,窗口不仅正常显示在桌面上,而且还可以对这个窗口进行一些常规操作,如拖动窗口,改变窗口的大小等。在第 6 章介绍过,对 Java 程序来说,只要还有一个前台线程在运行,这个进程就不会结束,这说明程序还有其他线程在运行,这个线程可以简单地理解为程序在创建 JFrame 对象时创建了一个新的线程。

程序运行时,单击框架的 "关闭" 按钮✖,框架虽然不见了,但是程序没有退出,这从 Eclipse 中 Console 窗口的▣图标可以看出。这是因为,在默认情况下,关闭框架只是将框架设置为不可见。因此,如果想单击关闭按钮就使程序退出,可以通过 JFrame 的 setDefaultCloseOperation() 方法来改变框架关闭时的默认动作。

在任务 1 的程序中,添加如下的语句:

```
f.setDefaultCloseOperation(JFrame.E
XIT_ON_CLOSE);
```

JFrame 类提供了大量的方法供用户使用,例如 setIconImage() 用于设置框架的图标,setLocation() 用于设置框架在屏幕上的位置等。

9.1.3 与 GUI 有关的术语

与图形用户界面有关的术语主要有 3 个,分别是组件、容器和布局管理器。

1. 组件

构成图形用户界面的各种元素称为组件,如文本框、按钮、列表框、对话框等。

2. 容器

容器是图形用户界面中容纳组件的部分,一个容器可容纳一个或多个组件,甚至可以容纳其他容器。容器与组件的关系就像杯子和水的关系。需要说明的是,容器也可以被称为组件。在任务 1 中的 JFrame 就是一个容器。

3. 布局管理器

组件在被放到容器中时,要遵循一定的布局方式。在 Java 的图形用户界面中,有专门的类来管理组件的布局,称这些类为布局管理器。所谓的布局管理器,实际上就是能够对组件进行布局管理的类。

用吃饭的例子就能很好地说明这 3 个术语之间的关系。容器就是吃饭的桌子,组件就是一盘盘的菜。我们放菜的时候总要安排一下哪个菜应该放在什么位置,这就是布局管理器。

9.2 常用组件

在设计图形用户界面时,我们往往会用到一些组件,这些组件构成 GUI 界面的元素。Swing 对 AWT 进行了扩展,增加了 AWT 包下组件的功能。为了与原来的组件进行区别,在 Swing 包下的所有组件的名称都在原来名字的前面加了一个 "J"。因此,在 Java 的图形用户界面中,以 "J" 为首字母的组件都归属于 Swing 包。

9.2.1 容器组件

1. JFrame 组件

在任务 1 中的 JFrame 框架组件是一种顶层(Top-Level)容器组件,Swing 组件中还有其他 3 种顶层容器:JWindow、JDialog 和 JApplet。

在 Java 中,每个具有图形界面的程序都至少有一个框架。框架是由边框、标题栏、最大化按钮、最小化按钮、还原按钮、关闭按钮、系统菜单,以及内容窗格组成。其中,内容窗格是框架的核心区域,主要的图形界面组件、菜单栏、工具栏都在内容窗格中。通过 JFrame 创建框架的常用方式有以下两种。

```
new JFrame();
new JFrame(String s); //其中, String s
```
就是窗口的标题

JFrame 类包括一些方法,这些方法帮助我们完成与窗口有关的操作。

(1) 设置窗口大小的方法

pack() 和 setSize(w,h) 都可以用于控制窗口的大小。pack() 方法会根据所容纳的组件自定义窗口

的大小。setSize(w,h)方法设置的窗口大小是固定的，不受组件的影响。如果设置的窗口小于组件大小，会出现部分组件不能显示的情况。这种情况在使用 pakc()方法时不会出现。

以上两种方法设置的窗口默认显示在屏幕的左上角。如果要改变初始的显示位置，就要用 setBounds(x,y,w,h)方法。这个方法不但可以设置窗口的大小，而且可以设置窗口在屏幕上显示的位置。其中，x 和 y 是设置窗口在屏幕上显示的起始坐标，w 和 h 是设置窗口的大小。

（2）设置标题的方法

通过 setTitle(String s)方法可以设置窗口的标题。例如，"win.setTitle("提示信息");" 这条语句可以将 win 所指向的窗口标题设置为"提示信息"。

（3）设置窗口前景色和背景色方法

方法 setForeground(Color c)用于设置窗口前景色。方法 setBackground(Color c)用于设置窗口背景色。这两个方法的参数都是颜色参数，Color 是专门用于处理颜色的类。

下面的语句将 win 指向的窗口背景色设置为蓝色。

```
win.setBackground(Color.blue);
```

（4）显示窗口方法

对窗口进行各种设置后，需要执行 setVisible(boolean b)方法，将窗口显示在屏幕上。其中的参数是布尔值。当参数值为 true 时，显示窗口；当参数值为 false 时，不显示窗口。

提示：Swing 中的组件是"轻量级"（lightweight）组件，并且每个组件都可以是一个容器。可以向任何一个组件中添加其他的组件，但是顶层容器类组件不能添加到任何其他组件中。此外，任何一个 Swing 组件要想在屏幕上显示出来，最终都必须有一个顶层容器来接纳。

2. JPanel 组件

JPanel（面板）本身也是一个容器，可以向其中添加其他 GUI 组件（如按钮 JButton）；但是 JPanel 不是顶层容器，因此要在屏幕上显示 JPanel，必须将它添加到一个顶层容器（如 JFrame）中。JPanel 还具备在自身表面绘制图形的功能，可以通过定制的方式在面板表面绘制各种图形。

提示：（1）Swing 中允许组件嵌套添加，例如，可以将一个 JButton 添加到一个 JPanel 中，再将 JPanel 添加到 JFrame 中。在构建复杂的用户界面时，常常需要使用这种嵌套添加的方式。

（2）Swing 中还允许将一个组件添加到同类型的组件中，例如，可以将一个 JPanel 添加到另一个 JPanel 中去。

容纳其他 Swing 组件的容器是 JPanel 最常使用的功能之一。在制作复杂的用户界面时，常常需要使用多个 JPanel 将复杂的界面分解成相对简单的子界面，然后对每个 JPanel 进行布局。

要将面板作为容器使用，需要分成两步。

（1）将组件添加到面板中。

（2）将面板添加到框架中，然后显示框架。

例如，要将一个标签添加到面板中，并将该面板添加到框架中。对于第（1）步，应该先创建一个标签对象，然后调用面板的 add()方法将标签添加到面板中，代码如下。

```
JLabel labOne=new JLabel("这是标签");
JPanel p=new JPanel(); //生成面板对象
p.add(labOne); //将标签添加到面板容器中
```

第（2）步将面板添加到框架中，相对来讲有点复杂。实际上，框架作为一种特殊的顶层容器，其内部结构是很复杂的，主要是由根面板 JRootPane、内容面板 containPane、层面板 JLayeredPane、玻璃面板 glassPane 组成。JFrame 框架窗口中各面板的层次结构和各面板之间的组织关系如图 9-2 和图 9-3 所示。

框架内部按层排列了 4 种面板，并预留了一个存放菜单的位置，其中的根面板、层面板和透明面板可以不考虑，因为这些面板是系统用来实现观感时用到的。内容面板和菜单才是需要直接用到的。内容面板也是一个容器，当需要把组件添加到框架中时，通常是将组件添加到框架的内容面板中。因此当将一个 JPanel 添加到框架中时，首先取得框架的内容面板，然后将 JPanel 添加到该内容面板中即可，代码如下。

```
//取得框架的内容面板
Container contentPane = f.getCont-
entPane();
//将 JPanel 添加到框架的内容面板中
contentPane.add(p);
```

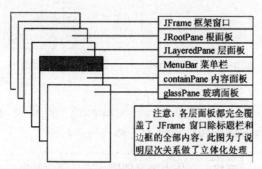

图 9-2　JFrame 框架窗口中各面板的层次结构

【任务 2】编写一个 GUI 界面，该界面中包含一个 JPanel 组件，JPanel 组件中包含一个标签和一个文本框。该界面如图 9-4 所示。

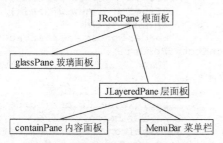

图 9-3　各面板之间的组织关系

Step 1　在项目 Charpter9 中创建类 Charpter09_02，输入如下的代码。

```
package com.bjl;

import java.awt.Container;

import javax.swing.BorderFactory;
import javax.swing.JFrame;
import javax.swing.JLabel;
import javax.swing.JPanel;
import javax.swing.JTextField;
import javax.swing.border.Border;
```

```
public class Charpter09_02 {
    public static void main(String[]
args) {
        JLabel lable = new JLabel("
一个标签");
        JTextField textField = new
JTextField("一个文本框");
        JPanel p = new JPanel();
// 生成面板对象
        // 将标签和文本框对象添加到面板容
器中
        p.add(lable);
        p.add(textField);
        // 给面板增加一个边框
        // Border border = BorderFactory.
createEtchedBorder();
        // p.setBorder(border);

        JFrame f = new JFrame();
// 创建一个框架对象 f
        f.setTitle("使用面板容器");
// 设定框架的标题
        f.setSize(200, 200);
// 设定框架的大小
        // 取得框架的内容面板
        Container contentPane = f.get-
ContentPane();
        // 将面板 p 添加到框架的内容面板中
        contentPane.add(p);
        f.setDefaultCloseOperation(
JFrame.EXIT_ON_CLOSE);
        f.setVisible(true); //显示框架
    }
}
```

Step 2　保存并运行程序，结果如图 9-4 所示。

观察该程序的运行结果，甚至不能察觉到该 JPanel 的存在。可以通过给面板增加一个边框（Border）来观察 JPanel 的存在。读者可以将上面程序中注释掉的给面板增加边框语句，重新执行并观察运行结果。

9.2.2　标签

标签（JLabel）通常是用来标识另一个组件的含义，可以在标签上显示文字、图像或文字和图像的组合。

1．只包含文本的标签

创建一个只显示文字的标签对象，可以使用如下语句。

```
JLabel labText = new JLabel("文本标签");
```

参数中的文本将在标签上显示。也可以在标签对象生成后，调用标签对象的 setText()方法来设置标签上显示的内容，如下。

```
labText.setText("文本标签");
```

2. 只包含图像的标签

如果希望在标签上显示图像，可以先创建一个图像对象，然后将该对象作为标签的参数，例如：

```
ImageIcon icon = new ImageIcon("image/
greenflag20.gif");
JLabel labImage = new JLabel(icon);
```

也可以在标签对象生成后，调用其中的 setIcon 方法来设置标签上显示的图像，例如：

```
labImage.setIcon(aIcon);
```

3. 包含文本和图像的标签

如果要在标签上同时显示文本和图像，可以使用 JLabel 提供的一个构造方法 JLabel(String text, Icon icon, int horizontalAlignment)。其中，第一个参数是要显示的文本，第二个参数是要显示的图像，第三个参数为水平方向上的对齐方式，取值为 SwingConstants.LEFT、SwingConstants.RIGHT 或 SwingConstants. CENTER，例如：

```
JLabel labTextImage = new JLabel("文
本图象标签",icon,SwingConstants.LEFT);
```

标签上同时显示文本和图象时，在缺省情况下，文字是显示在图像的右侧的。如果希望文字显示在图象的左侧，可以使用如下方法。

```
labTextImage.setHorizontalTextPosit
ion(SwingConstants.LEFT);
```

类似的，可以设置文本与图像在垂直方向上的相对位置。

4. HTML 内容的标签

标签还支持使用 HTML 类型的文本参数。使用 HTML 可以方便地在标签上显示丰富多彩的文本，例如：

```
String htmlText="<html>a<fontcolor=
```

```
red>Red</font>Label</html>";
   JLabel labHTML=new JLabel(htmlText);
```

【任务 3】在 JPanel 上放置四个标签，该界面如图 9-5 所示。

图 9-4　使用 JPanel　　图 9-5　创建标签
　添加组件

Step 1　在项目 Charpter9 中创建类 Charpter09_03，输入如下的代码。

```
package com.bjl;

import javax.swing.*;
import javax.swing.border.Border;

public class Chaprter09_03 {
    public static void main(String[]
args) {
        JFrame f = new JFrame();
        JPanel p = new JPanel();
        // 创建一个边框
        Border border = BorderFactory.
createEtchedBorder();
        JLabel labText = new JLabel("
只是文本");
        // 给这个标签加上边框
        labText.setBorder(border);
        // 创建 ImageIcon 对象
        ImageIcon icon = new ImageIcon
("image/duihao.jpg");
        // 创建图像标签
        JLabel labImage = new Jlabel(icon);
        labImage.setBorder(border);
        // 创建图像和文本一起的标签
    JLabel labTextImage = new JLabel("
文本和图象", icon, SwingConstants. LEFT);
        labTextImage.setHorizontalT
extPosition(SwingConstants.LEFT);
        labTextImage.setBorder(border);
    // Html 标记的标签
        String htmlText = "<html>\n"
+ "Color and font test:\n" + "<ul>\n"
            + "<li><font color=
white>WhiteColor</font>\n"
            + "<li><font color=
red>RedColor</font>\n"
```

```
                  + "<li><font color=
black>BlackColor</font>\n"
                  + "<li><font size=
-2>SmallSize</font>\n"
                  + "<li><font size=
+2>LargeSize</font>\n"
                  + "<li><i>italic</i>
\n" + "<li><b>bold</b>\n" + "</ul>\n";
          JLabel labHTML = new JLabel
(htmlText);
          labHTML.setBorder(border);
          p.add(labText);
          p.add(labImage);
          p.add(labTextImage);
          p.add(labHTML);
          f.getContentPane().add(p);
          f.setSize(300, 350);
          f.setVisible(true);

    }
}
```

Step 2 保存并运行程序,结果如图 9-5 所示。

9.2.3 文本输入类组件

一个实用的应用程序必须通过适当的方式和用户进行交互,包括接收用户的输入以及向用户展示程序输出。Java 提供了一系列的组件用于接收用户的文本输入,并且用户可以对输入的文本进行编辑,例如文本框(JTextField)、密码框(JPasswordField)、文本域(JTextArea)以及可编辑的组合框(JComboBox)等。

用户只能在文本框中输入单行的文本,而在文本域中可以输入多行的文本。因此,当输入的文本内容比较少时,可以使用文本框;当需要输入大量的文本内容时,使用文本域比较方便。当向密码框中输入文本时,实际的输入文本并不在密码框中显示,而是使用特殊的回显字符(通常是*)加以显示。组合框中通常预先设置了一些候选的文本串,用户可以方便地选择合适的文本。当候选的文本串均不合适时,在可编辑状态下,用户可以向组合框中输入文本,这也是把可编辑的组合框分类到文本输入类组件的原因。对于不可编辑的组合框,可以将其归类为选择类组件。

1. 文本框

用户可以在文本框中输入单行文本并且进行编辑。下面的代码生成了一个文本框对象。

```
JTextField txtA = new JTextField();
```

对于文本框,有如下的说明。

(1)可以在生成一个文本框对象时初始化文本框中的文本内容,例如:

```
JTextField txtA = new JTextField("abc");
```

(2)可以指定文本框的列宽度,例如:

```
JTextField txtA = new JTextField(20);
```

(3)可以同时指定初始文本内容与列宽度,例如:

```
JTextField txtA = new JTextField
("abc",20);
```

(4)可以使用文本框对象的 getText()方法取得文本框中的文本内容,例如:

```
String content = txtA.getText();
```

(5)可以使用 setEditable(boolean aValue)方法设置文本框是否可编辑,例如:

```
txtA.setEditable(false);
//设置 txtA 文本框只读
```

提示: 不要依赖列宽度参数来设置文本框的宽度。列宽度参数只是影响到文本框初始大小的设置,最终还是由文本框所在容器的布局管理器来决定的。

2. 密码框

密码框实际上是一种特殊类型的文本框,用户可以向其中输入文本并加以编辑。和文本框不同的是,向密码框中输入文本时,显示的不是实际输入的文本,而是特殊的回显字符(通常是*)。可以使用 setEchoChar(char c)方法来改变默认的回显字符。

需要注意的是,取得文本框中的文本时,使用方法 getText(),该方法返回的是一个 String 类型的对象;而要取得密码框中的文本,使用方法 getPassword(),该方法返回的是一个 char 数组,例如:

```
// 创建了一个密码框
JPasswordField txtPwd = new JPasswrod-
Field(20);
// 设定该密码框的回显字符为'#'
txtPwd.setEchoChar('#')
// 取得密码框中的内容
char [] pwd = txtPwd.getPassword();
// 将 char 数组转化为 String 类型的对象
String  pwdStr=new  String(txtP.get-
Password());
```

3. 文本域

文本域允许用户在其中输入多行文本并进行编辑。创建一个文本域对象的代码如下。

```
JTextArea txtArea = new JTextArea();
```

还可以在创建时指定文本域的行数和列数，例如：

```
JTextArea  txtArea  =  new  JtextArea
(10,30);
```

需要注意的是，和文本框一样，不要依赖列这两个参数来设置文本域的大小。

例如，创建一个文本域，并将其添加到框架的内容窗格中，代码如下。

```
JFrame f = new JFrame();
JTextArea textArea = new JTextArea();
f.getContentPane().add(textArea);
f.setSize(100, 100);
f.setDefaultCloseOperation(JFrame.E
XIT_ON_CLOSE);
f.setVisible(true);
```

程序运行后，尝试在文本域中连续输入"Java Programing is……"，如图 9-6 所示。可以发现，当输入的文本到达列边界后，不会自动换行，虽

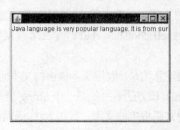

图 9-6　不能自动换行

然可以继续输入文本，但是超出显示范围的部分将变得不可见。

可以有两种方法解决换行问题：一是可以使用文本域对象的 setLineWrap(true)方法将文本域设置为自动换行。修改上面的程序，具体如下。

```
JFrame f = new JFrame();
JTextArea textArea = new JTextArea();
textArea.setLineWrap(true);
f.getContentPane().add(textArea);
f.setSize(100, 100);
f.setDefaultCloseOperation(JFrame.E
XIT_ON_CLOSE);
f.setVisible(true);
```

修改后的程序，运行结果如图 9-7 所示。

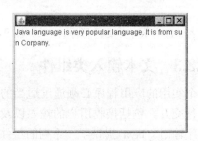

图 9-7　自动换行

另一种方法是在快要到达显示边界时，按 Enter 键进行硬换行。但需要注意的是，使用这种方法时，每行的末尾都会以一个换行符'\n'结尾。

但是这样手动添加换行符非常地不方便，实际上，最好的办法是给文本域加上滚动条，当文本超出文本域的显示范围后，可以滚动显示原来不可见的部分。

给文本域加上滚动条非常简单，只需要将文本域作为参数创建一个滚动窗格（JScrollPane）即可，具体如下。

```
JFrame f=new JFrame();
JTextArea t=new JTextArea();
JScrollPane scroll=new JScrollPane(t);
f.getContentPane().add(scroll);
```

提示：不仅仅是文本域，其他很多组件需要增加滚动条时，也是将组件添加到滚动窗格中。

使用上述方法为文本域增加滚动条，滚动条会根据需要出现或者消失，如图 9-8 所示。另外，滚动窗格提供了方法用来设定水平滚动条或垂直滚动条的显示策略，具体如下。

```
setHorizontalScrollBarPolicy(int policy)
setVerticalScrollBarPolicy(int policy)
```

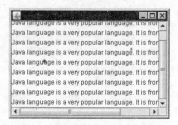

图 9-8　文本域加上滚动条

参数 policy 可以取的值有：

```
JScrollPane.VERTICAL_SCROLLBAR_AS_NE
EDED //根据需要显示
JScrollPane.VERTICAL_SCROLLBAR_NEVER
//从不显示
JScrollPane.VERTICAL_SCROLLBAR_ALWAYS
//一直显示
```

下面的代码将始终显示垂直滚动条，如图 9-9 所示。

```
scroll.setVerticalScrollBarPolicy(J
ScrollPane.VERTICAL_SCROLLBAR_ALWAYS);
```

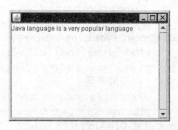

图 9-9　垂直滚动条一直存在

4. 组合框文本

使用组合框 JComboBox，一方面可以减少用户的输入工作量，另一方面还可以减少用户输入出错的机会。

组合框可以以两种模式工作：可编辑模式与不可编辑模式。在默认情形下，组合框处于不可编辑的模式。

在不可编辑模式下，用户单击组合框后，组合框会提供一个选项列表供用户选择，并且用户只能从该选项列表中选择一项作为组合框的输入。在可编辑模式下，一方面，用户可以从选项列表中选择，另一方面还可以直接在组合框中输入并进行编辑。可编辑文本框和不可编辑文本框如图 9-10 和图 9-11 所示。

图 9-10　不可编辑文本框　　图 9-11　可编辑文本框

对于组合框文本，有如下说明。

（1）向组合框中添加选项

可以使用 addItem(Object anObject)方法向组合框中添加选项，例如：

```
JComboBox comFont=new JComboBox();
comFont.addItem("宋体");
comFont.addItem("楷体");
```

addItem(ObjectanObject)方法以追加方式向组合框中添加选项，最后添加的选项出现在选项列表的末尾。

（2）在特定位置插入选项

在选项列表中插入选项，使用 insertItemAt (Object anObject, int index)方法。其中，第一个参数是待插入的选项，第二个参数是插入的位置索引，例如：

```
comFont.insertItemAt("隶书",2);
//将"隶书"插入到第三个位置
```

（3）删除文本框中的选项

组合框还提供了两种方法用以删除选项列表中的选项：removeItem(Object anObject)和 removeItemAt (int anIndex)。例如：

```
comFont.removeItem("宋体");
comFont.removeItemAt(0);//删除第一个选项
```

（4）得到选中的选项

使用 getSelectItem 方法可以得到选中的选项。例如：

```
Object selectedItem=comFont.getSel-
ectedItem();
```

也可以先使用 getSelectedIndex()得到所选中选项的位置索引，然后使用 getItemAt(int index)方法来取得选项值。例如：

```
int index=comFont.getSelectedIndex();
Object selectedItem=comFont.getItemAt
(index);
```

> **注意**：在可编辑的组合框中，使用 getSelectedItem()方法可以得到选中的选项；但是使用 getSelectedIndex()方法得到的索引是-1，不能得到选中的选项。

【任务 4】制作如图 9-12 所示的用户注册界面，该界面包含文本框、密码框、文本域和组合文本框。

Step 1 在项目 Charpter9 中创建类 Charpter09_04，输入如下的代码。

```
package com.bjl;

import java.awt.BorderLayout;
import java.awt.Container;
import java.awt.FlowLayout;
import java.awt.GridLayout;

import javax.swing.JComboBox;
import javax.swing.JFrame;
import javax.swing.JLabel;
import javax.swing.JPanel;
import javax.swing.JPasswordField;
import javax.swing.JScrollPane;
import javax.swing.JTextArea;
import javax.swing.JTextField;

public class Charpter09_04 {
    public static void main(String
arg[]) {
        JFrame f = new JFrame();
        // 标题
        JLabel lblTitle = new JLabel("
用 户 注 册", JLabel.CENTER);
        // 用户名部分
        JLabel lblUserName = new JLabel
("用户姓名：", JLabel.LEFT);
        JTextField txtUserName = new
JTextField(14);
        // 密码
        JLabel lblPassword = new JLabel
("密码：", JLabel.LEFT);
        JPasswordField pwdPassword =
new JPasswordField(20);
        // 性别
        JLabel lblSex = new JLabel("
你的性别：", JLabel.LEFT);
        JComboBox cmbSex = new JComboBox();
        cmbSex.addItem("男");
        cmbSex.addItem("女");
        // 备注信息
        JLabel lblRemark = new JLabel
("备注：", JLabel.LEFT);
        JTextArea taRemark=new JTextArea(4,20);
        JScrollPane scroll = new JScrollPane
(taRemark);

        // 对组件进行布局
        Container contentPane = f.
getContentPane();
        contentPane.setLayout(new
BorderLayout());
        // 将标题添加到上方
        contentPane.add(lblTitle,
BorderLayout.NORTH);

        // p 作为注册信息的总容器
        JPanel p = new JPanel();
        p.setLayout(new GridLayout(4, 1));
        // 布局用户名
        JPanel pUserName = new JPanel();
        pUserName.setLayout(new
FlowLayout(FlowLayout.LEADING));
        pUserName.add(lblUserName);
        pUserName.add(txtUserName);
        // 布局密码
        JPanel pPassword = new JPanel();
        pPassword.setLayout(new FlowLayout
(FlowLayout.LEADING));
        pPassword.add(lblPassword);
        pPassword.add(pwdPassword);
        // 布局性别
        JPanel pSex = new JPanel();
        pSex.setLayout(new
FlowLayout(FlowLayout.LEADING));
        pSex.add(lblSex);
        pSex.add(cmbSex);
        // 布局备注信息
        JPanel pRemark = new JPanel();
        pRemark.setLayout(new
```

```
FlowLayout(FlowLayout.LEADING));
        pRemark.add(lblRemark);
        pRemark.add(scroll);

        p.add(pUserName);
        p.add(pPassword);
        p.add(pSex);
        p.add(pRemark);

        contentPane.add(p,
BorderLayout.CENTER);
        f.setSize(300, 350);
        f.setDefaultCloseOperation(
JFrame.EXIT_ON_CLOSE);
        f.setVisible(true);
    }

}
```

Step 2 保存并运行程序，结果如图 9-12 所示。

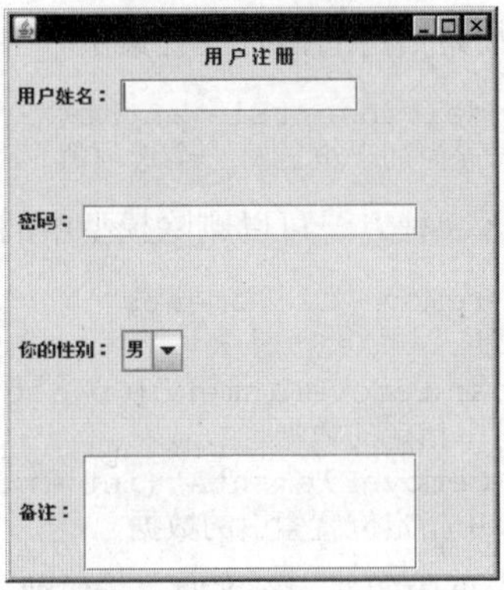

图 9-12 用户注册界面

提示：在任务 4 中，采用了布局管理器，布局管理器主要是对组件进行布局。布局管理器将在后面的章节中详细介绍。

9.2.4 选择类组件

1. 单选按钮

单选按钮（JRadioButton）通常成组（Group）使用，即若干个单选按钮构成一组，并且每次只能有一个按钮被选中，适用于从多个备选选项中选择一项的场合。从功能来看，单选按钮组类似

于不可编辑的组合框，如图 9-13 所示。

图 9-13 单选按钮

提示：当备选选项内容较少时，既可以使用单选按钮，也可以使用组合框。但是，当备选选项内容较多时，使用单选按钮就不合适了，因为那样会占据太多的画面显示空间。

在实际使用时，首先应生成一组单选按钮，例如：

```
JRadioButton radMSSQL = new JRadioButton
("MS SQL Server");
JRadioButton radOracle = new JRadioButton
("ORACLE Server");
JRadioButton radMysql = new JRadioButton
("MySQL Server");
```

然后生成一个按钮组（ButtonGroup）对象，并将这些单选按钮添加到其中。

```
ButtonGroup group = new ButtonGroup();
group.add(radMSSQL);
group.add(radOracle);
group.add(radMysql);
```

关于单选按钮，有如下说明。

（1）当对一组单选按钮进行布局时，是对该组中的每个按钮进行布局，而不是对按钮组对象布局。按钮组对象只是用来控制这一组按钮的行为，即每次仅有一个按钮能被选中。

（2）可以通过 setSelected(boolean)方法设置某个按钮是否被选中。

（3）可以通过 isSelected()方法判断某个按钮是否被选中，如果返回值是 true，表示选中，若返回值为 false，表示未选中。

2. 复选按钮

前面所讲的组合框和单选按钮均只能从备选选项中选择一项，即各个选项之间是互斥的。当

需要从备选选项中选择不止一项时，可以使用复选框（JCheckBox）。复选框是一种二状态的 GUI 组件：重复单击同一个复选框，会在选中和未选中这两种状态之间进行切换。一组复选框中可以同时有多个复选框被选中，如图 9-14 所示。

图 9-14　复选框

下面的这条语句生成一个复选框对象，其中的字符串参数用以表示该复选框的含义。

```
JCheckBox chkOperation = new JcheckBox
("清空操作记录");
```

要判断一个复选框是否被选中，使用方法 isSelected(),还可以使用 setSelected(boolean aValue) 方法设置复选框是否被选中，参数 aValue 为 true(false)时设置为选中（未选中）。

另外，单击一个复选框，会生成一个 ItemEvent 事件，任何实现了 ItemListener 接口的类所生成的对象均可以作为 ItemEvent 事件的监听器，ItemListener 接口唯一的方法是 public void itemStateChanged (ItemEvent e)。

3. 列表框

列表框（JList）将一组选项以列表的方式提供给用户选择。根据列表框所设置的性质不同，用户可以同时选择一个或多个选项。下面的两行代码生成了一个列表框对象。

```
Object []employee={"TomHanks","Bob",
"Jack  London","Sindy",  "Mike","Lizz",
"Jerrey"};
JList lstEmployee=new JList(employee);
```

数组 employee 中的元素将作为列表框 lstEmployee 的选项供用户选择。需要注意的是，使用这种方法创建的列表框，不能再向其中添加、插入或删除选项。例如，要向其中添加一个名叫

"Jerry" 的雇员是不行的，即这种列表框中的选项是不可改变(Immutable)的。

如果希望创建一个可改变选项的列表框，则需要使用一个可改变的数据模型，例如使用一个 DefaultListModel 类型的模型。

```
DefaultListModel lstModel=new Default-
ListModel();
JList lstEmployee=new JList(lstModel);
```

DefaultListModel 类型的模型中存储的数据是可变的。使用 addElement(Object aObject)向模型中添加数据的代码如下。

```
lstModel.addElement("Tom Hanks");
```

使用 addElement(Object object)方法是以追加的方式向列表框中添加选项的。如果需要在指定位置插入一个选项，使用 insertElementAt(Object aObject, int index)，第一个参数为要插入的数据，第二个参数为指定的插入位置索引。

```
lstModel.insertElementAt("Bob",0);
//将"Bob"置为列表框的第一个选项值
```

有以下 3 种方法可以删除模型中的数据。

```
void removeAllElements();    // 删除模
型中所有数据
boolean removeElement(Object aObject);
//删除模型中指定的数据
void removeElementAt(int index);
//删除模型中指定位置索引的数据
```

当列表框中的选项较多时，就需要给列表框加上滚动条。与给文本域添加滚动条类似，也是将列表框作为参数创建一个滚动窗格（JScrollPane）对象。

```
JScrollPane  scroll=new  JScrollPane
(lstEmployee);
```

使用 setSelectionMode(int mode)方法可设置列表框的选中模式。列表框共有 3 种选中模式，如表 9-1 所示。

表 9-1　列表框的 3 种选中模式

示　例	模　式	描　述
张三 李四 王五 陈六 赵	ListSelectionModel.SINGL E_SELECTION	每次只能有一个选项被选中

续表

示 例	模 式	描 述
	ListSelectionModel.SINGLE_INTERVAL_SELECTION	可以有多个选项被选中，但是这些选项必须是相邻的
	ListSelectionModel.MULTIPLE_INTERVAL_SELECTION	任意选项的组合都可以被选中

不管列表框使用了何种选中模式，只要改变了选中的内容，列表框就会生成一个列表选择事件（ListSelectionEvent）。实现了 ListSelectionListener 接口的类所生成的对象可以作为列表选择事件的侦听器。ListSelectionListener 接口中唯一的方法是 public void valueChanged(ListSelectionEvent e)。

【任务 5】在任务 4 的基础上制作如图 9-15 所示的用户注册界面，增加单选框、复选框和列表框。

Step 1　在项目 Charpter9 中创建类 Charpter09_05，输入如下的代码。

```
import java.awt.*;
import javax.swing.*;

public class Chaprter09_05 {
    public static void main(String arg[]) {
        JFrame f = new JFrame();
        // 标题
        JLabel lblTitle = new JLabel("用户注册", JLabel.CENTER);
        // 用户名部分
        JLabel lblUserName = new JLabel("用户姓名：", JLabel.LEFT);
        JTextField txtUserName = new JTextField(14);
        // 密码
        JLabel lblPassword = new JLabel("密码：", JLabel.LEFT);
        JPasswordField pwdPassword = new JPasswordField(20);
        // 性别
        JLabel lblSex = new JLabel("你的性别：", JLabel.LEFT);
        JComboBox cmbSex = new JComboBox();
        cmbSex.addItem("男");
        cmbSex.addItem("女");
        // 学历
        JLabel lblEducation = new JLabel("你的学历：", JLabel.LEFT);
        JRadioButton rdCollege = new JRadioButton("大专");
        JRadioButton rdBachelor = new JRadioButton("本科");
        JRadioButton rdMaster = new JRadioButton("研究生及以上");
        ButtonGroup group = new ButtonGroup();
        group.add(rdCollege);
        group.add(rdBachelor);
        group.add(rdMaster);
        // 爱好
        JLabel lblHobby = new JLabel("你的爱好：", JLabel.LEFT);
        JCheckBox chkSports = new JCheckBox("运动");
        JCheckBox chkReading = new JCheckBox("读书");
        JCheckBox chkMovie = new JCheckBox("电影");
        // 专业
        JLabel lblMajor = new JLabel("你的专业：", JLabel.LEFT);
        Object[] Major = { "计算机应用", "软件技术", "网络技术" };
        JList lstMajor = new JList(Major);

        // 备注信息
        JLabel lblRemark = new JLabel("备注：", JLabel.LEFT);
        JTextArea taRemark = new JTextArea(4, 20);
        JScrollPane scroll = new JScrollPane(taRemark);

        // 对组件进行布局
        Container contentPane = f.getContentPane();
        contentPane.setLayout(new BorderLayout());
        // 将标题添加到上方
        contentPane.add(lblTitle, BorderLayout.NORTH);

        // p 作为注册信息的总容器
        JPanel p = new JPanel();
        p.setLayout(new GridLayout(7, 1));
        // 布局用户名
        JPanel pUserName = new JPanel();
        pUserName.setLayout(new FlowLayout(FlowLayout.LEADING));
```

```
        pUserName.add(lblUserName);
        pUserName.add(txtUserName);
        // 布局密码
        JPanel pPassword = new JPanel();
        pPassword.setLayout(new
FlowLayout(FlowLayout.LEADING));
        pPassword.add(lblPassword);
        pPassword.add(pwdPassword);
        // 布局性别
        JPanel pSex = new JPanel();
        pSex.setLayout(new
FlowLayout(FlowLayout.LEADING));
        pSex.add(lblSex);
        pSex.add(cmbSex);
        // 布局学历
        JPanel pMaster = new JPanel();
        pMaster.setLayout(new
FlowLayout(FlowLayout.LEADING));
        pMaster.add(lblEducation);
        pMaster.add(rdCollege);
        pMaster.add(rdBachelor);
        pMaster.add(rdMaster);
        // 布局爱好
        JPanel pHobyy = new JPanel();
        pHobyy.setLayout(new
FlowLayout(FlowLayout.LEADING));
        pHobyy.add(lblHobby);
        pHobyy.add(chkSports);
        pHobyy.add(chkReading);
        pHobyy.add(chkMovie);

        // 布局爱好
        JPanel pMajor = new JPanel();
        pMajor.setLayout(new
FlowLayout(FlowLayout.LEADING));
        pMajor.add(lblMajor);
        pMajor.add(lstMajor);

        // 布局备注信息
        JPanel pRemark = new JPanel();
        pRemark.setLayout(new
FlowLayout(FlowLayout.LEADING));
        pRemark.add(lblRemark);
        pRemark.add(scroll);

        p.add(pUserName);
        p.add(pPassword);
        p.add(pSex);
        p.add(pMaster);
        p.add(pHobyy);
        p.add(pMajor);
        p.add(pRemark);
```

```
        contentPane.add(p,
BorderLayout.CENTER);
        f.setSize(300, 550);
        f.setDefaultCloseOperation(
JFrame.EXIT_ON_CLOSE);
        f.setVisible(true);
    }

}
```

Step 2　保存并运行程序，结果如图 9-15 所示。

图 9-15　用户注册界面

9.2.5　菜单

一个完整的菜单系统由菜单条、菜单和菜单项组成，它们之间的关系如图 9-16 所示。

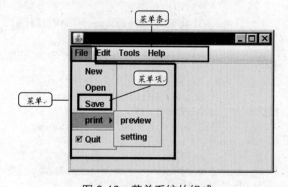

图 9-16　菜单系统的组成

在图 9-13 中，File、Edit、Tools、Help 各项

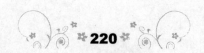

叫做菜单（JMenu），这些顶层菜单共同组合成菜单条（JMenuBar），在 File 项下的下拉菜单中 New、Open 等各项叫做菜单项（JMenuItem）。

创建菜单系统，应该遵循下列的步骤。

（1）创建一个菜单栏。

```
JMemuBar menuBar=new JMenuBar();
```

通常使用框架的 setJMenuBar(JMenuBar aMenuBar)方法将菜单栏置于框架中。

```
frame.setJMenuBar(menuBar);
```

（2）创建所需要的各菜单并逐个添加到菜单栏中。

```
JMenu fileMenu=new JMenu("File");
...
JMenu helpMenu=new JMenu("Help");
menuBar.add(fileMenu);
...
menuBar.add(helpMenu);
```

（3）向各个菜单中添加菜单选项、分隔线或子菜单。

```
JMenuItem fileMI1 = new JMenuItem ("New");
...
fileMenu.add(fileMI1) ;
```

提示：通常的菜单选项是 JMenuItem，也可以使用复选框或单选按钮类型的菜单选项，分别是 JcheckBoxMenuItem、JRadioButtonMenuItem 和 JRadioButton 一样，使用 JRadioButtonMenuItem 时，需要将它们添加到同一个按钮组中。

当单击一个菜单选项时，会生成一个动作事件(ActionEvent)。为菜单选项添加事件侦听器就可以侦听其动作事件，例如：

```
fileMI1.addActionListener(aListener);
```

【任务 6】制作图 9-16 所示的界面。

Step 1 在项目 Charpter9 中创建类 Charpter09_06，输入如下的代码。

```
import javax.swing.*;

public class Chaprter09_06 {
    public static void main(String arg[]) {
```

```
JFrame f = new JFrame();
JMenuBar JMenubar=new JMenuBar();
// 创建菜单条对象
JMenu fileM= new JMenu ("File");
// 创建各菜单
JMenu editM=new JMenu ("Edit");
// 创建各菜单
JMenu toolsM=new JMenu("Tools");
// 创建各菜单
JMenu helpM = new JMenu ("Help");
// 创建各菜单
JMenuItem fileMI1 = new JMenuItem ("New");
// 创建各菜单项
JMenuItem fileMI2 = new JMenuItem ("Open");
// 创建各菜单项
JMenuItem fileMI3 = new JMenuItem ("Save");
// 创建各菜单项
JCheckBoxMenuItem fileMI5 = new JCheckBoxMenuItem("Quit", true);
// 创建各菜单项
JMenu filePrint=new JMenu ("print");
// 创建子菜单
JMenuItem printM1 = new JMenuItem ("preview");
JMenuItem printM2 = new JMenuItem ("setting");
JMenubar.add(fileM);
// 将菜单加入菜单条
JMenubar.add(editM);
JMenubar.add(toolsM);
JMenubar.add(helpM);

fileM.add(fileMI1);
// 将菜单项加入 file 菜单中
fileM.add(fileMI2);
fileM.add(fileMI3);

filePrint.add(printM1);
// 将菜单项加入 print 菜单中
filePrint.add(printM2);
fileM.add(filePrint);
// 将 print 菜单作为一个菜单项加入 file 菜单中

fileM.addSeparator();
// 将一条分割线加入菜单中
fileM.add(fileMI5);
// 将菜单项加入菜单中

f.setJMenuBar(JMenubar);
// 把整个菜单系统显示在窗口中

f.setSize(300, 550);
f.setDefaultCloseOperation(
```

```
JFrame.EXIT_ON_CLOSE);
        f.setVisible(true);
    }

}
```

Step 2 保存并运行程序，结果如图 9-16 所示。

9.2.6 对话框

对话框是用户和应用程序进行交互（对话）的桥梁：对话框可以用于收集用户的输入数据传递给应用程序，或显示应用程序的运行信息给用户。

对话框分为模式（modal）和非模式两种。模式对话框处于可见状态时，用户将不能与应用程序的其他窗口进行交互，而非模式对话框则没有此限制。

Java 中提供了一个类 JOptionPane，用于创建简单的模式对话框，如果希望创建非模式对话框或自定义对话框，可以使用 JDialog。

1. 简单对话框

JOptionPane 类中提供了 4 种静态方法，用以显示 4 种常用的对话框，例如：

```
showMessageDialog  //消息对话框
showInputDialog    //输入对话框
showConfirmDialog  //确认对话框
showOptionDialog   //选项对话框
```

如图 9-17 所示是一个简单的确认对话框。

图 9-17　简单的确认对话框

通过观察图 9-17 所示的对话框可以发现，该对话框主要由如下几个部分构成：图标、消息及按钮。

（1）图标

系统本身提供了 4 种图标，如图 9-18 所示。JOptionPane 类中定义了如下 5 个常量。

```
JOptionPane.QUESTION_MESSAGE
JOptionPane.INFORMATION_MESSAGE
JOptionPane.WARNING_MESSAGE
JOptionPane.ERROR_MESSAGE
```

```
JOptionPane.PLAIN_MESSAGE//不使用图标
```

图 9-18　系统提供的四种对话框图标

前 4 个常量对应着图 9-18 所示的 4 个图标，第 5 个常量表示不使用图标。开发人员可以使用这些常量来指定对话框中显示的图标。当然，对话框也提供了方法使得开发人员可以使用自己的图标。

（2）消息

图 9-17 所示的确认对话框中只包含了一条字符串类型的消息（Really Quit?）。对话框不仅仅可以显示字符串类型的消息，还可以显示其他类型的消息。例如，可以是一幅图片，还可以是一个 GUI 组件。更广泛地说，这里的消息可以是任何类型的对象或对象数组。

（3）按钮

对话框底部的按钮取决于对话框类型和选项类型。例如，确认对话框可以使用如下 4 种选项类型之一。

◆ DEFAULT_ OPTION。
◆ YES_NO_OPTION。
◆ YES_NO_CANCEL_OPTION。
◆ OK_CANCEL_OPTION。

【任务 7】制作图 9-19、图 9-20、图 9-21 和图 9-22 所示的对话框。

图 9-19　定制对话框　　　图 9-20　定制标题、内容

图 9-21　不显示图标　　　图 9-22　显示自己的图标

Step 1 在项目 Charpter9 中创建类 Charpter09_

07，输入如下的代码。

```java
package com.bjl;

import javax.swing.*;

public class Chaprter09_07 {
    // 需要定制对话框标题、消息(两个标签和
    // 两个密码输入框)、图标、按钮以及默认按钮
    public static void customerDialog1() {
        Object[] message = new Object[4];
        message[0] = "请输入新密码";
        message[1] = new JPasswordField();
        message[2] = "请输入确认密码";
        message[3] = new JPasswordField();
        String[] options = { "确定(Y)",
"取消 (N)" };
        int result = JOptionPane.
showOptionDialog (null,// 父窗口
                message,// 消息数组
                "更新密码",// 对话框标题
    JOptionPane.DEFAULT_OPTION,// 选项类型
    JOptionPane.INFORMATION_MESSAGE,// 图标
    null,// 可选图标 ,null 则使用默认图标
                options,// 选项
                options[0]// 默认选项
                );
        if (result == JOptionPane.OK_
OPTION) {// 单击“确定”按钮
        }
    }

    // 定制标题、消息和图标
    public static void customerDialog2() {
        JOptionPane.showMessageDial
og(null, "计算出现异常", "警告",
            JOptionPane.WARNING_MESSAGE);
    }

    // 定制标题、消息，不显示图标
    public static void customerDialog3() {
        JOptionPane.showMessageDial
og(null, "计算出现异常", "警告",
            JOptionPane.PLAIN_MESSAGE);
    }

    // 定制标题、消息，显示自己的图标
    public static void customerDialog4() {
        ImageIcon icon = new ImageIcon
("image/duihao.jpg");
        JOptionPane.showMessageDialog
(null, "计算出现异常", "警告",
            JOptionPane.PLAIN_MESSAGE, icon);
    }
    public static void main(String
arg[]) {
        customerDialog1();
        customerDialog2();
        customerDialog3();
        customerDialog4();

    }
}
```

Step 2　保存并运行程序。

2. 自定义对话框

使用 JOptionPane 创建的对话框均为模式对话框，而且 JOptionPane 只适用于创建相对简单的对话框。当需要创建非模式对话框或复杂的对话框的时候，就需要使用 JDialog。JDialog 的构造方法有如下 8 种。

- ◆ JDialog()：创建一个没有标题且没有指定所有者的无模式对话框。
- ◆ JDialog(Dialog owner)：创建一个没有标题但有指定所有者的无模式对话框。
- ◆ JDialog(Dialog owner，Boolean modal)：创建一个具有指定所有者 Dialog 和模式的对话框。
- ◆ JDialog(Dialog owner，String title)：创建一个具有指定标题和指定所有者的无模式对话框。
- ◆ JDialog(Frame owner)：创建一个没有标题但有指定所有者 Frame 的无模式对话框。
- ◆ JDialog(Frame owner，Boolean modal)：创建一个具有指定所有者Frame和模式的对话框。
- ◆ JDialog(Frame owner，String title)：创建一个具有指定标题和指定所有者的无模式对话框。
- ◆ JDialog(Window owner)：创建一个具有指定所有者和空标题的无模式对话框。

例如：

```
JFrame j=new JFrame();
j.setBounds(300, 300, 500, 500);
j.setVisible(true);
j.setDefaultCloseOperation(JFrame.
EXIT_ON_CLOSE);

JDialog d=new JDialog(j,"标题",true);
d.setLocation(310, 330);
d.setSize(400, 200);
JButton b1=new JButton("确定");
JButton b2=new JButton("取消");
d.setLayout(new GridLayout(1,2));
d.getContentPane().add(b1);
d.getContentPane().add(b2);
d.setVisible(true);
```

对于 JDialog，有如下的说明。

（1）JDialog 不用添加到 JFrame 中。

（2）JDialog 要用 setVisual(true)方法使其可见。

（3）setLocation 用于指定位置。

（4）j.add(b1)是错误的，要用 j.getContend-Pane.add(b1)。

（5）"d.setVisible(true);"放在前面和放在后边效果不一样，放在前面，不显示 button。

（6）JDialog 可以使用布局模式。

3. 文件对话框

很多时候，应用程序需要对文件进行操作。Java 中提供了文件对话框 JFileChooser 用于定位文件。

创建一个文件对话框，可以使用如下语句。

```
JFileChooser chooser = new JFileChooser();
```

使用上述语句所创建的文件对话框的当前目录为用户主目录。还可以在创建时指定文件对话框的当前目录，如下。

```
//用户当前目录作为对话框当前目录
JFileChooser chooser = new JFileChooser
(".");
//c:根目录作为对话框当前目录
JFileChooser chooser=new JFileChooser
("c:/");
```

或是使用 setCurrentDirectory 方法来设置对话框的当前目录，例如：

```
chooser.setCurrentDirectory(new File
("c:/"));
```

调用 chooser 中的不同方法，chooser 可以显示为打开对话框或保存对话框，如图 9-23 和图 9-24 所示。

```
int showOpenDialog(Component parent);
//显示为打开对话框
int showSaveDialog(Component parent);
//显示为保存对话框
```

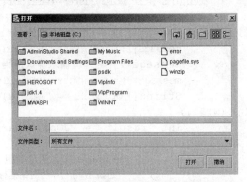

图 9-23　打开对话框

图 9-24　保存对话框

上面两个方法中，参数 parent 是对话框的父组件，可以为 null。两个方法返回一个整型值，用以确定用户是否通过对话框选定了文件，例如：

```
int result=chooser.showOpenDialog(this);
//显示打开对话框
if(result==JFileChooser.APPROVE_OPTI
ON){ //用户选定
    ...
}else{ //用户取消
    ...
}
```

9.2.7　表格

表格（JTable）也是一种常用的 GUI 组件，常用来显示大量的数据，如图 9-25 所示。

学号	姓名	所在院系	出生日期	总分
201200101	张三	计算机系	1992-11-10	453
201200320	李四	管理系	1995-10-9	560
201200132	王五	机械系	1995-1-23	485
201200130	陈六	建筑系	1993-11-23	558
201208100	赵七	历史系	1995-11-1	600

图 9-25　表格

表格是模型－视图－控制器设计模式的一个典型应用。表格本身并不存储所显示的数据，数据实际上是存储在表模型中的，表格只是表模型的一种视图，如图 9-26 所示。

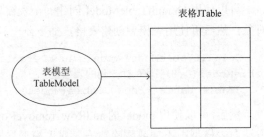

图 9-26　表格的模型、视图

1. 简单表格

JTable 提供了如下两个构造方法，可以方便地创建简单表格。

```
JTable(Object[][] data, Object[] column
Names)
JTable(Vector data, Vector column
Names)
```

其中，**data** 是要显示的数据，**columnNames** 是表格的标题文字。

【任务 8】使用简单表格制作图 9-25 所示的表格。

Step 1　在项目 Charpter9 中创建类 Charpter09_08，输入如下的代码。

```
package com.bjl;

import java.util.GregorianCalendar;
```

```java
import javax.swing.*;

public class Chaprter09_08 {

    public static void main(String[] args) {
        JFrame f = new JFrame();
        JPanel p = new JPanel();

        Object[][] data = {
            { "201200101", "张三", "计算机系", new GregorianCalendar(1992, 10, 10),
                new Integer(453) },
            { "201200320", "李四", "管理系", new GregorianCalendar(1995, 9, 9),
                new Integer(560) },
            { "201200132", "王五", "机械系", new GregorianCalendar(1994, 12, 23),
                new Integer(485) },
            { "201200130", "陈六", "建筑系", new GregorianCalendar(1993, 10, 23),
                new Integer(558) },
            { "201208100", "赵七", "历史系", new GregorianCalendar(1995, 10, 1),
                new Integer(600) } };
        String[] columnNames = { "学号", "姓名", "所在院系", "出生日期", "总分" };
        // 创建表格
        JTable table = new JTable(data, columnNames);
        // 给表格添加滚动条
        JScrollPane scrollPane = new JScrollPane(table);

        p.add(scrollPane);

        f.getContentPane().add(p);
        f.setSize(600, 350);
        f.setDefaultCloseOperation(JFrame.EXIT_ON_CLOSE);
        f.setVisible(true);
    }
}
```

Step 2　保存并运行程序，结果如图 9-27 所示。

学号	姓名	所在院系	出生日期	总分
201200101	张三	计算机系	java.util.Grego...	453
201200320	李四	管理系	java.util.Grego...	560
201200132	王五	机械系	java.util.Grego...	485
201200130	陈六	建筑系	java.util.Grego...	558
201208100	赵七	历史系	java.util.Grego...	600

图 9-27　简单表格运行结果

观察任务 8 的运行结果可以发现该表格存在不少缺点：每一列的宽度都是一样的；未能正确显示日期；数值未能按照希望的那样保留到小数点后面两位，并靠右显示；表格中的数据必须预先存放在一个数组或向量(Vector)中等。在一个真正的应用程序中，使用这样的表格是不能满足实际应用的要求的。

在默认情况下，表格中每列是等宽的，并且调整某列的宽度时，其他列的宽度也会相应自动调整。可以使用下面的语句关闭列宽自动调整特性。

```
table.setAutoResizeMode(JTable.AUTO_
RESIZE_OFF);
```

之后，要设定某列的宽度，首先依据该列的列名取得列对象，以设定第一列宽度为例，如下。

```
TableColumn col=table.getColumn
(columnNames[0]);
```

然后调用 setPreferredWidth 方法设定该列宽度，如下。

```
col.setPreferredWidth(200);
```

2. 定制表格

前面已经提到，表格有一个对应的表模型，数据是存储在表模型中的，表格是表模型的视图。表格在建立视图时总需要自动调用表模型中的一些方法，这些方法的返回值决定了最终的视图。部分经常用到的方法的名称和含义如表 9-2 所示。

表 9-2　表格对象常用的方法

方法名称	方法含义
public int getRowCount();	取得行数
public int getColumnCount();	取得列数
public Object getValueAt(int row, int column);	取得指定单元格的数据
public boolean isCellEditable(int row, int column);	指定单元格是否允许编辑
public String getColumnName(int column);	取得指定列的列名
public Class getColumnClass(int column);	取得指定列的数据类型

对于 getColumnClass 方法，表格中的列依据不同的数据类型选择不同的显示方式。

（1）如果 getColumnClass 方法返回 Boolean.class 类型，则使用 JCheckBox 显示。

（2）如果 getColumnClass 方法返回 Number. class 类型，则靠右显示该数值。

（3）如果 getColumnClass 方法返回 ImageIcon.class 类型，则居中显示图像。

（4）如果 getColumnClass 方法返回其他 Oject. class 类型，则转换为字符串，靠左显示。

默认表模型 DefaultTableModel 提供了上述方法的默认实现。例如，DefaultTableModel 中的 isCellEditable 方法总是返回 true，所有的单元格都允许编辑；getColumnClass 方法总是返回 Object.class，所有单元格的数据总是作为一个字符串来显示。

可以使用 DefaultTableModel 创建一个表模型对象，然后再使用表模型创建表格，如下。

```
DefaultTableModel model = new Default-
TableModel(0,5);//0 行 5 列的表模型
JTable table = new JTable(model);
```

然后，可以使用 model 的 addRow、removeRow 方法向表模型中添加或删除数据，对表模型增删数据的结果会自动反映到表格视图上。

但是，通常情况下，并不直接使用 DefaultTableModel。更多的情形是继承 DefaultTableModel 类，并覆盖其中部分方法以达到特殊的要求。

例如，下面的类 CustomTableModel，继承 DefaultTableModel 类。

```
class CustomTableModel extends Default-
TableModel {
    String[] columnNames;
    Class[] dataType;

    public CustomTableModel(int r, int
c, String[] cn, Class[] dataType) {
        super(r, c);
        columnNames = cn;
        this.dataType = dataType;
    }

    public boolean isCellEditable(int
row, int col) {
        return false;
```

```
    }

    public String getColumnName(int c) {
        return columnNames[c];
    }

    public Class getColumnClass(int c) {
        return dataType[c];
    }
}
```

对于 CustomerTableModel 类，有如下说明。

◆ 类 CustomTableModel 的构造方法接收 4 个参数。int r － 表模型的行数；int c － 表模型；String []cn － 列名数组；Class []dataType － 每列的数据类型。

在该类的构造方法中，首先调用父类的构造方法 super(r,c)设置表模型的行数和列数。

◆ 类 CustomTableModel 中覆盖了 isCellEditable 方法，该方法始终返回 false，使得所有的单元格不可编辑。读者还可以根据需要设置哪些单于格允许编辑，例如：

//偶数列的单元格允许编辑，奇数列的单元格不允许编辑
```
public boolean isCellEditable(int row,
int col){
    if(col%2==0) return true;
else return false;
}
```

◆ 类 CustomTableModel 中还覆盖了 getColumnClass 方法，这样，在使用 CustomTableModel 创建表模型时，可以方便地指定每列的数据类型，从而使得表格视图能够合理地渲染数据。

【任务 9】在任务 8 的基础上，定制表格模型，使其正常显示日期。

Step 1　在项目 Charpter9 中创建类 Charpter09_09，输入如下的代码。

```
package com.bjl;

import java.sql.Timestamp;
import java.util.GregorianCalendar;

import javax.swing.*;
import javax.swing.table.DefaultTableModel;
```

```
public class Chaprter09_09 {

public static void main(String[] args) {
        JFrame f = new JFrame();
        JPanel p = new JPanel();

        Object[][] data = {
                { "201200101", "张三",
"计算机系",
            new Gregorian Calendar
(1992, 10, 10).getTimeInMillis(),
                new Integer(453) },
            { "201200320", "李四",
"管理系",
            new Gregorian Calendar
(1995, 9, 9).getTimeInMillis(),
                new Integer(560) },
            { "201200132", "王五",
"机械系",
            new Gregorian Calendar
(1994, 12, 23).getTimeInMillis(),
                new Integer(485) },
            { "201200130", "陈六",
"建筑系",
            new Gregorian Calendar
(1993, 10, 23).getTimeInMillis(),
                new Integer(558) },
            { "201208100", "赵七",
"历史系",
            new Gregorian Calendar
 (1995, 10, 1).getTime- InMillis(),
                new Integer(600) } };
        String[] columnNames = { "学
号", "姓名", "所在院系", "出生日期", "总分" };

        Class[] dataType = new Class[]
{ String.class, String.class,
                String.class, Timestamp.
class, Integer.class };
        CustomTableModel model = new
CustomTableModel(0, columnNames.length,
                columnNames, dataType);
        // 生成表格对象
        JTable table = new JTable(model);
        for (int i = 0; i < data.length; i++)
            // 向表模型中添加数据
            model.addRow(data[i]);
        JScrollPane scrollPane = new
JScrollPane(table);

        p.add(scrollPane);

        f.getContentPane().add(p);
        f.setSize(600, 350);
        f.setDefaultCloseOperation(
```

```
JFrame.EXIT_ON_CLOSE);
            f.setVisible(true);
        }
    }

    class CustomTableModel extends Default-
TableModel {
        String[] columnNames;
        Class[] dataType;

        public CustomTableModel(int r, int c,
String[] cn, Class[] dataType) {
            super(r, c);
            columnNames = cn;
            this.dataType = dataType;
        }

        public boolean isCellEditable(int
row, int col) {
            return false;
        }

        public String getColumnName(int c)
{
            return columnNames[c];
        }

        public Class getColumnClass(int c)
{
            return dataType[c];
        }
    }
```

Step 2　保存并运行程序，结果如图 9-28
所示。

学号	姓名	所在院系	出生日期	总分
201200101	张三	计算机系	1992-11-10	453
201200320	李四	管理系	1995-10-9	560
201200132	王五	机械系	1995-1-23	485
201200130	陈六	建筑系	1993-11-23	558
201208100	赵七	历史系	1995-11-1	600

图 9-28　定制表格模型显示数据

从上面的程序中可以发现，使用 Custom-
TableModel 后，数值类型确实已经靠单元格右边
显示，日期也已经能正确显示。

9.2.8　组件表面重绘

在很多情况下（例如组件的首次显示、窗口
缩放、窗口最小化后又恢复正常显示等），Swing
中的组件需要对其自身的表面进行重绘
（Repainting），以保证组件的正确显示。当一个组
件需要进行重绘时，事件处理器会通知该组件，
从而引起组件 paintComponent(Graphics g)方法的
自动调用。用户永远不直接调用该方法。如果用
户要主动发起组件的重绘，可以调用 repaint()方法
通知组件需要重绘，从而实现 paintComponent
(Graphics g)方法的自动调用。

paintComponent(Graphics g)方法需要的一个
图形参数 Graphics 也是由系统自动传递进来的。
Graphics 类型的对象中存储了用于绘制图形和文
本的设置集合（如字体、颜色）以及绘制图形和
文本的工具。

由此可知，可以通过覆盖（Override）组件的
paintComponent(Graphics g)方法，在组件表面绘制
出想要的内容。

【任务 10】创建一个 CustomerPanel 的类，该
类继承 JPanel，要求重新定义 paintComponent
(Graphicsg)方法，在该面板上添加一个字符串和一
张图片。该界面如图 9-29 所示。

图 9-29　CustomerPanel 的效果

Step 1　在项目 Charpter9 中创建类
Charpter09_10，输入如下的代码。

```
package com.bjl;

import javax.swing.*;
import java.awt.*;
import javax.imageio.*;
import java.io.*;

class CustomPanel extends JPanel {
```

```
    public void paintComponent(Graphics g)
{
        // 调用超类的重绘方法, 为了确保超
类完成属于自己的那部分重绘工作
        super.paintComponent(g);
        // 追加的绘制内容如下
        g.drawString("画一副图片", 20,
20); // 在坐标为(20,20)处绘制一个字符串
        try {
            Image image = ImageIO.
read(new File("image/dog.jpg"));
            // 在坐标为(50,50)处绘制一
张图片, 大小为 400×400
            g.drawImage(image, 50, 50,
400, 400, null);
        } catch (Exception e) {
            e.printStackTrace();
        }
    }
}

public class Chaprter09_10 {
    public static void main(String[]
args) {
        JFrame f = new JFrame();
        f.getContentPane().add(new
CustomPanel());
        f.setSize(500, 400);
        f.setDefaultCloseOperation(
JFrame.EXIT_ON_CLOSE);
        f.setVisible(true);
    }
}
```

Step 2 保存并运行程序, 结果如图 9-29 所示。

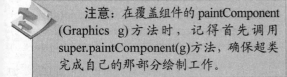

注意: 在覆盖组件的 paintComponent (Graphics g) 方法时, 记得首先调用 super.paintComponent(g)方法, 确保超类 完成自己的那部分绘制工作。

上面的程序中, Graphics 对象中提供了在组件表面进行绘制的工具, 如使用 drawString()方法在指定的位置绘制一个字符串; drawImage()方法在指定的位置绘制一幅图像。更多绘制方法可以参考 Java 帮助文档。另外, 在程序中用到了类 ImageIO, 使用其中的静态方法 read()可以从指定的文件输入流读入图像。

9.2.9 改变应用程序的观感

Java 中允许为应用程序指定观感（Look and Feel）。上面的几个例子中, 应用程序使用的是一种称之为 Metal 的观感（名字为"javax.swing.plaf. metal.MetalLookAndFeel"）。也许有的读者更喜欢 Window 的观感, 可以用下面的程序片断来将应用程序设置为 Window 观感。

```
try {
    String lnfName = "com.sun.java.
swing.plaf.windows.WindowsLookAndFeel";
    UIManager.setLookAndFeel(lnfName);
    } catch (Exception e) {
    e.printStackTrace();
}
```

其中, "com.sun.java.swing.plaf.windows. WindowsLookAndFeel"是 Window 观感的名字; UIManager 是一个用户界面管理器, 静态方法 setLookAndFeel()将应用程序设置为指定名称的观感。

上述代码中使用了 Window 观感, 程序运行后界面上的组件将会以 Window 的风格显示。

读者可以在前面的几个例子的 main 方法中加入上述代码, 然后观察运行结果。

9.3 AWT 事件

9.3.1 事件处理机制

1. 事件处理机制的过程

通过 GUI 组件, 用户可以对应用程序进行各种操作, 反之, 应用程序可以通过 GUI 组件收集用户的操作信息, 如用户在窗口上移动了鼠标、按下了键盘上的某个键、单击了按钮等。如果单击某个按钮时要执行某种功能, 就必须编写相应的处理程序代码。

对于这种 GUI 程序与用户操作的交互功能, Java 使用了一种自己的专门方式, 即事件处理机制。在事件处理机制中, 有 3 个重要的概念。

◆ 事件: 用户对组件的一个操作,称之为一个事件(Event)。如单击按钮会产生一个动作(Action)事件,缩放或关闭框架会产生一个窗口(Window)事件,移动鼠标会产生鼠标移动(MouseMotion)事件。

◆ 事件源: 发生事件的组件就是事件源。

◆ 事件处理器: 某个 Java 类中负责处理事件的成员方法。

三者之间的关系如图 9-30 所示。

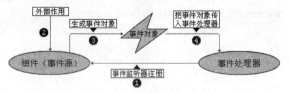

图 9-30 事件、事件源和事件处理器的关系

Java 程序对事件进行处理的方法是放在一个类对象中的,这个类对象就是事件监听器。Java 中事件处理机制的一般过程如下。

(1)事件监听器注册:将一个事件监听器对象同某个事件源的某种事件进行关联,这样,当某个事件源上发生了某种事件后,关联的事件监听器对象中的有关代码才会被执行。这个关联的过程称为向事件源注册事件监听器对象。

(2)发生事件:用户操作了 GUI 组件,发生了某个事件。

(3)生成事件对象并处理:发生事件后,组件就会产生一个相应的事件对象,并把此对象传递给与之对应的事件处理器,事件处理器就会执行相应的代码来处理事件。

2. 事件分类

事件用以描述发生了什么事情。AWT 对各种不同的事件,按事件的动作(如鼠标操作、键盘操作)、效果(如窗口的关闭和激活)等进行了分类,每一类事件对应一个 AWT 事件类。AWT 的事件类可以通过 JDK 文档中的 java.awt.event 包进行查阅,下面列出常见的事件类。

◆ MouseEvent : 对应鼠标的按下、释放、单击等事件。

◆ WindowEvent: 对应窗口的关闭、最小化、得到焦点、失去焦点等窗口事件。

◆ ActionEvent : 对应一个动作事件,如菜单、按钮被单击或者键盘操作,则触发一个动作事件。可以理解为,用户的一个动作导致了某个组件本身最基本的作用发生了,这就是 ActionEvent 事件。菜单、按钮放在那里就是用来发出某种动作或者命令的,鼠标单击(也可以用键盘来操作)这些组件,只是表示要执行这种动作或命令的事情发生了。

通过各种事件类提供的方法,可以获得事件源对象,以及程序中对这一事件可能要了解的一些特殊信息,如对于鼠标事件,可能要获得鼠标的坐标信息, 就可以用 MouseEvent.getX 和 MouseEvent.getY 这两个方法。

3. 事件监听器接口

某一类事件中又包含触发这一事件的若干具体情况。对一类事件的处理由一个事件监听器对象来完成,触发这一事件的每一种情况都对应着事件监听器对象的一个不同的方法。如窗口事件对应着 WindowEvent 事件对象,在这个对象里包含很多的方法,具体如下。

```
public void windowOpened(WindowEvent e)
public void windowClosing(WindowEvent e)
public void windowClosed(WindowEvent e)
public void windowIconified(WindowEvent e)
public void windowDeiconified(WindowEvent e)
public void windowActivated(WindowEvent e)
public void windowDeactivated(WindowEvent e)
```

上面方法的功能通过名称就可以很好地理解,如窗口打开后、窗口关闭时、窗口关闭后等。我们可以这样理解,窗口事件是由 WindowEvent 事件对象处理,但是窗口发生不同的事件,会由 WindowEvnet 对象的不同方法来处理,即执行不同方法的代码。

事件监听器对象中的每个方法名称必须是固定的,只有这样,事件源才能依据事件的具体发生情况找到事件监听器对象中对应的方法,事件监听器对象也包含事件源可能调用到的所有事件处理方法。

这正是"调用者和被调用者必须共同遵守某一限定，调用者按照这个限定进行方法调用，被调用者就按照这个限定进行方法实现"的应用规则。在面向对象的编程语言中，这种限定就是通过接口类实现的，事件源和事件监听器对象就是通过事件监听器接口进行约定的，事件监听器对象就是实现了事件监听器接口的类对象。不同的事件类型对应不同的事件监听器接口。

事件监听器接口类的名称与事件类的名称是相对应的，例如，MouseEvent 事件类的事件监听器接口名为 MouseListener，WindowEvent 事件类的事件监听器接口名为 WindowListener，ActionEvent 事件类的事件监听器接口名为 ActionListener。

9.3.2　用事件监听器处理事件

1. 事件监听器处理事件的流程

在前面的任务中，关闭 JFrame 框架都是使用下面的语句进行的。

```
f.setDefaultCloseOperation(JFrame.EXIT_ON_CLOSE);
```

【任务 11】在任务 1 的基础上，使用事件监听器关闭框架。

Step 1　在项目 Charpter9 中创建类 Charpter09_11，输入如下的代码。

```
package com.bjl;

import java.awt.Window;
import java.awt.event.WindowEvent;
import java.awt.event.WindowListener;

import javax.swing.*; //用到 Swing 组件，
必须引用 java.swing 包

public class Charpter09_11 {
    public static void main(String[]
args) {
        JFrame f = new JFrame();
// 创建一个框架对象 f
        f.setTitle("FirstFrame");
// 设定框架的标题
        f.setSize(250, 100);
// 设定框架的大小
        f.setVisible(true); // 显示框架
```

```
        //向事件源(Frame)注册事件监听器对象
        f.addWindowListener(new
MyWindowListener());
    }
}

class MyWindowListener implements
WindowListener {
    // MyWindowListener 类实现了
windowListenr 接口，所以它是对发生 WindowEvent
事件发生后的监听器类
    public void windowClosing(Window-
Event e) {
        e.getWindow().setVisible(false);
// 让事件发生的窗体不可见
    ((Window) e.getComponent()).dispose();
// 释放该窗体中的所有资源
        System.exit(0); // 退出程序
    }

    // 下面的方法体为空，表示当发生窗体的
这些事件后，什么都不做
    @Override
    public void windowOpened(WindowEvent e) {
        // TODO Auto-generated method stub

    }

    @Override
    public void windowClosed(WindowEvent e) {
        // TODO Auto-generated method stub

    }

    @Override
    public void windowIconified(Window-
Event e) {
        // TODO Auto-generated method stub

    }

    @Override
    public void windowDeiconified(Window-
Event e) {
        // TODO Auto-generated method stub

    }

    @Override
    public void windowActivated(Window-
Event e) {
        // TODO Auto-generated method stub
```

```
        }

        @Override
        public  void  windowDeactivated
(WindowEvent e) {
            // TODO Auto-generated method stub

        }
    }
```

Step 2 保存并运行程序。可以看出，当单击关闭按钮时，可以关闭整个程序。

一般情况下，处理发生在某个 GUI 组件上的 XxxEvent 事件的某种情况，其事件处理的通用编写流程如下。

（1）编写一个实现了 XxxListener 接口的事件监听器类，例如：

```
class MyWindowListener implements
WindowListener {
}
```

（2）在事件监听器类中编写用于处理该事件的代码，例如：

```
public void windowClosing(WindowEvent
e) {
        …
    }
```

（3）调用组件的 addXxxListener 方法，将类 XxxListener 创建的实例对象注册到 GUI 组件上，例如：

```
f.addWindowListener(new  MyWindowListener
());
```

注意：依据事件类型的不同，注册的方法名也不同。例如，给按钮注册一个动作事件侦听器的代码如下。

```
    aButton.addActionListener
(aActionListener);
```

而给框架注册一个窗口事件侦听器的代码如下。

```
    aFrame.addWindowListener
(aWindowListener);
```

通过上面的 3 步，就可以实现使用事件监听器处理 GUI 组件上的事件。

提示：一个事件源可以注册多个事件监听器，一个事件监听器也可以比注册到多个事件源上。如两个按钮完成同样的操作，就可以在这两个按钮上注册同一个事件监听器。

2. GUI 事件及相应事件监听器接口

GUI 事件及相应的事件监听器接口如表 9-3 所示。

表 9-3　GUI 事件及相应的事件监听器接口

事件类型	相应事件监听器接口	事件监听器接口中的方法
Action	ActionListener	actionPerformed(ActionEvent)
Item	ItemListener	itemStateChanged(ItemEvent)
Mouse	MouseListener	mousePressed(MouseEvent)
		mouseReleased(MouseEvent)
		mouseEntered(MouseEvent)
		mouseExited(MouseEvent)
		mouseClicked(MouseEvent)
Mouse-Motion	MouseMotionListener	mouseDragged(MouseEvent)
		mouseMoved(MouseEvent)
Key	KeyListener	keyPressed(KeyEvent)
		keyReleased(KeyEvent)
		keyTyped(KeyEvent)
Focus	FocusListener	focusGained(FocusEvent)
		focusLost(FocusEvent)
Adjustment	AdjustmentListener	adjustmentValueChanged(AdjustmentEvent)
Component	ComponentListener	componentMoved(ComponentEvent)
		componentHidden (ComponentEvent)
		componentResized(ComponentEvent)
		componentShown(ComponentEvent)
Window	WindowListener	windowClosing(WindowEvent)
		windowOpened(WindowEvent)
		windowIconified(WindowEvent)
		windowDeiconified(WindowEvent)

续表

事件类型	相应事件监听器接口	事件监听器接口中的方法
Window	Window-Listener	windowClosed(WindowEvent)
		windowActivated(WindowEvent)
		windowDeactivated(WindowEvent)
Conta-iner	Container-Listener	componentAdded(ContainerEvent)
		componentRemoved(ContainerEvent)
Text	TextListener	textValueChanged(TextEvent)

【任务 12】在框架中添加一个按钮,设置按钮的内容为 "Windows",单击该按钮,改变框架的标题和按钮的内容,如图 9-31 和图 9-32 所示。

图 9-31　Windows 窗体　　图 9-32　Metal 窗体

Step 1　在项目 Charpter9 中创建类 Charpter09_12,输入如下的代码。

```
package com.bjl;

import java.awt.event.ActionEvent;
import java.awt.event.ActionListener;

import javax.swing.JButton;
import javax.swing.JFrame;
import javax.swing.JPanel;
import javax.swing.SwingUtilities;
import javax.swing.UIManager;

public class Charpter09_12 {
    public static void main(String[]
args) {
        JFrame f = new JFrame();
        JPanel p = new JPanel();
        // 第三步,给按钮注册事件源,将 f
对象作为参数传递给事件监听器
        JButton button = new Jbutton
("Windows");
        button.addActionListener(new
myButtonAction(f));
        p.add(button);
        f.getContentPane().add(p);
        f.setTitle("Windows 窗体");
        f.setSize(250, 100);
        f.setVisible(true);
        f.setDefaultCloseOperation(
JFrame.EXIT_ON_CLOSE);
    }
}

/**
 * 第一步,创建一个实现 ActionListener 的
监听类,这个类可以传递参数
 **/

class myButtonAction implements
ActionListener {
    private JFrame f;

    public myButtonAction(JFrame f) {
        this.f = f;
    }

    @Override
    // 第二步,编写事件发生后要执行的代码
    public void actionPerformed(Action-
Event e) {
        // TODO Auto-generated method stub
        // 得到事件源对象,并强制转换成
JButton 对象
        JButton btnOk = (JButton) e.getSource();
        String text = btnOk.getText().trim();
        if (text.equals("Windows")) {
            //如果按钮的文字为 windows,
将按钮的文字改为 metal
            btnOk.setText("Metal");
            f.setTitle("Metal 窗体");
        } else if (text.equals("Metal")) {
            btnOk.setText("Windows");
            f.setTitle("Windows 窗体");
        }
    }
}
```

Step 2　保存并运行程序,其结果如图 9-31 和图 9-32 所示。

提示:在事件监听器对象的方法中,可以使用 e.getSource()方法得到事件源组件,该方法返回一个 Object 类型的对象,要进行强制类型转换。另外,在注册事件监听器时,可以向事件监听器类传递参数,前提是在事件监听器内部增加一个带有参数的构造方法。

9.3.3 事件

为简化编程，JDK 中也提供了大多数事件监听器接口的最简单的实现类，称之为事件适配器（Adapter）类。在适配器中，实现了相应监听器接口中的所有方法，但不做任何事情，子类只要继承适配器类，就等于实现了相应的监听器接口。如果要对某类简单的某种情况进行处理，只要覆盖相应的方法就行了，其他的方法再也不用"简单实现"了。

用事件适配器来处理事件，可以简化事件监听器的编程。例如，在任务 4 中，可以修改 MyWindowListener 类，具体如下。

```
class MyWindowListener extends Window-
Adapter{
    public void windowClosing(Window-
Event e) {
        // TODO Auto-generated method stub
        e.getWindow().setVisible(false);
        ((Window)e.getComponent()).
dispose();
        System.exit(0);
    }
}
```

在上面的例子中，监听器 MyWindowListener 类继承了 WindowAdapter 适配器类，因为只是处理 windowClosing 事件，所以只要在 MyWindow-Listener 中覆盖 windowClosing 方法就可以了，其他的方法不用考虑。

AWT 事件模型中提供的侦听器接口及对应的适配器类如表 9-4 所示。

表 9-4　侦听器接口及对应的适配器类

事件类型	相应监听器接口	适配器类
Action	ActionListener	无
Item	ItemListener	无
Mouse	MouseListener	MouseAdapter
Mouse Motion	MouseMotionListener	MouseMotionAdapter
Key	KeyListener	KeyAdapter
Focus	FocusListener	FocusAdapter
Adjustment	AdjustmentListener	无
Component	ComponentListener	ComponentAdapter

续表

事件类型	相应监听器接口	适配器类
Window	WindowListener	WindowAdapter
Container	ContainerListener	ContainerAdapter
Text	TextListener	无

【任务 13】在框架中添加一个按钮和标签，当用户单击这个按钮时，标签里的文字由"这是标签"变成"天天好心情！"，如图 9-33 和图 9-34 所示。

图 9-33　没单击按钮时　　图 9-34　单击按钮以后

Step 1　在项目 Charpter9 中创建类 Charpter09_13，输入如下的代码。

```
package com.bjl;

import java.awt.event.ActionEvent;
import java.awt.event.ActionListener;

import javax.swing.JButton;
import javax.swing.JFrame;
import javax.swing.JLabel;
import javax.swing.JPanel;

//第一步，使得该类实现 ActionListener 接口
public class Charpter09_13 implements
ActionListener {
    private JLabel label = new JLabel("
这是标签");

    public static void main(String[]
args) {
        new Charpter09_13().init();
    }

    public void init() {
        JFrame f = new JFrame();
        JPanel p = new JPanel();
        // 第三步，给按钮注册事件源，将 f
对象作为参数传递给事件监听器
        JButton button = new JButton("
按这里");
        //这里注意是，this 表示这个对象本
身，不能使用 new Charpter09_06()，否则修改不了
        button.addActionListener(this);
        p.add(label);
```

```
        p.add(button);
        f.getContentPane().add(p);
        f.setTitle("窗口");
        f.setSize(250, 100);
        f.setVisible(true);
        f.setDefaultCloseOperation
(JFrame.EXIT_ON_CLOSE);
        }

        // 第二步，编写事件发生后要执行的代码

        @Override
        public void actionPerformed(Action-
Event e) {
            // TODO Auto-generated method stub
            label.setText("天天好心情！");
        }
    }
```

Step 2 保存并运行程序，结果如图 9-33 和图 9-34 所示。

9.3.4 使用匿名内置类实现事件监听

如果一个事件监听器类只用于一个组件上注册监听器事件对象，为了让程序代码更加紧凑，可以使用匿名内置类的语法来产生这个事件监听器对象。这也是一种经常使用的方法。

【任务 14】在任务 13 的基础上，使用匿名内置类来完成上述的功能。

Step 在项目 Charpter9 中创建类 Charpter09_14，输入如下的代码。

```
package com.bjl;

import java.awt.event.ActionEvent;
import java.awt.event.ActionListener;

import javax.swing.JButton;
import javax.swing.JFrame;
import javax.swing.JLabel;
import javax.swing.JPanel;

public class Charpter09_14 {
    private JLabel label = new JLabel("
这是标签");

    public static void main(String[]
```

```
args) {
        new Charpter09_14().init();
    }

    public void init() {
        JFrame f = new JFrame();
        JPanel p = new JPanel();
        JButton button = new Jbutton
("按这里");
    //注册的时候，使用了匿名内置类
        button.addActionListener(new
ActionListener(){
            @Override
            public void actionPerformed
(ActionEvent e) {
            // TODO Auto-generated method stub
                label.setText("天天好
心情！");
            }

        });
        p.add(label);
        p.add(button);
        f.getContentPane().add(p);
        f.setTitle("窗口");
        f.setSize(250, 100);
        f.setVisible(true);
        f.setDefaultCloseOperation
(JFrame.EXIT_ON_CLOSE);
    }

}
```

刚开始接触匿名内部类时，读者往往会感到很难看懂，这也是许多程序员对使用匿名内部类有抵触心理的主要原因。但是，这种方法的应用场合非常多，尤其是在 Android 程序设计中，但凡是事件处理，基本都是使用匿名内置类。

9.4 布局管理器

在 Java 中，GUI 组件在容器中的布局是由容器的布局管理器（LayoutManager）来决定的。每个容器都具有一个默认的布局管理器。程序设计人员可以方便地改变容器的布局管理器。

前面已经提到，构建复杂的用户界面时，常常使用多个面板（JPanel）来组织各种 GUI 组件，然后将这些面板添加到内容面板（contentPane）中。为此，程序设计人员通常只要考虑两种类型容器（面板和内容窗格）的布局管理器。面板的默认布局管理器是流布局管理器（FlowLayout），内容窗格的默认布局管理器是边框布局管理器（BorderLayout）。如果面板或内容窗格的默认布局管理器不能满足要求，可以调用这两种容器的 setLayout(aNewLayout)方法来改变其布局管理器。方法 setLayout()的参数是一个布局管理器对象。

9.4.1　FlowLayout

FlowLayout 是一个最简单的布局管理器，其功能就是将容器中的组件按从左到右、从上到下的顺序排列。因此，它又被称为流布局管理器。

例如在一个面板中添加 5 个按钮，代码如下。

```
JPanel p = new JPanel();
//依次添加 5 个按钮
p.add(new JButton("one"));
p.add(new JButton("two"));
p.add(new JButton("three"));
p.add(new JButton("four"));
p.add(new JButton("five"));
JFrame f = new JFrame();
f.setTitle("FlowLayout");
f.setSize(200, 200);
Container contentPane = f.getContentPane();
contentPane.add(p);
```

程序运行后，结果如图 9-35 所示。

图 9-35　FlowLayout

在 FlowLayout 布局中，所有组件都是按照添加时的顺序，按从左到右、从上到下的顺序排列的。默认情况下，第一个被添加的组件摆放在第 1 行居中位置，其后添加的组件摆放在第一个组件的后面。当第 1 行再也放不下组件的时候，其后

的组件从第 2 行开始从左到右摆放。以此类推，直到添加完所有组件。

> 提示：FlowLayout 类提供了 3 种构造方法：public FlowLayout()、public FlowLayout(int alignment)和 public FlowLayout(int alignment,int horizontalGap,int verticalGap)。其中，alignment 参数可以取值 FlowLayout.LEFT、FlowLayout.CENTER 或 FlowLayout.RIGHT，用于指定组件在一行上的对齐方式。horizontalGap 和 verticalGap 分别表示组件在水平和垂直方向上的间距（以像素为单位）。默认情况下，alignment 取值为 FlowLayout.CENTER，horizontalGap 和 verticalGap 均取值为 5。

9.4.2　BorderLayout

BorderLayout 又称边界布局管理器，它将窗口划分为上北、下南、左西、右东和中央 5 个区域，分别用参数 BorderLayout.NORTH、BorderLayout.SOUTH、BorderLayout.WEST、BorderLayout.EAST 和 BorderLayout.CENTER 来表示。在窗口中添加组件时，系统会根据参数将组件摆放到窗口的相应位置。

下面的语句将一个 JPanel 添加到框架的内容面板中。

```
getContentPane().add(panel, BorderLayout.NORTH);
```

其中，第一个参数是要添加的组件，第二个参数表示放置的区域，如果不指定第二个参数，则组件被添加到容器的中间，如图 9-36 所示。

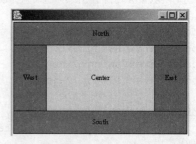

图 9-36　BoderLayout 的 5 个区域

如果某个区域没有摆放组件，则其他组件会

占用此位置。具体规则如下。

◆ 当上北或下南没有摆放组件时，左西、右东
和中央的组件会占用上北或下南的位置。

◆ 当左西或右东没有摆放组件时，上北、下南
和中央的组件会占用左西或右东的位置。

◆ 当上北、下南、左西和右东都没有摆放组
件时，中央的组件会占用这些位置。

◆ 当中央位置没有摆放组件时，位置被空缺，
其他位置的组件不会占用中央的位置。

9.4.3 GridLayout

GridLayout 又称网格布局管理器。相对于
FlowLayout 和 BorderLayout 来说，GridLayout 布
局管理器是比较灵活的一种管理器。它可以通过
行数和列数的设置，把窗口划分成若干个单元格，
将组件放在这些单元格里。

把 GUI 组件向使用了网格布局的容器中添加
时，是按照自左向右、自上而下的顺序存放的。
GridLayout 类提供了两个构造方法。

```
public GridLayout(int rows,int columns)
public GridLayout(int rows,int columns,
int horizontalGap,int verticalGap);
```

其中，rows 和 columns 分别指定划分网格的行
数及列数；horizontalGap 和 verticalGap 用于指定组
件在水平和垂直方向上的间隔，默认情况下均为零。

9.4.4 自定义布局管理器

FlowLayout、BorderLayout 和 GridLayout 布局管
理器有一个共同的特点，就是布局是固定的。因此，
组件的摆放也就被固化了。比如，BorderLayout 只
能把组件摆放在 5 个区域内，不可能有第 6 个区域。
虽然 GridLayout 可以将窗口设置成不同的单元格，
但是碰到组件摆放没有规律可寻的情况时，也会无
能为力。有时候，为了达到窗口中组件的不规则摆
放，需要对这三种布局管理器进行综合应用，实现
起来非常麻烦。于是，Java 就提供了一种不使用布
局管理器的方法，即自定义布局。

这种方法的理念是这样的：所有图形用户界
面都是平面的，界面上的每个点都可以用 x 和 y

两个坐标来确定。如果在一个界面上选取一个点，
再确定摆放组件的宽度和高度，就可以确定出一
个区域，如图 9-37 所示。

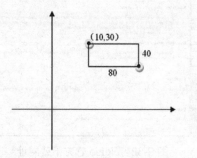

图 9-37　一个平面中两点坐标确定一个区域

（10，30）是起始坐标，80 和 40 是组件的宽度
和高度，从而确定出一个区域，就可以把一个组件放
在这个区域中。这样的布局方式就非常灵活，可以根
据需要在窗口的任意位置摆放组件。事先只要在窗口
中给每个组件确定一个摆放的位置就可以了。这时的
布局不是针对窗口，而是针对每一个组件。例如，一
个"确定"按钮，给它起个名字叫 button，下面的语
句就可以在窗口中设置摆放该按钮的区域。

```
button.setBounds(10,30,80,40);
```

setBounds 是设置（set）边界（bound）的意
思。因此，这条语句的含义就是将宽度为 80，高
度为 40 的 button 放在以坐标（10，30）为起始点
的区域中。

▌9.5▌可视化界面设计

Eclipse 并不自带 GUI 的可视化开发工具，那
么，要在 Eclipse 中进行可视化的 GUI 开发，就需
要依靠第三方的插件。比较著名的第三方插件有
Visual Editor、SWT-Designer 和 Jigloo。本书选择
Jigloo 作为 GUI 开发插件。

1. Jigloo 的下载和安装

Jigloo 的官方下载网址为 http://www.cloudgarden.
com/jigloo/index.html，如图 9-38 所示。

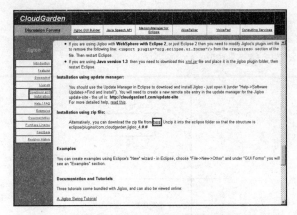

图 9-38　Jigloo 官方下载网址

单击 Download and Installation 链接后，可看到 Jigloo 提供了两种安装方式，一种是通过 Eclipse 的 Update Manager，另一种是直接下载压缩包。建议使用后一种方法，该方法比较快捷。

下载后的文件为 jigloo_464.zip，解压缩后，features 文件夹下的 com.cloudgarden.jigloo_4.6.4 文件夹被解压到 Eclipse 安装目录下的 features 文件夹中，plugins 文件夹下的 com.cloudgarden.jigloo_4.6.4 文件夹被解压到 Eclipse 安装目录下的 plugins 文件夹中。

安装完后，需要重启 Eclipse，选择菜单栏的 Window→Preferences 命令，如果出现图 9-39 所示的界面，就表示安装成功。

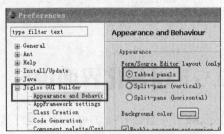

图 9-39　安装 Jigloo 后的选项

2. 使用 Jigloo 开发 GUI 界面

【任务 15】使用 Jigloo 开发如图 9-40 所示的界面，并能实现单击按钮时的事件处理。

Step 1　在项目 Charpter9 中的 src 下的 com.bjl 上单击右键，选择 New→Other→GUI Forms→Swing→JFrame 菜单命令，弹出如图 9-41 所示的对话框。

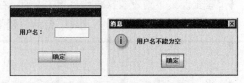

图 9-40　任务 18 所示的界面

图 9-41　选择 Jframe

Step 2　单击 Next 按钮，出现如图 9-42 所示的界面，在其中的 Class Name 文本框中输入 "Charpter09_18"，然后单击 Finish 按钮。

图 9-42　为 JFrame 设置名字

Step 3　完成后的界面如图 9-43 所示，该界面主要包括 GUI/Java Editor 和 Property file 两个选项卡。

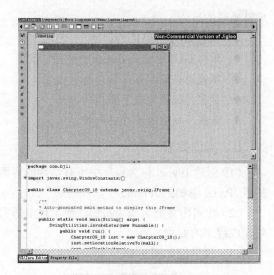

图 9-43　GUI 编辑界面

Step 4　新建的 JFrame 默认布局是 BorderLayout。在添加组件前，在 JFrame 上单击右键，打开快捷菜单，选择 Set Layout→AbsoluteLayout 命令，如图 9-44 所示。因为 AbsoluteLayout 支持组件大小及位置的自由编辑。

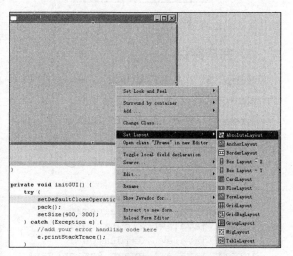

图 9-44　设置 AbsoluteLayout

Step 5　在可视化编辑界面上面单击 Components 选项卡，选中 JLabel，如图 9-45 所示。

图 9-45　可视化的组件

Step 6　选中 JLabel 后，把鼠标移到 JFrame 上欲放置组件的位置，再次单击即完成添加。添加完毕后，会弹出该组件的属性对话框，如图 9-46 所示。

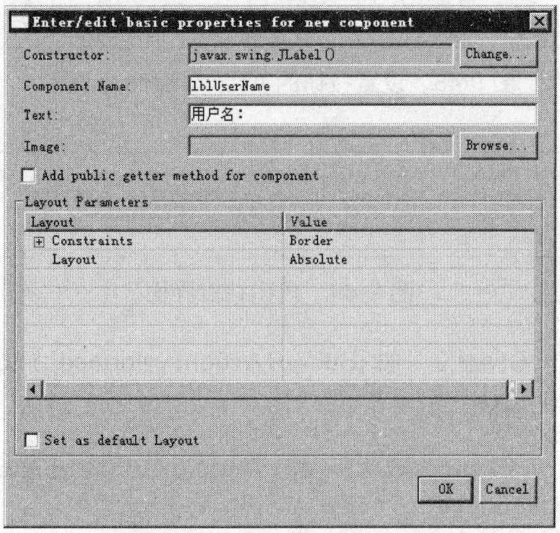

图 9-46　组件的属性对话框

该对话框主要包含 Component Name 和 Text 两个属性，即 JLabel 对象的名称和显示的文本。

Step 7　设置完毕后，单击 OK 按钮。然后按照图 9-40 所示的界面添加其他的组件。如果在添加组件的时候没有设置组件的属性，也可以在添加后修改组件的属性。具体方法是，选中该组件，在 GUI Properties 窗口中，选中要设置的属性，在 Value 列中进行设置，如图 9-47 所示。

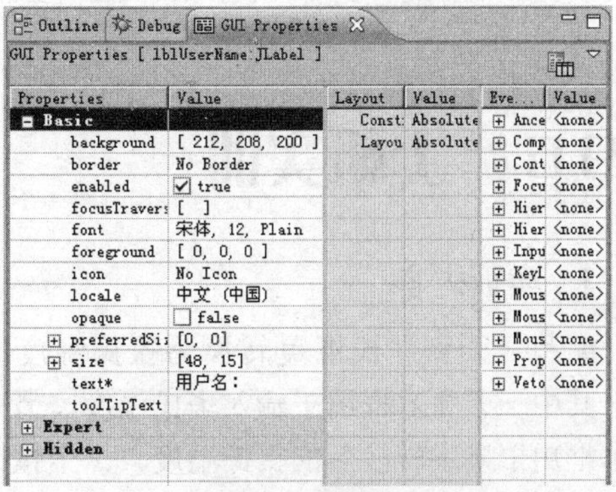

图 9-47　组件的属性窗口

Step 8　选中按钮，在下方的 GUI Properties 窗口中，展开 ActionListener 属性，在 actionPerformed 中选择 handler method，此时编辑器会自动跳转到

代码编辑界面，如图 9-48 和图 9-49 所示。

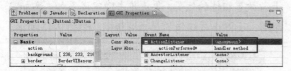

图 9-48　设置按钮的 ActionListener 属性

```
private void jButton1ActionPerformed(ActionEvent evt) {
    System.out.println("jButton1.actionPerformed, event="+evt);
    //TODO add your code for jButton1.actionPerformed
}
```

图 9-49　代码编辑界面

Step 9　把 jButton1ActionPerformed 方法中的代码修改如下。

```
private void jButton1ActionPerformed
(ActionEvent evt) {
    String s=this.jTextField1.getText();
    if(s.equals("")){
        javax.swing.JOptionPane.sho
wMessageDialog(null, "用户名不能为空");
    }
}
```

Step 10　保存并运行程序，其结果如图 9-40 所示。

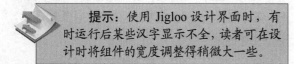

提示：使用 Jigloo 设计界面时，有时运行后某些汉字显示不全，读者可在设计时将组件的宽度调整得稍微大一些。

▌9.6▌ 上机实训

1. 实训内容

编写一个将华氏温度转换为摄氏温度的程序。其中一个文本框用于输入华氏温度，另一个文本框用于显示转换后的摄氏温度，一个按钮用于完成温度的转换。使用下面的公式进行温度转换：摄氏温度=5/9*(华氏温度−32)。

2. 实训目的

通过实训掌握 Java GUI 界面的设计，并熟悉事件监听的过程。

- 掌握 GUI 中组件的创建。
- 掌握 GUI 中布局管理器的使用。
- 掌握为按钮添加事件监听的步骤。
- 掌握为组件取值和赋值的方法。
- 掌握不同数据类型的转换。

3. 实训要求

（1）创建 JPanel 作为程序中所有组件的容器，并将 JPanel 添加到 JFrame 中。

（2）使用内置匿名类为按钮注册事件监听器，并完成程序的要求。

（3）该界面如图 9-50 所示。

图 9-50　实训界面

4. 完成实训

Step 1　启动 Eclipse，并创建项目 Charpter9，也可以利用已创建的项目。

Step 2　创建 Charpter09_ShiXun 类，输入如下代码。

```
package com.bjl;

import java.awt.BorderLayout;
import java.awt.Container;
import java.awt.FlowLayout;
import java.awt.GridLayout;
import java.awt.event.ActionEvent;
import java.awt.event.ActionListener;

import javax.swing.JButton;
import javax.swing.JFrame;
import javax.swing.JLabel;
import javax.swing.JPanel;
import javax.swing.JTextField;

public class Charpter09_ShiXun {
```

```
        //为使按钮的内置匿名类能够处理这两个
按钮，将这两个按钮设置为类的成员属性
        private JTextField txtHuaShi = null;
        private JTextField txtSheShi = null;

        public void init() {
            JFrame f = new JFrame();
            // 标题
            JLabel lblTitle = new JLabel
("温度转换", JLabel.CENTER);
            // 华氏温度
            JLabel lblHuaShi = new JLabel
("华氏温度: ", JLabel.LEFT);
            txtHuaShi = new JTextField(14);
            // 摄氏温度
            JLabel lblSheShi = new JLabel
("摄氏温度: ", JLabel.LEFT);
            txtSheShi = new JTextField(14);
            // 按钮
            JButton btnCompute = new JButton
("转换");
            // 为按钮添加事件监听
            btnCompute.addActionListene
r(new ActionListener() {

                @Override
                public void actionPerformed
(ActionEvent e) {
                    //取到华氏温度的值
                    String huashi = txtHuaShi.getText();
                    double sheshi = 5*
(Double.parseDouble(huashi)-32)/9;
                    txtSheShi.setText(new
Double(sheshi).toString());
                }

            });

            // 对组件进行布局
            Container contentPane = f.
getContentPane();
            contentPane.setLayout(new
BorderLayout());
            // 将标题添加到上方
            contentPane.add(lblTitle,
BorderLayout.NORTH);

            // p 作为注册信息的总容器
            JPanel p = new JPanel();
            p.setLayout(new GridLayout(4,1));
```

```
            // 布局华氏温度
            JPanel pHuashi = new JPanel();
            pHuashi.setLayout(new FlowLayout
(FlowLayout.LEADING));
            pHuashi.add(lblHuaShi);
            pHuashi.add(txtHuaShi);
            // 布局摄氏温度
            JPanel pSheshi = new JPanel();
            pSheshi.setLayout(new FlowLayout
(FlowLayout.LEADING));
            pSheshi.add(lblSheShi);
            pSheshi.add(txtSheShi);
            // 布局按钮
            JPanel pButton = new JPanel();
            pButton.setLayout(new FlowLayout
(FlowLayout.CENTER));
            pButton.add(btnCompute);

            p.add(pHuashi);
            p.add(pSheshi);
            p.add(pButton);

            contentPane.add(p,
BorderLayout.CENTER);
            f.setSize(300, 350);
            f.setDefaultCloseOperation
(JFrame.EXIT_ON_CLOSE);
            f.setVisible(true);

        }

        public static void main(String arg[]) {
            new Charpter09_ShiXun().init();
        }
    }
```

Step 3 保存并运行程序，结果如图 9-50 所示。

▌9.7▌ 练习与上机

1. 选择题

（1）声明并创建一个 JButton 按钮对象 b，应该使用的语句是（   ）。

    A．button b=new button();

    B．JButton b=new JButton();

    C．Button b=new Button();

D. Button b=new b();

（2）下列常见事件类，属于鼠标类的事件是
（　　）。

A. ActionEvent　　　　B. InputEvent

C. MouseEvent　　　　D. WindowEvent

（3）如果使用 AWT 组件创建界面，该界面中
包含一个 JFrame 对象和一个 JButton 按钮，要单
击该按钮时关闭这个窗口，那么应该在哪个控件
的哪个事件中处理事件？（　　）。

A. 在 JButton 的 WindowEvent 事件上进行处理

B. 在 JFrame 的 MouseEvent 事件上进行处理

C. 在 JButton 的 MouseEvent 事件上进行处理

D. 在 JFrame 的 WindowEvent 事件上进行处理

（4）下列有关事件监听器的描述正确的是
（　　）。

A. 多个事件监听器可以被附加到一个组件

B. 只有一个事件监听器可以被附加到一个组
件上

C. 一个事件监听器只能接受一个组件产生的
事件

D. 以上描述都不对

（5）在 Java 中，假设有一个实现 ActionListener
接口的类，以下方法中，（　　）能够为一个
Button 类注册这个类。

A. addActionListener()　B. addListener()

C. addButtonListener()　D. setListener()

2. 实训操作题

（1）编写一个程序，放置一个 Jframe 和一个
Jbutton。JButton 显示的内容为"第一个 button"。
要求：

◆ 使用事件适配器类，完成单击窗口标题栏
上的关闭按钮退出程序。

◆ 使用内置匿名类，实现当单击按钮时，将
其内容改为"第二个 button"功能。

（实训目的：事件监听、事件适配器、内部匿
名类）

（2）完成如图 9-51 所示的界面，按钮的功能
不用实现。

图 9-51　完成界面

（3）编写一个计算圆的面积的程序。一个文
本框用于输入圆的半径，另一个文本框用于显示
圆的面积，一个按钮完成面积的计算。

（4）利用可视化工具完成如图 9-52 所示的界
面的制作。

图 9-52　完成界面

第 10 章
简单的网络编程

学习 Java 网络通信的知识。主要内容包括网络编程的基本概念、基于 Socket 的网络编程、基于 URL 的网络编程。通过本章的学习，掌握网络编程中的相关概念以及 3 种网络编程的方法。

📖 学习重点

掌握网络编程的基础知识和基础概念；理解 TCP 和 UDP；掌握 Socket 的概念和基于 Socket 的编程；掌握 URL 的概念；掌握从 URL 读取 WWW 资源的方法。

📖 主要内容

◆ 网络编程的基本概念
◆ TCP 和 UDP
◆ Socket
◆ 基于 TCP 的网络编程
◆ 基于 UDP 的网络编程
◆ 基于 URL 的网络编程

Java 最初是作为一种网络编程语言出现的，它能够使用网络上的各种资源和数据与服务器建立各种传输通道，将自己的数据传送到网络的各个地方。用户可以用 Java 很轻松地完成这些操作，因为 Java 类库提供了很强大的网络功能。本章主要学习 Java 的网络编程的相关知识。

▌10.1▌ 网络编程的基本概念

10.1.1　网络编程的基础知识

计算机网络形式多样，内容繁杂。网络上的计算机要互相通信，必须遵循一定的协议。目前使用最广泛的网络协议是 Internet 上所使用的 TCP/IP 协议。

网络编程的目的就是指直接或间接地通过网络协议与其他计算机进行通信。网络编程中有两个主要的问题，一个是如何准确地定位网络上的一台或多台主机，另一个就是找到主机后如何可靠高效地进行数据传输。在 TCP/IP 协议中，IP 层主要负责网络主机的定位、数据传输的路由，由 IP 地址可以唯一地确定 Internet 上的一台主机。而 TCP 层则提供面向应用的可靠的或非可靠的数据传输机制，这是网络编程的主要对象，一般不需要关心 IP 层是如何处理数据的。

目前较为流行的网络编程模型是客户机/服务器（C/S）结构，如 QQ、阿里旺旺等。即通信双方的一方作为服务器等待客户提出请求并予以响应。客户则在需要服务时向服务器提出申请。服务器一般作为守护进程始终运行，监听网络端口，一旦有客户请求，就会启动一个服务进程来响应该客户，同时自己继续监听服务端口，使后来的客户也能及时得到服务。

10.1.2　网络编程的基础概念

网络编程的主要概念主要包括以下几个。

（1）IP 地址：（IPv4 为 32bit）标识计算机、

HUB 等网络设备的网络地址，由 4 个 8bit 组成，中间以小数点分隔。它分为网络标识（Network ID）和主机标识（Host ID），又被分成了 A、B、C、D、E 五类，如 166.110.136.3、166.110.52.80。

（2）主机名（Host Name）：网络地址的助记名，按照域名进行分级管理，如 www.sina.com.cn、www.qq.com。

（3）端口号（Port Number）：网络通信时同一机器上的不同进程的标识，如 80，21，23，25，其中 1～1024 为系统保留的端口号。

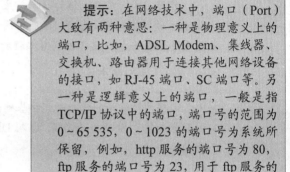

提示：在网络技术中，端口（Port）大致有两种意思：一种是物理意义上的端口，比如，ADSL Modem、集线器、交换机、路由器用于连接其他网络设备的接口，如 RJ-45 端口、SC 端口等。另一种是逻辑意义上的端口，一般是指 TCP/IP 协议中的端口，端口号的范围为 0～65 535，0～1023 的端口号为系统所保留，例如，http 服务的端口号为 80，ftp 服务的端口号为 23，用于 ftp 服务的 21 端口等。用户的普通网络应用程序应该使用 1024 后的端口号，从而避免端口号被另一个应用或系统占用。

因为一台计算机上可同时运行多个网络程序，IP 地址只能保证把数据送到该计算机，但不能保证把这些数据交给哪个网络程序。因此，每个被发送的网络数据包的头部都包含一个被称为"端口"的部分，它是一个整数，用于表示该数据帧交给哪个应用程序来处理。我们还必须为网络程序指定一个端口号，不同的应用程序接收不同端口上的数据。

可以用 netstat-a-n 来查看端口的侦听情况，如图 10-1 所示。

（4）服务类型（Service）：网络中提供的各种服务，如 HTTP，Telent，FTP，SMTP 等。

（5）协议（Protocol）：两台计算机通信时对传送信息内容的理解、信息表示形式，以及各种情况下的应答信号都必须遵守的共同的约定。

（6）体系结构（Architecture）：在一个计算机网络中将协议分成若干层次，将协议按如何分层

以及各层中具体采用协议的集合。目前有两种体系结构，分别是 OSI 的体系结构和 TCP/IP 的体系结构，如图 10-2 所示。

图 10-1　端口侦听的情况

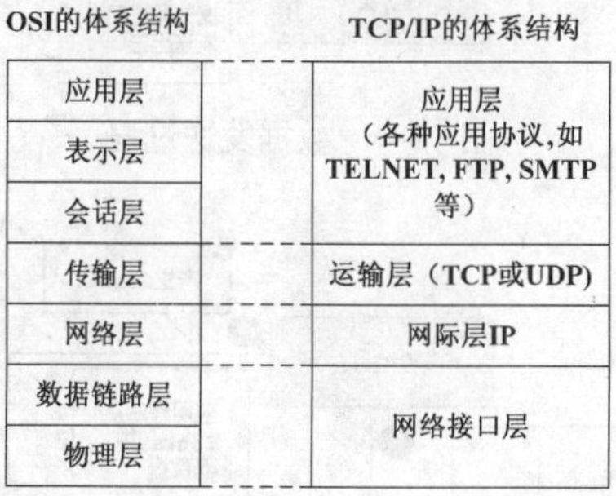

OSI的体系结构	TCP/IP的体系结构
应用层	应用层 （各种应用协议，如 **TELNET, FTP, SMTP** 等）
表示层	
会话层	
传输层	运输层（TCP或UDP）
网络层	网际层IP
数据链路层	网络接口层
物理层	

图 10-2　OSI 的体系结构和 TCP/IP 的体系结构

在 Internet 上，IP 地址和主机名是一一对应的，通过域名解析可以由主机名得到机器的 IP 地址，由于机器名更接近自然语言，容易记忆，所以比 IP 地址使用广泛，但是对机器而言，只有 IP 地址才是有效的标识符。

通常，一台主机上总是有很多个进程需要网络资源进行网络通信。网络通信的对象准确地讲不是主机，而应该是主机中运行的进程。这时光有主机名或 IP 地址来标识这么多个进程显然是不够的。端口号就是为了在一台主机上提供更多的网络资源而采取的一种手段，也是 TCP 层提供的一种机制。只有通过主机名或 IP 地址和端口号的组合才能唯一地确定网络通信中的对象：进程。

10.1.3　TCP 和 UDP

尽管 TCP/IP 协议的名称中只有 TCP 这个协议

名，但是，在 TCP/IP 的传输层同时存在 TCP 和 UDP 两个协议。

TCP（Tranfer Control Protocol，传输控制协议）是一种面向连接的保证可靠传输的协议。通过 TCP 传输，得到的是一个顺序的无差错的数据流。发送方和接收方成对的 Socket 之间必须建立连接，以便在 TCP 的基础上进行通信，当一个 Socket（通常是 Server Socket）等待建立连接时，另一个 Socket 可以要求进行连接，一旦这两个 Socket 连接起来，它们就可以进行双向数据传输，双方都可以进行发送或接收操作。TCP 就像打电话一样，互相能听到对方的说话，也知道对方的回应是什么。

UDP（User Datagram Protocol，用户数据报协议）是一种无连接的协议，每个数据报都是一个独立的信息，包括完整的源地址或目的地址，它在网络上以任何可能的路径传往目的地，因此能否到达目的地、到达目的地的时间以及内容的正确性都是不能被保证的。UDP 就像发送短信，编写好短信，选择好收件人，点击发送，并不保证对方一定能够收到（也许对方没有开机）。

TCP 和 UDP 数据包（也叫数据帧）的基本格式如图 10-3 所示。

协议类型	源IP	目标IP	源端口	目标端口	帧序号	帧数据

图 10-3　TCP、UDP 的数据帧格式简单示意图

TCP 和 UDP 的对比情况如下。

（1）使用 UDP 时，每个数据报中都给出了完整的地址信息，因此不需要建立发送方和接收方的连接。对于 TCP，由于它是一个面向连接的协议，在 Socket 之间进行数据传输之前必然要建立连接，所以在 TCP 中多了建立连接的时间。

（2）使用 UDP 传输数据时数据是有大小限制的，每个被传输的数据报必须限定在 64KB 之内。而 TCP 没有这方面的限制，一旦连接建立起来，双方的 Socket 就可以按统一的格式传输大量的数据。UDP 是一个不可靠的协议，发送方所发送的数据报并不一定以相同的次序到达接收方。而 TCP 是一个可靠的协议，它确保接收方完全正确地获取发送方所发送的全部数据。

总之，TCP 在网络通信上有极强的生命力，例如远程连接（Telnet）和文件传输（FTP）都需要不定长度的数据被可靠地传输。相比之下，UDP 操作简单，而且仅需要较少的监护，因此通常用于局域网高可靠性的分散系统中 Client/Server 应用程序。

读者可能要问，既然有了保证可靠传输的 TCP，为什么还要非可靠传输的 UDP 呢？主要原因有两个。一是可靠的传输是要付出代价的，对数据内容正确性的检验必然占用计算机的处理时间和网络带宽，因此 TCP 传输的效率不如 UDP 高。二是在许多应用中并不需要保证严格的传输可靠性，比如视频会议系统，并不要求音频视频数据绝对正确，只要保证连贯性就可以了，这种情况下使用 UDP 显然更合理一些。

10.2 基于 Socket 的网络编程

10.2.1 Socket

Socket 通常也被称作"套接字"，用于描述 IP 地址和端口，是一个通信链的句柄。应用程序通常通过"套接字"向网络发出请求或者应答网络请求。

网络上的两个程序通过一个双向的通信连接实现数据的交换，这个双向链路的一端称为一个 Socket。Socket 通常用来实现客户端和服务端的连接。Socket 是 TCP/IP 协议的一个十分流行的编程界面，一个 Socket 由一个 IP 地址和一个端口号唯一确定。

在传统的 UNIX 环境下，可以操作 TCP/IP 协议的接口不止 Socket 一个，Socket 所支持的协议种类也不光 TCP/IP 一种，因此两者之间是没有必然联系的。在 Java 环境下，Socket 编程主要是指基于 TCP/IP 协议的网络编程。

我们可以这样理解，Socket 是网络驱动层提供给应用程序编程的接口和一种机制。Socket 在应用程序中创建，通过一种绑定机制与驱动程序建立关系，告诉自己所对应的 IP 地址和端口号。

此后，应用程序发送数据给 Socket，由 Socket 交给网络驱动程序向网络上发送出去。计算机从网络上收到与该 Socket 绑定的 IP 地址和端口号相关的数据后，由网络驱动程序交给 Socket，应用程序便可以从该 Socket 中读取接收到的数据。其数据发送和接收的过程如图 10-4 和图 10-5 所示。

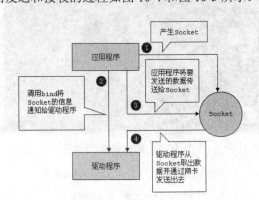

图 10-4 数据发送过程

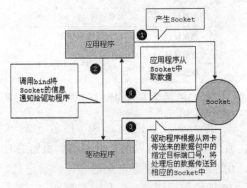

图 10-5 数据接收过程

网络通信，确切地说，不是两台计算机之间在收发数据，而是两个网络程序之间进行收发数据，一台计算机上的两个网络程序之间也可以进行通信，但这两个程序要使用不同的端口号。

10.2.2 基于 TCP 的网络编程

使用 Socket 进行 Client/Server 程序设计的一般连接过程是这样的：Server 端 Listen（监听）某个端口是否有连接请求，Client 端向 Server 端发出 Connect（连接）请求，Server 端向 Client 端发回 Accept（接受）消息，一个连接就建立起来了。Server 端和 Client

端都可以通过 Send、Write 等方法与对方通信。

一个功能齐全的 Socket 都要包含以下基本结构。

（1）创建 Socket。

（2）打开连接到 Socket 的输入/出流。

（3）按照一定的协议对 Socket 进行读/写操作。

（4）关闭 Socket。

其中，第（3）步是程序员用来调用 Socket 和实现程序功能的关键步骤，其他三步在各种程序中基本相同。

以上 4 个步骤是针对 TCP 传输而言的，使用 UDP 进行传输时略有不同，在后面会有具体讲解。

1．Socket 类

Java 在包 java.net 中提供了两个类 Socket 和 ServerSocket，分别用来表示双向连接的客户端和服务端。这是两个封装得非常好的类，使用很方便。

Socket 类的构造方法如下。

```
Socket(InetAddress address, int port);
Socket(InetAddress address, int port,
boolean stream);
Socket(String host, int prot);
Socket(String host, int prot, boolean
stream);
Socket(SocketImpl impl);
Socket(String host, int port, InetAddress
localAddr, int localPort);
Socket(InetAddress address, int port,
InetAddress localAddr, int localPort);
```

其中，address、host 和 port 分别是双向连接中另一方的 IP 地址、主机名和端口号；stream 指明 socket 是流 socket 还是数据报 socket；localPort 表示本地主机的端口号；localAddr 和 bindAddr 是本地机器的地址（Socket 的主机地址）。

ServerSocket 类的构造方法如下。

```
ServerSocket(int port);
ServerSocket(int port, int backlog);
ServerSocket(int port, int backlog,
InetAddress bindAddr)
```

其中，backlog 表示在服务器忙时，可以与之保持连接请求的等待客户数量，如果没有指定，默认大小为 50；bindAddr 是本地机器的地址（ServerSocket 的主机地址）。

举例如下。

```
Socket client = new Socket("127.0.01.", 80);
ServerSocket server = new ServerSocket(80);
```

注意，在选择端口时，必须小心。每一个端口提供一种特定的服务，只有给出正确的端口，才能获得相应的服务。0～1023 的端口号为系统所保留，所以在选择端口号时，最好选择一个大于 1023 的数以防止发生冲突。

如果在创建 Socket 时发生错误，将产生 IOException，在程序中必须对之做出处理。所以，在创建 Socket 或 ServerSocket 时必须捕获或抛出例外。

2．创建 Socket

1）客户端 Socket

下面是一个典型的创建客户端 Socket 的过程。

```
try{
    Socket socket=new Socket("127.0.
0.1",4700);
    //127.0.0.1 是 TCP/IP 协议中默认的本
机地址
}catch(IOException e){
    System.out.println("Error:"+e);
}
```

这是在客户端创建一个 Socket 的一个最简单的小程序段，也是使用 Socket 进行网络通信的第一步，程序相当简单，在这里不做过多解释了。在后面的程序中会用到该小程序段。

2）服务器端 Socket

下面是一个典型的创建 Server 端 ServerSocket 的过程。

```
ServerSocket server=null;
try {
    server=new ServerSocket(4700);
    //创建一个 ServerSocket 在端口
4700 监听客户请求
}catch(IOException e){
    System.out.println("can not listen
to :"+e);
}
Socket socket=null;
try {
```

```
socket=server.accept();
//accept()是一个阻塞的方法,一旦有客户
```
请求,它就会返回一个 Socket 对象用于同客户进行交互
```
}catch(IOException e){
    System.out.println("Error:"+e);
}
```

以上的程序是 Server 的典型工作模式,只不过,在这里 Server 只能接收一个请求,接收完后 Server 就退出了。实际的应用中总是让它不停地循环接收,一旦有客户请求,Server 就会创建一个服务线程来服务新来的客户,而自己继续监听。程序中,accept()是一个阻塞函数。所谓阻塞性方法,就是说该方法,被调用后,将等待客户的请求,直到有一个客户启动并请求连接到相同的端口,然后,accept()返回一个对应于客户的 Socket。这时,客户方和服务方都建立了用于通信的 Socket,接下来就由各个 Socket 分别打开各自的输入/输出流。

3. 打开输入/出流

Socket 类提供了方法 getInputStream () 和 getOutStream()来得到对应的输入/输出流以进行读/写操作,这两个方法分别返回 InputStream 和 OutputSteam 类对象。为了便于读/写数据,可以在返回的输入/输出流对象上建立过滤流,如 DataInputStream、DataOutputStream 或 PrintStream 类对象。对于文本方式流对象,可以采用 InputStream-Reader 和 OutputStreamWriter、PrintWirter 等处理。

例如:

```
PrintStream  os=new  PrintStream(new
BufferedOutputStreem(socket.getOutputSt
ream()));
    DataInputStream is=new DataInputStream
(socket.getInputStream());
    PrintWriter out=new PrintWriter(socket.
getOutStream(),true);
    BuftferedReader in=new ButfferedReader(new
InputSteramReader(Socket.getInputStream()));
```

输入输出流是网络编程的实质性部分,具体如何构造所需要的过滤流,要根据需要而定。能否运用自如主要看读者对 Java 中输入输出部分掌握如何。

对于客户端和服务器端的输入/输出流,可以

通过图 10-6 所示的示意图进行说明。

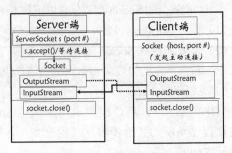

图 10-6　输入输出流的示意图

从图中可以看到,当一方向另一方传送数据时,发送方使用 OutputStream 流发送数据,接收方使用 InputStream 流接收数据。

4. 关闭 Socket

每一个 Socket 存在时,都占用一定的资源,在 Socket 对象使用完毕时,要将其关闭。关闭 Socket 可以调用 Socket 的 Close()方法。在关闭 Socket 之前,应将与 Socket 相关的所有的输入/输出流全部关闭,以释放所有的资源。而且要注意关闭的顺序,与 Socket 相关的所有的输入/输出流应该首先关闭,然后关闭 Socket。

```
os.close();
is.close();
socket.close();
```

尽管 Java 有自动回收机制,网络资源最终是会被释放的。但是为了有效地利用资源,建议读者按照合理的顺序主动释放资源。

5. TCP 网络程序的工作原理

TCP 客户端程序与 TCP 服务器端程序的交互过程如下。

(1)服务器程序创建一个 ServerSocket,然后调用 accept 方法等待客户来连接。

(2)客户端程序创建一个 Socket 并请求与服务器建立连接。

(3)服务器接收客户的连接请求,并创建一个新的 Socket 与该客户建立专线连接。

(4)建立了连接的两个 Socket 在一个单独的线程(由服务器程序创建)上对话。

（5）服务器开始等待新的连接请求，当新的连接请求到达时，重复步骤（2）到步骤（5）的过程。

TCP 网络程序的工作原理，如图 10-7 所示。

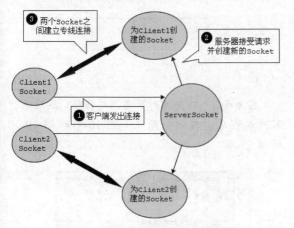

图 10-7　TCP 网络程序的工作原理

下面通过一段程序，来说明 TCP 网络程序的工作原理。

服务器端：

ServerSocket ss= new ServerSocket(4444);

…

Socket s=ss.accept();

客户端：

Socket s=new Socket(192.16.2.2：4444);

当客户端与服务器端进行连接时，如图 10-8 所示。

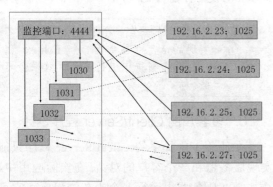

图 10-8　客户端与服务器端的连接

在图 10-8 中，有 4 个客户端建立了 Socket 并与服务器进行连接，服务器接受客户端的请求，并为 4 个客户端建立了 4 个不同的 Socket（1030、1031、

1032 和 1033），这 4 个 Socket 与客户端进行会话。

【任务 1】创建一个简单的 TCP 程序，其中，客户端将"Hello"发送到服务器端，服务器端收到后进行显示，然后发送"Welcome"给客户端，客户端收到后显示。（监听端口随意）

Step 1　在 Eclipse 中新建项目 Charpter11，并在该项目中创建类 Charpter11_1_Client，输入如下的代码。

```java
package com.bjl;

import java.io.InputStream;
import java.io.OutputStream;
import java.net.Socket;

public class Charpter11_1_Client {
    public static void main(String args[]) {
        String str = "Hello";
        try {
            //第一步，创建客户端Socket
            Socket socket = new Socket("127.0.0.1", 5700);
            //第二步,创建OutputStream
用以发送数据, InputStream用以接受数据
            OutputStream os = socket.getOutputStream();
            InputStream is = socket.getInputStream();
            //第三步,对Socket对象进行
读写操作
            os.write(str.getBytes());
            byte[] buf = new byte[1024];
            int len = is.read(buf);
            System.out.println("接收
到从服务器发送来的数据是: "+new String(buf,
0,len));
            //第四步,关闭资源
            os.close();
            is.close();
            socket.close();

        } catch (Exception e) {
            System.out.println("Error" + e); // 出错，则打印出错信息
        }
    }
}
```

Step 2 在项目 Charpter11 中创建类 Charpter11_1_Server，输入如下的代码。

```java
package com.bjl;

import java.io.InputStream;
import java.io.OutputStream;
import java.net.ServerSocket;
import java.net.Socket;

public class Charpter11_1_Server {
    public static void main(String
args[]) {
        try {
            //第一步,创建 ServerSocket,
//并调用 accept 方法等待客户端的连接
            ServerSocket server = null;
            try {
                server = new Server-
Socket(5700);
            } catch (Exception e) {
System.out.println("不能监听该端口:" + e);
            }

            Socket socket = null;
            try {
                socket=server.accept();
                // 使用 accept() 阻塞等
//待客户请求,有客户 请求到来则产生一个 Socket 对
//象,并继续执行
            } catch (Exception e) {
System.out.println ("Error." + e);
            }
            //第二步,创建 OutputStream
//用以发送数据, InputStream 用以接受数据
            OutputStream os = socket.
getOutputStream();
            InputStream is = socket.
getInputStream();
            //第三步, 对 Socket 对象进行
//读写操作
            byte[] buf = new byte [1024];
            int len = is.read(buf);
            System.out.println("接收到从客
//户端发送来的数据是:" + new String(buf, 0, len));
            String str = "Welcome";
            os.write(str.getBytes());
            // 第四步, 关闭资源
            os.close();
```

```java
            is.close();
            socket.close();
            server.close();
        } catch (Exception e) {
System.out.println("Error:" + e);
            // 出错, 打印出错信息
        }
    }
}
```

Step 3 首先运行服务器端程序, 然后运行客户端程序, 其运行结果如图 10-9 和图 10-10 所示。

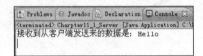

图 10-9 客户端的运行结果

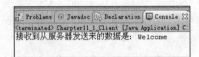

图 10-10 服务器端运行的结果

上述的程序虽然简单, 程序也没有什么实际用途, 但是说明了客户端和服务器端进行数据通信的步骤。读者可以分别将 Socket 使用的 4 个步骤的对应程序段选择出来, 这样便于读者对 Socket 的使用有进一步的了解。

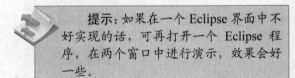

提示: 如果在一个 Eclipse 界面中不好实现的话, 可再打开一个 Eclipse 程序, 在两个窗口中进行演示, 效果会好一些。

6. 多客户的 Client/Server 程序设计

在任务 1 中提供的 Client/Server 程序只能实现服务器和一个客户的对话。在实际应用中, 往往是在服务器上运行一个永久的程序, 它可以接受来自其他多个客户端的请求, 提供相应的服务。为了实现在服务器方给多个客户提供服务的功能, 需要对上面的程序进行改造, 利用多线程实现多客户机制。服务器总是在指定

的端口上监听是否有客户请求，一旦监听到客户请求，服务器就会启动一个专门的服务线程来响应该客户的请求，而服务器本身在启动完线程之后马上又进入监听状态，等待下一个客户的到来。

【任务 2】在任务 1 的基础上，修改服务器端程序，利用线程实现多客户端与服务器端的连接。

Step 1　要实现连接多个客户端的目的，需要在程序中使用线程，线程的主要工作就是接收客户端的数据和向客户端发送数据。在项目 Charpter11 中创建类 ServerThread，该类继承 Thread 类，输入如下代码。

```java
class ServerThread extends Thread {
    Socket socket = null;
// 保存与本线程相关的 Socket 对象
    int clientnum;
// 保存本进程的客户计数

    public ServerThread(Socket socket,
int num) { // 构造函数
        this.socket = socket;
// 初始化 socket 变量
        clientnum = num + 1;
// 初始化 clientnum 变量
    }

    public void run() { // 线程主体
        try {
            //第二步,创建 OutputStream
用以发送数据,InputStream 用以接受数据
            OutputStream os = socket.
getOutputStream();
            InputStream is = socket.
getInputStream();
            // 第三步,对 Socket 对象进行读写操作
            byte[] buf = new byte
[1024];
            int len = is.read(buf);
        System.out.println("接收到从客
户端发送来的数据是:"+newString(buf,0,len));
            String str = "Welcome";
            os.write(str.getBytes());
            // 第四步,关闭资源
```

```java
            os.close();
            is.close();
            socket.close();
        } catch (Exception e) {
        System.out.println("Error:" + e);
            // 出错,打印出错信息
        }
    }
}
```

Step 2　修改服务器端代码，使用无限循环来接受客户端的请求，代码如下。

```java
package com.bjl;

import java.io.InputStream;
import java.io.OutputStream;
import java.net.ServerSocket;
import java.net.Socket;

public class Charpter11_1_ServerByThread {
    static int clientnum = 0;
// 静态成员变量,记录当前客户的个数

    public static void main(String
args[]) {
        try {
            //第一步,创建 ServerSocket,
并调用 accept 方法等待客户端的连接
            ServerSocket server = null;
            try {
                server = new Server-
Socket(5700);
            } catch (Exception e) {
                System.out.println(
"不能监听该端口:" + e);
            }

            while (true) {
                // 监听到客户请求,根据
得到的 Socket 对象和客户计数创建服务线程,并启动
                new ServerThread(server.
accept(), clientnum).start();
            clientnum++; //增加客户计数
                System.out.println(
"现在的连接数是: " + clientnum);
            }
        } catch (Exception e) {
        System.out.println("Error:" + e);
            // 出错,打印出错信息
```

```
            }
          }
       }
```

Step 3 启动服务器端程序，等待客户端连接。由于客户端程序不需要修改，因此，可以多运行几次客户端程序，服务器程序的运行结果如图 10-11 所示。

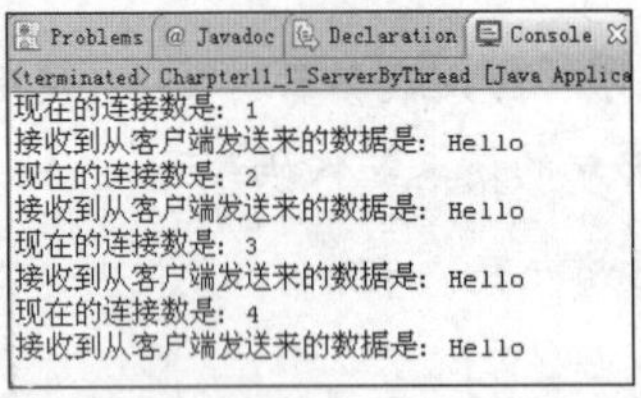

```
Problems @ Javadoc Declaration Console ☒
<terminated> Chapter11_1_ServerByThread [Java Applic
现在的连接数是: 1
接收到从客户端发送来的数据是: Hello
现在的连接数是: 2
接收到从客户端发送来的数据是: Hello
现在的连接数是: 3
接收到从客户端发送来的数据是: Hello
现在的连接数是: 4
接收到从客户端发送来的数据是: Hello
```

图 10-11 服务器端接受多个客户端发送的请求

10.2.3 基于 UDP 的网络编程

前面在介绍 TCP/IP 协议的时候已经提到，在 TCP/IP 协议的传输层除了 TCP 之外还有一个 UDP，相比而言，UDP 的应用不如 TCP 广泛，几个标准的应用层协议 HTTP，FTP，SMTP……使用的都是 TCP。但是，随着计算机网络的发展，UDP 正越来越来显示出其威力，尤其是在需要很强的实时交互性的场合，如网络游戏、视频会议等。下面就介绍一下在 Java 环境下如何实现 UDP 网络传输。

1. 数据报

所谓数据报（Datagram），是在机器间传递的信息包，是无连接的远程通信服务，数据以独立的包为单位发送，它无须建立、拆除连接，直接将信息打包传送到指定的目的地，但不保证数据传送的顺序和内容的准确性，也不保证数据一定到达目的地和一定存在数据的接收者。

在前面已经对 UDP 和 TCP 进行了比较,在这里再稍做小结。

- ◆ TCP，可靠，传输大小无限制，但是需要连接建立时间，差错控制开销大。
- ◆ UDP，不可靠，差错控制开销较小，传输大小限制在 64KB 以下,不需要建立连接。

总之，这两种协议各有特点，应用的场合也不同，是完全互补的两个协议，在 TCP/IP 协议中占有同样重要的地位，要学好网络编程，两者缺一不可。

2. 数据报通信的表示方法

包 java.net 中提供了两个类 DatagramSocket 和 DatagramPacket 用来支持数据报通信，DatagramSocket 用于在程序之间建立传送数据报的通信连接，DatagramPacket 则用来表示一个数据报。

1）DatagramSocket

DatagramSocket 的构造方法如下。

```
DatagramSocket();
DatagramSocket(int prot);
DatagramSocket(int port, InetAddress laddr)
```

其中，port 指明 Socket 所使用的端口号，如果未指明端口号，则把 Socket 连接到本地主机上一个可用的端口。laddr 指明一个可用的本地地址（如果有多块网卡，必须指定）。给出端口号时要保证不发生端口冲突，否则会生成 SocketException 类例外。

> **注意：** 上述的两个构造方法都声明抛弃非运行时例外 SocketException，程序中必须进行处理，或者捕获，或者声明抛弃。

DatagramSocket 常用的方法如下。

```
send(DatagramPacket p)
```
// 发送数据，send() 根据数据报的目的地址来寻径，以传递数据报
```
receive(DatagramPacket p)
```
// 等待数据报的到来，receive() 将一直等待，直到收到一个数据报为止
```
close()
```
// 关闭 Socket

用数据报方式编写 Client/Server 程序时，无论在客户方还是服务方，首先都要建立一个 DatagramSocket 对象，用来接收或发送数据报，然后使用 DatagramPacket 类对象作为传输数据的载体。

2）DatagramPacket

DatagramPacket 的构造方法如下。

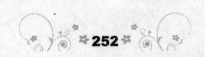

```
DatagramPacket(byte buf[],int length);
DatagramPacket(byte buf[], int length,
InetAddress addr, int port);
DatagramPacket(byte[] buf, int offset,
int length);
DatagramPacket(byte[] buf, int offset,
int length, InetAddress address, int port);
```

其中，buf 中存放数据报数据，length 为数据报中数据的长度，addr 和 port 指明目的地址，offset 指明数据报的位移量。

对于 DatagramPacket 有如下说明。

◆ 在接收数据前，应该采用上面的第一种方法生成一个 DatagramPacket 对象，给出接收数据的缓冲区及其长度。然后调用 DatagramSocket 的方法 receive()等待数据报的到来，receive()将一直等待，直到收到一个数据报为止。

```
DatagramPacket packet=new DatagramPacket
(buf, 256);
Socket.receive (packet);
```

◆ 发送数据前，也要先生成一个新的 DatagramPacket 对象，这时要使用上面的第二种构造方法。在给出存放发送数据的缓冲区的同时，还要给出完整的目的地址，包括 IP 地址和端口号。发送数据是通过 DatagramSocket 的 send()方法实现的。send()根据数据报的目的地址来寻径，以传递数据报。

```
DatagramPacket packet=new DatagramPacket
(buf, length, address, port);
Socket.send(packet);
```

3）InetAddress

在构造数据报时，要给出 InetAddress 类参数。类 InetAddress 在包 java.net 中定义，用来表示一个 Internet 地址。InetAddress 的构造函数不是公开的（public），所以需要通过它提供的静态方法来获取，有以下的方法。

◆ static InetAddress[] getAllByName(String host);

返回一个 InetAddress 对象的引用，每个对象包含一个表示相应主机名的单独的 IP 地址。这个

IP 地址是通过 host 参数传递的，对于指定的主机，如果没有 IP 地址存在，那么这个方法将抛出一个 UnknownHostException 异常对象。

◆ static InetAddress getByAddress(byte[] addr);

返回一个 InetAddress 对象的引用，这个对象包含了一个 Ipv4 地址或 Ipv6 地址。Ipv4 地址是一个 4 字节地址数组，Ipv6 地址是一个 16 字节地址数组。如果返回的数组既不是 4 字节的也不是 16 字节的，那么方法将会抛出一个 UnknownHost Exception 异常对象。

◆ static InetAddress getByAddress(String host, byte[] addr);

返回一个 InetAddress 对象的引用，这个 InetAddress 对象包含了一个由 host 和 4 字节的 addr 数组指定的 IP 地址，或者是 host 和 16 字节的 addr 数组指定的 IP 地址。如果这个数组既不是 4 字节的也不是 16 位字节的，那么该方法将抛出一个 UnknownHostException 异常对象。

◆ static InetAddress getByName(String host);

返回一个 InetAddress 对象，该对象包含了一个与 host 参数指定的主机相对应的 IP 地址。对于指定的主机，如果没有 IP 地址存在，那么方法将抛出一个 UnknownHostException 异常对象。

◆ static InetAddress getLocalHost();

返回一个 InetAddress 对象，这个对象包含了本地机的 IP 地址。

一旦获得了 InetAddress 子类对象的引用，就可以调用 InetAddress 的各种方法来获得 InetAddress 子类对象中的 IP 地址信息。比如，可以通过调用 getCanonicalHostName()从域名服务中获得标准的主机名；通过调用 getHostAddress()获得 IP 地址；通过调用 getHostName()获得主机名；通过调用 isLoopbackAddress()判断 IP 地址是否是一个 loopback 地址。

3. 使用 UDP 发送和接收数据

有了上面的知识，下面创建一个使用 UDP 发送和接收数据的 Client/Server 程序。

【任务 3】创建一个简单的 UDP 程序，其中，

客户端将 "Hello World" 发送到服务器端，服务器端收到后显示，然后服务器端将 "Welcome" 发送给客户端（监听端口为 3000）。

Step 1　在项目 Charpter11 中创建类 Charpter11_3_Client，输入如下的代码。

```java
package com.bjl;

import java.net.DatagramPacket;
import java.net.DatagramSocket;
import java.net.InetAddress;

public class Charpter11_3_Client {
    public static void main(String[] args) throws Exception {
        // 第一步：创建 DatagramSocket 对象
        DatagramSocket ds = new DatagramSocket();
        String str = "hello world";
        // 第二步：创建 DatagramPacket 对象，该对象包含发送的数据信息和接收方的 IP 地址和端口号，如果发送到某一具体 IP 地址，可以换成 InetAddress.getByName(IP 地址)
        InetAddress inetAddress = InetAddress.getLocalHost();
        DatagramPacket dpSend = new DatagramPacket(str.getBytes(),
                str.length(), inetAddress, 3000);
        // 第三步：发送数据报
        ds.send(dpSend);

        // 第四步，接收服务器来的数据报，可参照服务器端代码
        byte[] buf = new byte[1024];
        DatagramPacket dpReceive = new DatagramPacket(buf, 1024);
        ds.receive(dpReceive);
        String strRecv = new String(dpReceive.getData(), 0, dpReceive.getLength()) + " 来自 "
                + dpReceive.getAddress().getHostAddress() + ":"
                + dpReceive.getPort();
        System.out.println(strRecv);

        // 第五步：关闭
        ds.close();
```

Step 2　在项目 Charpter11 中创建类 Charpter11_3_Server，输入如下的代码。

```java
package com.bjl;

import java.net.DatagramPacket;
import java.net.DatagramSocket;
import java.net.InetAddress;

public class Charpter11_3_Server {
    public static void main(String[] args) throws Exception {
        // 第一步：创建 DatagramSocket 对象，3000 表示接收方的端口号，和发送方的一致
        DatagramSocket ds = new DatagramSocket(3000);
        // 第二步：创建 DatagramPacket 对象，该对象就是从发送方发过来的数据，接收的数据放在 buf 里
        byte[] buf = new byte[1024];
        DatagramPacket dpReceive = new DatagramPacket(buf, 1024);
        // 第三步：接收
        ds.receive(dpReceive);
        // 第四步：处理接收到的数据，使用 getHostAddress 得到发送数据报客户端的 IP
        String strRecv = new String(dpReceive.getData(), 0, dpReceive.getLength()) + " 来自 " + dpReceive.getAddress().getHostAddress() + ":" + dpReceive.getPort();
        System.out.println(strRecv);
        // 第五步：与客户端建立连接，并发送数据
        String str = "Welcome";
        // 取到发送方的 IP 信息
        InetAddress inetAddress = dpReceive.getAddress();
        DatagramPacket dpSend = new DatagramPacket(str.getBytes(), str.length(), inetAddress, dpReceive.getPort());
        ds.send(dpSend);
        // 第五步：关闭
        ds.close();
    }
}
```

Step 3　首先运行服务器端程序，然后运行客户端程序，服务器端和客户端运行的结果如图 10-12 和图 10-13 所示。

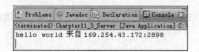

图 10-12　服务器端的运行结果

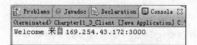

图 10-13　客户端运行的结果

从上面程序的运行中可以看出，客户端发送数据的端口号为 2898，服务器端发送数据的端口号为 3000，也就是说，发送方和接收方的端口号可以不一致。

我们在讲解 TCP 部分时，提到使用线程来完成多客户的 Client/Server 程序设计，在 UDP 中也可以使用多线程来实现多客户的程序设计，读者如果感兴趣可以自己试一下。

10.3 基于 URL 的网络编程

10.3.1　统一资源定位器

URL（Uniform Resource Locator，统一资源定位器）表示 Internet 上某一资源的地址。通过 URL 可以访问 Internet 上的各种网络资源，比如最常见的 WWW、FTP 站点。浏览器通过解析给定的 URL 可以在网络上查找相应的文件或其他资源。

URL 是最为直观的一种网络定位方法。使用 URL 符合人们的语言习惯，且容易记忆，所以应用十分广泛。而且在目前使用最为广泛的 TCP/IP 中对于 URL 中主机名的解析也是协议的一个标准，即所谓的域名解析服务。使用 URL 进行网络编程，不需要对协议本身有太多的了解，其功能也比较弱，相对而言是比较简单的。

1.　URL 的组成

URL 的格式如下。

protocol://resourceName

其中，协议名（protocol）指明获取资源所使用的传输协议，如 http、ftp、gopher、file 等，资源名（resourceName）则应该是资源的完整地址，包括主机名、端口号、文件名或文件内部的一个引用。

- http://www.sun.com/ —— 协议名://主机名。
- http://news.sina.com.cn/s/2012-10-05/054228360563.shtml —— 协议名://机器名 + 文件名。
- http://192.168.0.1:8080/bbs/adv.html#BOTTOM —— 协议名://机器名 + 端口号 + 文件名 + 内部引用。

2.　创建一个 URL

为了表示 URL，java.net 中实现了类 URL。可以通过下面的构造方法来初始化一个 URL 对象。

（1）public URL (String spec);

通过一个表示 URL 地址的字符串可以创建一个 URL 对象，例如：

```
URL urlBase=new URL("http://www.baidu.com/")
```

（2）public URL(URL context, String spec);

通过基 URL 和相对 URL 创建一个 URL 对象，例如：

```
URL urlBase=new URL("http://www.baidu.com/")
URL index=new URL(urlBase, "index.html")
```

（3）public URL(String protocol, String host, String file);

通过协议、主机名和文件名创建一个 URL 对象，例如：

```
new URL("http", "192.168.0.1", "/pages/
index. html");
```

（4）public URL(String protocol, String host, int port, String file);

通过协议、主机名、端口号和文件名创建一个 URL 对象，例如：

```
URL gamelan=new URL("http", "192.168.
0.1", 8080, "bbs/index.html");
```

> **注意**：类 URL 的构造方法都声明抛弃非运行时例外（MalformedURLException），因此生成 URL 对象时，必须对这一例外进行处理，通常是用 try-catch 语句进行捕获。格式如下。
>
> ```
> try{
>         URL myURL= new URL(…)
> }catch (MalformedURLException e){
> …
> //exception handler code here
> …
>     }
> ```

3. 解析一个 URL

一个 URL 对象生成后，其属性是不能被改变的，但是可以通过类 URL 所提供的方法来获取这些属性。

```
public String getProtocol()
//获取该 URL 的协议名
public String getHost()
//获取该 URL 的主机名
public int getPort()
//获取该 URL 的端口号，如果没有设置端口，返回-1
public String getFile()
//获取该 URL 的文件名
public String getQuery()
//获取该 URL 的查询信息
public String getPath()
//获取该 URL 的路径
public String getAuthority()
//获取该 URL 的权限信息
public String getUserInfo()
//获得该 URL 的使用者信息
```

```
public String getRef()
//获得该 URL 的锚
```

【任务 4】生成一个 URL 对象，并获取该对象的各个属性。

Step 1 在项目 Charpter11 中创建类 Charpter11_4，输入如下的代码。

```
package com.bjl;

import java.net.URL;

public class Charpter11_4 {
    public static void main(String[]
args) throws Exception {
        try {
            URL baseUrl = new URL
("http://news.163.com/13/0126/15/");
            URL url = new URL(baseUrl,
                "8M5G724B0001124
J.zhtml#p=8M6790404T8E0001");
            System.out.println("协议
为: " + url.getProtocol());
            System.out.println("主机
名为: " + url.getHost());
            System.out.println("文件
名为: " + url.getFile());
            System.out.println("端口
为: " + url.getPort());
            System.out.println("锚为: "
+ url.getRef());
            System.out.println("查询
信息为: " + url.getQuery());
            System.out.println("路径
为: " + url.getPath());
            System.out.println("用户
信息为: " + url.getUserInfo());
            System.out.println("授权
信息为: " + url.getAuthority());
        } catch (MalformedURLException e) {
            e.printStackTrace();
        }
    }
}
```

Step 2 保存并运行程序，其结果如图 10-14 所示。

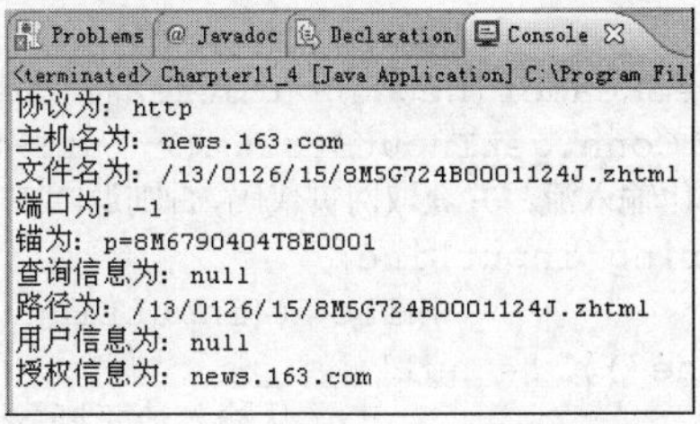

图 10-14　URL 的属性

10.3.2　从 URL 读取 WWW 网络资源

当得到一个 URL 对象后，就可以通过它读取指定的 WWW 资源。这时将使用 URL 的方法 openStream()，其定义如下。

```
InputStream openStream();
```

方法 openSteam()与指定的 URL 建立连接并返回 InputStream 类的对象以从这一连接中读取数据。

【任务 5】通过 URL 访问百度（http://www.baidu.com）的网络资源。

Step 1　在项目 Charpter11 中创建类 Charpter11_5 ，输入如下的代码。

```
package com.bjl;
import java.io.BufferedReader;
import java.io.IOException;
import java.io.InputStreamReader;
import java.net.MalformedURLException;
import java.net.URL;

public class Charpter11_5 {
    public static void main(String[]
args) {
        try {
            URL tirc = new URL("http:
//www.baidu.com/");
            // 构建一 URL 对象
            BufferedReader in = new
BufferedReader(new InputStreamReader(
                    tirc.openStream()));
            // 使用 openStream 得到一输
入流并由此构造一个 BufferedReader 对象
            String inputLine;
            while ((inputLine = in.
readLine()) != null)
```

// 从输入流不断地读数据，直到读完为止

```
            System.out.println(
inputLine); // 把读入的数据打印到屏幕上
            in.close(); // 关闭输入流
        } catch (MalformedURLException e) {
            e.printStackTrace();
        } catch (IOException e) {
            // TODO Auto-generated catch block
            e.printStackTrace();
        }
    }
}
```

Step 2　保存并运行程序，其结果如图 10-15 所示。

图 10-15　从 URL 中读取 WWW 资源

从图 10-15 中可以看到，从 URL 读取 WWW 资源，其实就是得到该 URL 表示网页的 HTML 代码。

10.3.3　通过 URLConnetction 连接 WWW

通过 URL 的方法 openStream()，只能从网络上读取数据，如果同时还想输出数据，例如向服务器端的 CGI 程序发送一些数据，必须先与 URL 建立连接，然后才能对其进行读写，这时就要用到类 URLConnection。CGI（Common Gateway Interface，公共网关接口）是用户浏览器和服务器端的应用程序进行连接的接口。有关 CGI 程序设计，请读者参考其他有关书籍。

类 URLConnection 也在包 java.net 中定义，它表示 Java 程序和 URL 在网络上的通信连接。当与一

个 URL 建立连接时，首先要在一个 URL 对象上通过方法 openConnection()生成对应的 URLConnection 对象，例如：

```
try{
    URL url = new URL ("www.baidu.
com/index.html");
    URLConnectonn tc = url.openConnection();
}catch(MalformedURLException e){
//创建 URL()对象失败
    ...
}catch (IOException e){
//openConnec- tion()失败
    ...
}
```

类 URLConnection 提供了很多方法来设置或获取连接参数，程序设计时最常使用的是 getInputStream()和 getOurputStream()，其定义如下。

```
InputSteram getInputSteram();
OutputSteram getOutputStream();
```

通过返回的输入/输出流，可以与远程对象进行通信。

【任务 6】通过 URLConnection 对象访问百度（http://www.baidu.com）的网络资源，实现与任务 5 相同的功能。

Step 1 在项目 Charpter11 中创建类 Charpter11_ 6，输入如下的代码。

```
package com.bjl;

import java.io.BufferedReader;
import java.io.IOException;
import java.io.InputStreamReader;
import java.net.MalformedURLException;
import java.net.URL;
import java.net.URLConnection;

public class Charpter11_6 {
    public static void main(String[]
args) {
        try {
            URL url = new URL("http:
//www.baidu.com");
            URLConnection urlConn =
url.openConnection(); // 打开网站链接
```

```
            BufferedReader in = new
BufferedReader(new InputStreamReader(
    urlConn.getInputStream(),"utr-8"));
// 实例化输入流，并获取网页代码,否则返回中文乱码
    String inputLine;
            while ((inputLine = in.
readLine()) != null)
                // 从输入流不断的读数据，
直到读完为止
            System.out.println(inputLine);
// 把读入的数据打印到屏幕上
            in.close(); // 关闭输入流
    } catch (MalformedURLException e) {
            e.printStackTrace();
    } catch (IOException e) {
            // TODO Auto-generated
catch block
            e.printStackTrace();
        }
    }
}
```

Step 2 保存并运行程序，其结果如图 10-15 所示。

1. 向指定的 URL 发送 get 请求

对于百度搜索，当输入关键字后，比方说输入 java，那么百度将会跳转到 URL 地址，http://www.baidu.com/s?wd=java，并显示搜索到的结果。这个就是 get 请求，利用 URLConnection 发送 get 请求，代码如下。

```
String urlName = "http://www.baidu.
com/s?wd=java";
URL realUrl = new URL(urlName);
URLConnection conn = realUrl.open-
Connection();
// 设置通用的请求属性
conn.setRequestProperty("Content-Ty
pe", "text/xml");
// 建立实际的连接
conn.connect();
…
```

如果要得到搜索结果，可参考任务 6 的代码。

2. 向指定的 URL 发送 post 请求

在很多地方，尤其是注册时，都是用 post 方法，post 方法传递的参数值的形式为：username=李刚

&password=abc。在 Java 中利用 URLConnection 对象发送 post 请求，代码如下。

```
PrintWriter out ;
URL realUrl = new URL(url);
//url 是 post 后的地址
URLConnection conn = realUrl.open-
Connection();
// 发送 POST 请求必须设置如下两行
conn.setDoOutput(true);
conn.setDoInput(true);
// 获取 URLConnection 对象对应的输出流
out = new PrintWriter(conn.getOutput-
Stream());
// 发送请求参数
out.print("username=李刚&password=abc");
// flush 输出流的缓冲
out.flush();
…
```

如果要得到 post 后处理的结果，可参考任务 6 的代码。

10.4　上机实训

1. 实训内容

利用 TCP 实现发送和接收文件的功能。

2. 实训目的

通过实训掌握 TCP 的通信，熟悉客户端与服务器端建立连接并传送数据的过程。

- ◆ 掌握客户端 Socket 的建立。
- ◆ 掌握服务器端 ServerSocket 的建立。
- ◆ 掌握客户端发送数据的方法。
- ◆ 掌握服务器端接收数据的方法。
- ◆ 掌握使用 IO 流操作文件的方法。

3. 实训要求

（1）客户端和服务器端在 6000 端口上建立连接。

（2）客户端读取 c:\x.txt 文件的内容，并将内容发送给服务器端。

（3）服务器端接收到文件后，保存为 d:\y.txt

文件。

4. 完成实训

Step 1　启动 Eclipse，并创建项目 Charpter10，也可以利用已创建的项目。

Step 2　创建 Charpter09_ShiXun_Client 类，输入如下代码。

```
package com.bjl;

import java.io.File;
import java.io.FileInputStream;
import java.io.IOException;
import java.io.InputStream;
import java.io.OutputStream;
import java.net.Socket;

public class Charpter11_Shixun_Client {
    public static void main(String[]
args){
        String content = readFileByBytes
("c:\\x.txt");
        System.out.println(content);
        sendContent(content);
    }
    /**
     * 向服务器端发送 content 内容
     */
    public static void sendContent
(String content){
        try {
        // 第一步，创建客户端 Socket
        Socket socket = new Socket
("127.0.0.1", 6000);
            //第二步，创建 OutputStream
用以发送数据
        OutputStream os = socket.
getOutputStream();
            //第三步，对 Socket 对象进行
读写操作
        os.write(content.getBytes());
        // 第四步，关闭资源
        os.close();
        socket.close();
        } catch (Exception e) {
        System.out.println("Error" + e);
// 出错，则打印出错信息
        }
    }
```

```
        /**
        * 以字节为单位读取文件，常用于读二进制
文件，如图片、声音、影像等文件
        *
        * @param fileName
        *           文件的名
        */
        public static String readFileBy-
Bytes (String fileName) {
            File file = new File(fileName);
            String str = null;
            InputStream in = null;
            try {
                // 一次读多个字节
                byte[] tempbytes = new byte [100];
                int byteread = 0;
                in = new FileInputStream
(fileName);
                StringBuffer sb = new
StringBuffer();
                // ReadFromFile.showAva-
ilableBytes(in);
                // 读入多个字节到字节数组中，
byteread 为一次读入的字节数
                while ((byteread = in.read
(tempbytes)) != -1) {
                    sb.append(new String
(tempbytes, 0, byteread));
                }
                str = sb.toString();

            } catch (Exception e1) {
                e1.printStackTrace();
            } finally {
                if (in != null) {
                    try {
in.close();
                    } catch (IOException e1) {
                    }
                }
            }
            return str;
        }

    }
```

Step 3 创建 Charpter09_ShiXun_Server
类，输入如下代码。

```
package com.bjl;

import java.io.File;
import java.io.FileWriter;
import java.io.InputStream;
import java.io.PrintWriter;
import java.net.ServerSocket;
import java.net.Socket;

public class Charpter11_Shixun_Server {
public static void main(String[] args) {
newFile("d:\\y.txt", recieveContent());
    }

    /**
    * 接受客户端发送来内容
    */
    public static String recieveContent() {
        String str = null;
        try {
            // 第一步，创建 ServerSocket，
并调用 accept 方法等待客户端的连接
            ServerSocket server = null;
            try {
server = new ServerSocket (6000);
            } catch (Exception e) {
                System.out.println(
"不能监听该端口：" + e);
            }

            Socket socket = null;
            try {
                socket = server.accept();
                // 使用 accept()阻塞等
待客户请求，有客户请求到来则产生一个 Socket 对
象，并继续执行
            } catch (Exception e) {
    System.out.println("Error." + e);
            }
            // 第二步，InputStream 用以
接收数据
            InputStream is = socket.
getInputStream();
            //第三步，对 Socket 对象进行
读写操作
            byte[] buf = new byte[1024];
            int len = 0;
StringBuffer sb = new StringBuffer();
            while ((len = is.read(buf))
```

```
!= -1) {
                    sb.append(new String
(buf, 0, len));
                }
                // 第四步，关闭资源
                is.close();
                socket.close();
                server.close();
                str = sb.toString();
            } catch (Exception e) {
        System.out.println("Error:"+e);
            }
            return str;
        }


        /**
        * 新建文件并将 filecontent 内容写入文件
         */
        public static void newFile(String
filePathAndName, String fileContent) {
            try {
            String filePath = filePathAndName;
                filePath=filePath.toString();
                File myFilePath = new File
(filePath);
                if (!myFilePath.exists()) {
                    myFilePath.createNe-
wFile();
                }
                FileWriter resultFile =
new FileWriter(myFilePath);
                PrintWriter myFile = new
PrintWriter(resultFile);
            String strContent = fileContent;
                myFile.println(strContent);
                resultFile.close();
                System.out.println("新建
文件操作 成功执行");
            } catch (Exception e) {
                System.out.println("新建
目录操作出错");
                e.printStackTrace();
            }
        }
    }
```

Step 4 首先运行 Server 类，再运行 Client 类，即可完成文件的传输。

10.5 练习与上机

1. 选择题

（1）使用 TCP 传送数据，服务器端要获得客户端发送的数据，必须使用的对象是（　　）。

    A. Socket   B. InputStream

    C. ServerSocket   D. OutputStream

（2）使用 UDP 发送数据，其数据的载体为（　　）。

    A. ServerSocket   B. DatagramSocket

    C. Socket   D. DatagramPacket

（3）关于协议，下面的说法错误的是（　　）。

    A. TCP/IP 协议由 TCP 和 IP 组成

    B. TCP 和 UDP 都是 TCP/IP 协议传输层的子协议

    C. Socket 是 TCP/IP 协议的一部分

    D. 主机名的解析是 TCP/IP 的一部分

（4）下面的 URL 中合法的是（　　）。

    A. http://166.111.13.3/index.html

    B. ftp://166.11.13.4/incoming

    C. ftp://166.11.13.4:-1

    D. http://166.111.13.3.3

（5）下面创建 Socket 语句正确的是（　　）。

    A. Socket a = new Socket(80);

    B. Socket b = new Socket("130.3.4.5",80);

    C. ServerSocket c = new ServerSocket (80);

    D. ServerSocket c = new ServerSocket ("130.3.4.5",80);

（6）关于 UDP 和 TCP 通信的说法正确的是（　　）。

    A. TCP 和 UDP 在很大程度上是一样的，由于历史原因产生了两个不同的名字而已

    B. TCP 和 UDP 在传输方式上是一样的，都是基于流，但是 TCP 可靠，UDP 不可靠

    C. TCP 比 UDP 建立连接的时间要长

    D. TCP 传输的效率不如 UDP 高

2. 实训操作题

（1）使用 TCP 传输数据。客户端与服务器端的连接端口为 7000，客户端发送"I am from client"，服务器端接收并显示。（实训目的：掌握 TCP 网络通信编程）

（2）使用 UDP 传输数据。客户端与服务器端的连接端口为 7000，客户端发送"I am from client"，服务器端接收并显示。（实训目的：掌握 UDP 网络通信编程）

（3）通过 URL 访问谷歌（http://www. google. com）的网络资源。（实训目的：掌握 URL 网络编程）

第 **11** 章
Java 数据库操作

📖 **学习目标**

学习 Java 操作数据库的知识。主要内容包括 JDBC 概述、使用 JDBC 操作数据库。通过本章的学习，掌握 JDBC 的相关知识，掌握使用 JDBC 对数据库进行添、删、改、查的方法。

📖 **学习重点**

掌握 JDBC 的用途；理解 JDBC 的体系结构，掌握 JDBC 访问数据库的步骤；掌握带有参数的 SQL 语句的执行，掌握存储过程的执行，掌握数据库事务的执行。

📖 **主要内容**

- ◆ JDBC 的概念和用途
- ◆ JDBC 的体系结构
- ◆ java.sql 包
- ◆ JDBC 操作数据库的步骤
- ◆ PreparedStatment 接口
- ◆ ResultSetMetaData 接口
- ◆ CallableStatement 接口
- ◆ JDBC 事务

11.1 JDBC 概述

JDBC 是 Sun 公司提供的一套数据库编程接口 API 函数，由 Java 语言编写的类、界面组成。用 JDBC 写的程序能够自动地将 SQL 语句传送给相应的数据库管理系统。不但如此，使用 Java 编写的应用程序可以在任何支持 Java 的平台上运行，不必在不同的平台上编写不同的应用。Java 和 JDBC 的结合可以让开发人员在开发数据库应用程序时真正实现"Write Once，Run Everywhere"。

11.1.1 什么是 JDBC

JDBC™ 是一种用于执行 SQL 语句的 Java™ API（有意思的是，JDBC 本身是个商标名而不是一个缩写字，然而，JDBC 常被认为是代表"Java 数据库连接（Java Database Connectivity）"）。它由一组用 Java 编程语言编写的类和接口组成。JDBC 为工具/数据库开发人员提供了一个标准的 API，使他们能够用纯 Java API 来编写数据库应用程序。

有了 JDBC，向各种关系数据库发送 SQL 语句就是一件很容易的事。换言之，有了 JDBC API，就不必为访问 Sybase 数据库专门写一个程序，又为访问 Oracle 数据库专门写一个程序，又为访问 Informix 数据库写另一个程序等。您只须用 JDBC API 写一个程序就够了，它可向相应数据库发送 SQL 语句，而且，使用 Java 编程语言编写的应用程序，就无须去忧虑要为不同的平台编写不同的应用程序。将 Java 和 JDBC 结合起来将使程序员只须写一遍程序就可让它在任何平台上运行。

Java 具有坚固、安全、易于使用、易于理解和可从网络上自动下载等特性，是编写数据库应用程序的杰出语言。所需要的只是 Java 应用程序与各种不同数据库之间进行对话的方法。而 JDBC 正是作为此种用途的机制。

简单地说，如果要用 Java 操作数据库，最简单的方法就是使用 JDBC，如图 11-1 所示。

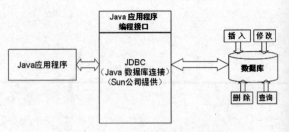

图 11-1 JDBC 访问数据库示意图

11.1.2 JDBC 的用途

简单地说，JDBC 可做以下 3 件事。

◆ 与数据库建立连接。

◆ 发送 SQL 语句。

◆ 处理结果。

下列代码段给出了以上 3 步的基本示例。

```
//连接本地的 SQL Server 服务器
Connection conn = DriverManager.
getConnection(
    "jdbc:microsoft:sqlserver://localho
st:1433;DatabaseName=welcomestudent","s
a", "");
    //发送 SQL 语句
Statement stmt = conn.createState-
ment();
    ResultSet rs = stmt.executeQuery("SELECT
a, b, c FROM Table1");
    //处理结果
while (rs.next()) {
    System.out.println(rs.getString
("a") + " " + rs.getString("b")+ " " +
rs.getString("c"));
    }
```

11.1.3 JDBC 与 ODBC 和其他 API 的比较

到目前为止，微软的 ODBC 可能是用得最广泛的访问关系数据库的 API。它具有连接几乎任何一种平台、任何一种数据库的能力。那么，为什么不直接从 Java 中直接使用 ODBC 呢？

回答是可以从 Java 中使用 ODBC，但最好是在 JDBC 的协助下，用 JDBC-ODBC 桥接器实现。那么，为什么需要 JDBC 呢？要回答这个问题，要从以下几个方面。

（1）ODBC 并不适合在 Java 中直接使用。ODBC 是一个用 C 语言实现的 API，从 Java 程序调用本地的 C 程序会带来一系列类似安全性、完整性、健壮性的缺点。

（2）完全精确地实现从 C 代码 ODBC 到 Java API 写的 ODBC 的翻译也并不令人满意。比如，Java 没有指针，而 ODBC 中大量地使用了指针，包括极易出错的空指针 "void*"。因此，对 Java 程序员来说，把 JDBC 设想成将 ODBC 转换成面向对象的 API 是很自然的。

（3）ODBC 并不容易学习，它将简单特性和复杂特性混杂在一起，甚至对非常简单的查询都有复杂的选项。而 JDBC 刚好相反，它保持了简单事物的简单性，但又允许复杂的特性。

（4）JDBC 这样的 Java API 对于纯 Java 方案来说是必需的。当使用 ODBC 时，必须在每一台客户机上安装 ODBC 驱动器和驱动管理器。如果 JDBC 驱动器是完全用 Java 语言实现的话，那么 JDBC 的代码就可以自动地下载和安装，并保证其安全性，而且，这将适应任 Java 平台，从网络计算机 NC 到大型主机 Mainframe。

总而言之，JDBC API 是能体现 SQL 最基本抽象概念的、最直接的 Java 接口。它建构在 ODBC 的基础上，因此，熟悉 ODBC 的程序员将发现学习 JDBC 非常容易。JDBC 保持了 ODBC 的基本设计特征。实际上，这两种接口都是基于 X/OPENSQL 的调用级接口（CLI）。它们的最大的不同是 JDBC 基于 Java 的风格和优点，并强化了 Java 的风格和优点。

11.1.4　JDBC 的体系结构

JDBC 的体系结构如图 11-2 所示。

图 11-2　JDBC 的体系结构

从图 11-2 中可以看出，Java 应用程序调用统一的 JDBC API，再由 JDBC API 通过 JDBC Driver Manager（JDBC 驱动程序管理器）装载数据库驱动程序，建立与数据库的连接，向数据库提交 SQL 请求，并将数据库处理结果返回给 Java 应用程序。

目前 JDBC 驱动程序可分为以下 4 个种类。

1. JDBC-ODBC 桥加 ODBC 驱动程序

JavaSoft 桥产品利用 ODBC 驱动程序提供 JDBC 访问。注意，必须将 ODBC 二进制代码（许多情况下还包括数据库客户机代码）加载到使用该驱动程序的每个客户机上。因此，这种类型的驱动程序最适合于企业网（这种网络上客户机的安装不是主要问题），或者是用 Java 编写的三层结构的应用程序服务器代码。

2. 本地 API——部分用 Java 来编写的驱动程序

这种类型的驱动程序把客户机 API 上的 JDBC 调用转换为 Oracle、Sybase、Informix、DB2 或其他 DBMS 的调用。注意，像桥驱动程序一样，这种类型的驱动程序要求将某些二进制代码加载到每台客户机。

3. JDBC 网络纯 Java 驱动程序

这种驱动程序将 JDBC 转换为与 DBMS 无关的网络协议，之后，这种协议又被某个服务器转换为一种 DBMS 协议。这种网络服务器中间件能够将它的纯 Java 客户机连接到多种不同的数据库上。所用的具体协议取决于提供者。通常，这是最为灵活的 JDBC 驱动程序。有可能所有这种解决方案的提供者都提供适合于 Intranet 用的产品。为了使这些产品也支持 Internet 访问，它们必须处理 Web 所提出的安全性、通过防火墙的访问等方面的额外要求。几家提供者正将 JDBC 驱动程序加到他们现有的数据库中间件产品中。

4. 本地协议纯 Java 驱动程序

这种类型的驱动程序将 JDBC 调用直接转换为 DBMS 所使用的网络协议。这将允许从客户

机上直接调用 DBMS 服务器，是 Intranet 访问的一个很实用的解决方法。由于许多这样的协议都是专用的，因此数据库提供者自己将是主要来源，有几家提供者已在着手做这件事了。最后，我们预计第 3、4 类驱动程序将成为从 JDBC 访问数据库的首选方法。第 1、第 2 类驱动程序在直接的纯 Java 驱动程序还没有上市前将会作为过渡方案来使用。第 1、第 2 类驱动程序可能会有一些变种，这些变种要求有连接器，但这些通常是更加不可取的解决方案。第 3、第 4 类驱动程序提供了 Java 的所有优点，包括自动安装（例如，通过使用 JDBC 驱动程序的 Applet 来下载该驱动程序）。

不论采用哪种驱动方式，在程序中对数据库的操作方式基本相同，只是加载不同的驱动程序。

11.2 使用 JDBC 操作数据库

11.2.1 java.sql 包

JDBC API 是实现 JDBC 标准数据库操作的类与方法的集合。JDBC API 包括 java.sql 和 java.sqlx 两个包。

在 11.1.2 节中曾经提到，JDBC API 提供的功能主要有 3 个。

- ◆ 建立一个与数据源的连接。
- ◆ 向数据源发送查询和更新语句。
- ◆ 处理得到的结果。

实现上述功能的 JDBC API 的核心类和接口都在 java.sql 包中。如果要使用到这些类和接口的话，则必须显式地声明如下语句。

```
import java.sql.*;
```

java.sql 包中的接口和类及其功能如表 11-1 和表 11-2 所示。

表 11-1   java.sql 包中的接口及其功能

接口名称	说　明
java.sql.Connection	连接对象，用于与数据库取得连接
java.sql.Driver	提供数据库驱动程序信息，是每个数据库驱动器类都要实现的接口，用于创建连接（Connection）对象
java.sql.Statement	语句对象，用于执行 SQL 语句，并将数据检索到结果集（ResultSet）对象中
java.sql.PreparedStatement	预编译语句对象，用于执行预编译的 SQL 语句，执行效率比 Statement 高
java.sql.CallableStatement	存储过程语句对象，用于调用执行存储过程
java.sql.ResultSet	结果集对象，包含执行 SQL 语句后返回的数据的集合

表 11-2   java.sql 包中的类及其功能

类名称	说　明
java.sql.SQLException	数据库异常类，是其他 JDBC 异常类的根类，继承于 java.lang.Exception，绝大部分对数据库进行操作的方法都有可能抛出该异常
java.sql.DriverManager	提供管理一组 JDBC 驱动程序所需的基本服务，包括加载所有的数据库驱动器，以及根据用户的连接请求驱动相应的数据库驱动器建立连接
java.sql.Date	该类中包含将 SQL 日期格式转换成 Java 日期格式的方法
java.sql.Time Stamp	表示一个时间戳，能精确到纳秒

JDBC 核心类与接口之间的关系如图 11-3 所示。

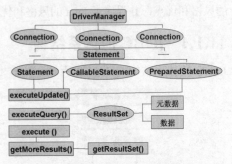

图 11-3   JDBC 核心类与接口之间的关系

11.2.2 JDBC 访问数据库的步骤

JDBC 访问数据库的步骤主要包括以下 6 步。

第 1 步：注册驱动（只做一次）。

第 2 步：建立连接（Connection）。

第 3 步：创建执行 SQL 的语句（Statement）。

第 4 步：执行语句。

第 5 步：处理执行结果（ResultSet）（如果没有返回结果，可省略这一步）。

第 6 步：释放资源。

JDBC 访问数据库的步骤，如图 11-4 所示。

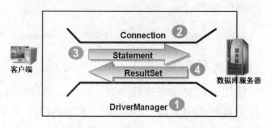

图 11-4　JDBC 访问数据库

1. 注册驱动程序

不同的数据库厂商或者同一厂商的不同数据库版本都会提供不同的驱动，任何应用程序都是通过驱动来操作特定厂、特定版本的数据库的。根据数据库的类型登录对应产商的官方网站，一般都可以免费获得驱动。

例如，访问 SQL Server、MySQL 和 Oracle 的驱动分别如下。

- SQL Server: 1:msbase.jar；　2:mssqlserver.jar；3: msutil.jar。
- MySQL: mm.mysql-2.0.14-bin.jar。
- Oracle: classes12.jar。

使用 JDBC 的第一步就是要注册（加载）驱动。注册驱动有 3 种方式，分别如下。

- Class.forName("com.microsoft.jdbc.sqlserver. SQLServerDriver");

推荐这种方式，编译时不会对具体的驱动类产生依赖。

- DriverManager.registerDriver(new com.microsoft. jdbc.sqlserver.SQLServerDriver ());

编译时会对具体的驱动类产生依赖，要在编译环境中引入包。

- System.setProperty("jdbc.drivers", "driver1: driver2");

编译时不会对具体的驱动类产生依赖；可以同时注册多个驱动。

我们推荐使用 Class 类的 forName 方法进行注册，其格式如下。

```
static Class forName(String className)
throws ClassNotFoundException
```

该语句是将由字符串 className 指定完整名称的类加载到 JVM 中，如果加载失败，将抛出异常，必须捕捉，例如：

```
try {
    Class.forName( JDBC 驱动程序名 );
} catch (ClassNotFoundException e) {
    System.out.println("无法找到驱
动类");
}
```

对于不同的数据库，JDBC 驱动程序类也不同。下面列出常见的几个 JDBC 驱动程序，如表 11-3 所示。

表 11-3　常见的 JDBC 驱动程序名

类　　型	驱动程序名
JDBC-ODBC 桥	sun.jdbc.odbc.JdbcOdbcDriver
SQLSERVER	com.microsoft.jdbc.sqlserver.SQLServerDriver
MYSQL	org.gjt.mm.mysql.Driver
ORACLE	oracle.jdbc.driver.OracleDriver

因此，要连接不同的数据库，只要将 JDBC 驱动程序名换成表 11-3 中不同的字符串即可。

2. 建立连接

成功加载驱动后，必须使用 DriverManager 类的静态方法 getConnection 来获得连接对象。其语法格式如下。

```
static Connection getConnection(String
url, String user,String password) throws
SQLException
```

其中的参数说明如下。

- url 是数据库连接串，指定使用的数据库访

问协议以及数据源，其一般格式为：JDBC:
子协议: 子名称//主机名:端口;数据库名。

- user 即为登录数据库的用户名，如 sa。
- password 即为登录数据库的密码，为空就
填""。

下面是与部分数据库建立连接的例子。

（1）使用用户 admin，密码 123，建立与 ODBC
数据源 student 的连接。

```
String url = "jdbc:odbc:student";
Connection con = DriverManager.
getConnection(url, "admin", "123");
```

（2）使用用户 root 建立与本机 mysql 服务器
的 bbs 数据库的连接。

```
String url = " jdbc:mysql://localhost:
3306/bbs";
Connection con = DriverManager.get-
Connection(url, "root", "");
```

（3）使用用户 sa 建立与本机 SQL Server 服务
器的 student 数据库的连接。

```
String url = " jdbc:microsoft:sqlserver://
localhost:1433;DatabaseName=student ";
Connection con = DriverManager.get-
Connection(url, "sa", "");
```

提示：对 Connection 对象可以这样
理解：一个网络中可能有多台数据库服
务器，而每台数据库服务器上又包含多
个数据库，编写的 Java 应用程序要访问
哪一个服务器的哪一个数据库，这是由
Connection 对象确定的。

3. 创建 Statement 对象

一旦成功连接到数据库，获得 Connection 对
象后，必须通过 Connection 对象的 createStatement
方法来创建语句对象，才可以执行 SQL 语句。其
语法格式如下。

```
Statement createStatement() throws
SQLException
```

该语句成功创建并返回 Statement 对象，否则
抛出 SQLException 异常，必须捕捉。

Statement 接口类还派生出两个接口类
PreparedStatement 和 CallableStatement，这两个接口
类对象为我们提供了更加强大的数据访问功能。

- Statement: 执行简单，无参数的 SQL 语句。
- PrepareStatement: 用于执行带参数的 SQL
语句。
- CallableStatement: 用于执行数据库存储过
程的调用。

举例如下。

```
Statement st = conn.createStatement();
```

4. 执行 SQL 语句

使用语句对象来执行 SQL 语句,有两种情况。
一种是执行 DELETE、UPDATE 和 INSERT 之类
的数据库操作语句（DML）。这样的语句没有数据
结果返回，使用 Statement 对象的 executeUpdate
方法执行。其语法格式如下。

```
int executeUpdate(String sql) throws
SQLException
```

其中，参数 sql 是要执行的 SQL 语句。

执行成功则返回受影响的行数，执行失败则
抛出 SQLException 异常，必须捕捉，如下。

```
String sql="INSERT INTO Friends VALUES
('田七', '重庆',  456712, '2003-2-25',
7500)";
int flag = sta.executeUpdate(sql);
```

另一种情况是执行 SELECT 这样的数据查询
语句（DQL），将从数据库中获得所需的数据，使
用 Statement 对象的 executeQuery 方法执行,其格
式如下。

```
ResultSet executeQuery(String  sql)
throws SQLException
```

其中，参数 sql 是要执行的 SQL 语句。

查询成功则返回包含结果数据的 ResultSet
对象，否则抛出 SQLException 异常，必须捕捉。
例如：

```
String sql="SELECT * FROM Friend";
ResultSet rs =sta.executeQuery(sql);
```

5. 处理执行结果 ResultSet 对象

ResultSet 对象负责保存 Statement 执行后所产生的查询结果。结果集 ResultSet 是通过游标来操作的。游标就是一个可控制的、可以指向任意一条记录的指针。有了这个指针，就能轻易地指出要对结果集中的哪一条记录进行修改、删除，或者要在哪一条记录之前插入数据。一个结果集对象中只包含一个游标。

在定位到结果集中的一行后，就可以执行数据的读取。对于不同的 SQL 数据类型，要使用不同的读取方法，以实现 SQL 数据类型与 Java 数据类型的转换。具体方法是根据 SQL 数据类型的不同，使用相应的 get×××()（如 getInt、getString、getFloat、getDouble 等）方法后取每个列的值。对于各种数据类型的数据的获取方法 get×××()，JDBC 提供两种形式。

（1）以列名为参数，格式为 get×××(String colName)，类型不同时可将字段类型按照××× 类型来进行类型转换，如下。

```
Strign name =rs.getString("name");
//取到 name 列的值，name 列在表中是字符类型的
Float f = rs.getFloat("total");
//取到 total 列的值，total 列在表中是浮点类型的
```

（2）以结果集中列的序号作为参数，格式为 get×××(int colNum)，索引从 1 开始，如下。

```
Strign name =rs.getString(1);
//取到第 1 列的值，第 1 列在表中是字符类型的
Float f = rs.getFloat(3);
//取到第 3 列的值，第 3 列在表中是字符类型的
```

不同的 get 方法，返回不同的数据库字段类型。如表 11-4 所示为数据库字段类型和 Java 类型的对应关系。

表 11-4 数据库字段类型与 Java 类型的对应关系

SQL 类型	Java 类型
VAR、VARCHAR、LONGVARCHAR	String
BIT、BOOLEAN	boolean
BINARY、VARBINARY、LONGVARBINARY	byte[](getBytes())

续表

SQL 类型	Java 类型
TINYINT	byte
SMALLINT	short
INTEGE 或者 INT	int
BIGINT	long
NULL	
NUMERIC、DECIMAL、DEC	java.lang.Numeric
REAL	float
FLOAT DOUBLE	double
DOUBLE	double
DATE	java.sql.Date
TIME	java.sql.Time
TIMESTAMP	java.sql.Timestamp(getRef())
JAVA_OBJECT	Object(getObject())
STRUCT	Object(getObject())
ARRAY	java.sql.Array(getArray())
BLOB	java.sql.Blob
CLOB	java.sql.Clob

例如下面的代码，遍历整个结果集。

```
ResultSet rs = st.executeQuery( "select
姓名,出生日期 from 学生成绩");
while(rs.next()){//循环将结果集游标往下
移动，到达末尾返回 false
    System.out.println(rs.getString
("姓名")   // 用字段(列)名
    +" " + rs.getString(2).substring
(0,10));   //用字段(列)序号，而且将日期类型的
字段转换为 String 类型进行显示。
}
```

> **提示**：ResultSet 获得结果集时，游标置于结果集的第一行前，以后每调用一次 next 方法，游标就向下移动一行，这样可按照顺序从第一行到最后一行逐行访问结果集的每一行（访问结束时 next 返回 false 值）。

6. 释放资源

当对数据库的操作结束后，应当将所有已经

被打开的资源关闭，否则将会造成资源泄漏。Connection 对象、Statement 对象和 ResultSet 对象都有执行关闭的 close 方法。例如：

```
rs.close();      //关闭 ResultSet 对象
sta.close();     //关闭 Statement 对象
con.close();     //关闭 Connection 对象
```

因为一个数据库连接开销很大，所以只有当所有的数据库操作都完成时才关闭连接。重复使用已有的连接是一种很重要的性能优化。

> **注意**：请注意关闭的顺序，最后打开的资源最先关闭，最先打开的资源最后关闭。

【任务 1】 在某超市的商品销售系统中，需要建立产品的分类表，字段有 KindId 和 KindName。现要求使用 JDBC 连接数据库，显示表中所有的记录，结果如图 11-5 所示。

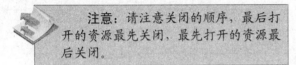

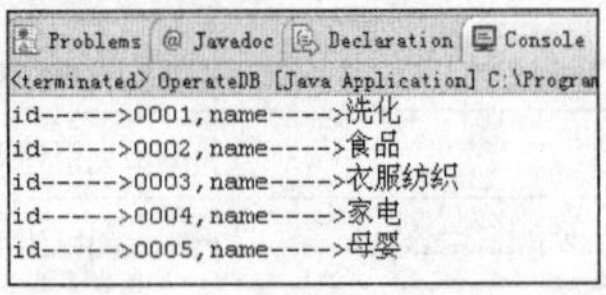

图 11-5　任务执行的结果

Step 1　启动 Microsoft SQL Server 2008，创建数据库 Sales，并在数据库中创建表 ProductKind，分别添加两个字段 KindId 和 KindName，类型分别为 char(4)和 varchar(30)，如图 11-6 所示。

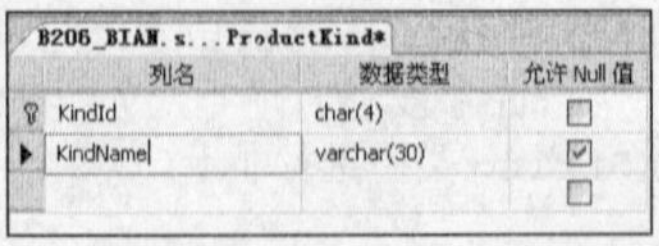

图 11-6　使用资源管理器创建表 ProductKind

读者也可以使用 T-SQL 语句来完成该表的创建，例如：

```
create table ProductKind(
    KindId char(4) not null primary key,
    KindName varchar(30)
)
```

Step 2　利用 T-SQL 语句或者资源管理器向表中添加如下的数据。

```
    insert into ProductKind(KindId,KindName)
values('0001','洗化')
    insert into ProductKind(KindId,KindName)
values('0002','食品')
    insert into ProductKind(KindId,KindName)
values('0003','衣服纺织')
    insert into ProductKind(KindId,KindName)
values('0004','家电')
    insert into ProductKind(KindId,KindName)
values('0005','母婴')
```

Step 3　程序需要访问 SQL Server 数据库，所以下载 SQL Server 的驱动 jar 包。SQL Server 的驱动应该包含 3 个文件，如图 11-7 所示。

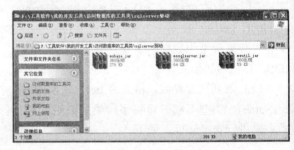

图 11-7　下载的 SQL Server 驱动 jar 包文件

Step 4　启动 Eclipse，并新建项目 Charpter11，并将下载的 jar 包添加到项目的库。具体方法是，右键单击项目 Charpter11，选择 Properties 命令，然后在弹出的对话框的左侧窗格中选择 Java Build Path 选项，然后在右侧选择 Libaraies 选项卡，如图 11-8 所示。然后单击 Add External JARs 按钮，将

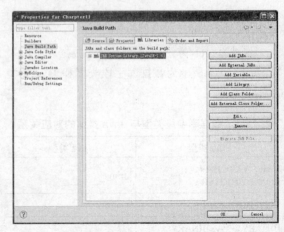

图 11-8　项目的 Properties 属性

下载的 3 个文件选中，单击 OK 按钮即可。添加驱动后的界面如图 11-9 所示，在项目中，会多出一个 Referenced Libaries 的图标，如图 11-10 所示。

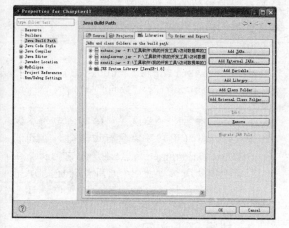

图 11-9 添加 Jar 包的 Libaries

图 11-10 添加完 Jar 包后项目的变化

Step 5 在项目 Charpter11 中，创建包 com.bjl，并创建类文件 SelectData，按照操作数据库的 6 个步骤，输入如下代码。

```java
package com.bjl;

import java.sql.Connection;
import java.sql.DriverManager;
import java.sql.ResultSet;
import java.sql.SQLException;
import java.sql.Statement;

public class SelectData {
    public static void main(String[] args) {
        try {
            // 第1步：注册驱动（只做一次）
            Class.forName("com.microsoft.jdbc.sqlserver.SQLServerDriver");
        } catch (ClassNotFoundException e) {
            System.out.println("无法找到驱动类");
```

```java
        }
        try {
            // 第2步：建立连接(Connection)
            Connection con = DriverManager.getConnection(
                "jdbc:microsoft:sqlserver://localhost:1433;databaseName=Sales", "sa", "123456");
            // 第3步：创建执行SQL的语句(Statement)
            Statement st = con.createStatement();
            // 第 4 步：执行语句，因为是 select 语句，所以使用 executeQuery 方法
            String sql = "select * from ProductKind";
            ResultSet rs = st.executeQuery(sql);
            // 第5步：处理执行结果(ResultSet)
            while (rs.next()) {
                String kindId = rs.getString("KindId");
                String kindName = rs.getString(2);
                System.out.println("id----->" + kindId + ",name---->" + kindName);
            }
            // 第 6 步：释放资源
            rs.close();
            st.close();
            con.close();
        } catch (SQLException e) {
            e.printStackTrace();
        }
    }
}
```

Step 6 保存并运行程序，结果如图 11-5 所示。

11.2.3 PreperedStatement 接口

PreparedStatement 接口继承 Statement，两者在以下两方面有所不同。

PreparedStatement 实例包含已编译的 SQL 语句。这就是使语句"准备好"。包含于 PreparedStatement 对象中的 SQL 语句可具有一个或多个 IN 参数。IN 参数的值在 SQL 语句创建时未被指定。相反的，该语句为每个 IN 参数保留一个问号（"？"）作为

占位符。每个问号的值必须在该语句执行之前，通过适当的 setXXX 方法来提供。

由于 PreparedStatement 对象已预编译过，所以其执行速度要快于 Statement 对象。因此，多次执行的 SQL 语句经常创建为 PreparedStatement 对象，以提高效率。

作为 Statement 的子类，PreparedStatement 继承了 Statement 的所有功能。另外，它还添加了一整套方法，用于设置发送给数据库以取代 IN 参数占位符的值。同时，execute、executeQuery 和 executeUpdate 3 种方法已被更改以使之不再需要参数。这些方法的 Statement 形式（接受 SQL 语句参数的形式）不应该用于 PreparedStatement 对象。

1. 创建对象

创建 PreparedStatement 对象的语法格式如下。

```
PreparedStatement prepareStatement
(String sql) throws SQLException
```

其中，参数 sql 是要执行的 SQL 语句，根据指定的 SQL 语句创建 PrepareStatement 对象，有可能抛异常，必须捕捉。

以下的代码段（其中 con 是 Connection 对象）创建包含带两个 IN 参数占位符的 SQL 语句的 PreparedStatement 对象。

```
PreparedStatement pstmt = con.prepare-
Statement("UPDATE ProductKind SET KindName =
? WHERE KindId= ?");
```

pstmt 对象包含语句 " UPDATE ProductKind SET KindName = ? WHERE KindId= ?"，它已发送给 DBMS，并为执行做好了准备。

2. 传递 IN 参数

在执行 PreparedStatement 对象之前，必须设置每个?参数的值，这可通过调用 setXXX 方法来完成。其中，XXX 是与该参数相应的类型。其格式如下。

```
void setX(int parameterIndex, X x)
throws SQLException
```

将 parameterIndex 指定的 "?" 位置指定为 x 的值，这里 X 可以指代任意数据类型，"?" 的索引从 1 开始。

例如，如果参数具有 Java 类型 long，则使用的方法就是 setLong。setXXX 方法的第一个参数是要设置的参数的序数位置，第二个参数是设置给该参数的值。例如，以下代码将第一个参数设为 0001，第二个参数设为数码产品。

```
pstmt.setString(1, "0001"););
pstmt.setLong(2, "数码产品");
```

> **提示：** 一旦设置了给定语句的参数值，就可用它多次执行该语句，直到调用 clearParameters 方法清除它为止。在连接的默认模式下（启用自动提交），当语句完成时将自动提交或还原该语句。

3. 执行 SQL 语句

设置完每个参数的值之后，就可以使用 PreparedStatement 对象的 executeUpdate 和 executeQuery 方法来执行 SQL 语句，这一点和 Statement 对象很相似。读者可具体参照 Statement 执行 SQL 语句部分。

【任务2】编写程序，输入产品类别编号和产品类别名称，将该类别的信息插入到产品分类表中。输入下面的语句。

```
BufferedReader in = new BufferedReader
(new InputStreamReader(System.in));
String str = in.readLine();
```

Step 1 在项目 Charpter11 中，创建类文件 InsertData，按照操作数据库的 6 个步骤，输入如下代码。

```
package com.bjl;

import java.io.BufferedReader;
import java.io.IOException;
import java.io.InputStreamReader;
import java.sql.Connection;
import java.sql.DriverManager;
import java.sql.PreparedStatement;
import java.sql.SQLException;

public class InsertData {
```

```
        public static void main(String[]
args) {
            try {
                //第1步:注册驱动 (只做一次)
                Class.forName("com.micr
osoft.jdbc.sqlserver.SQLServerDriver");
            } catch (ClassNotFoundExce-
ption e) {
                System.out.println("无法
找到驱动类");
            }
            try {
                //第2步:建立连接(Connection)
            Connection con = Driver Manager.
getConnection(
    "jdbc:microsoft:sqlserver:
//localhost:1433;databaseName=Sales",
"sa", "123456");
                // 第 3 步：创建执行 SQL 的语
句(PrepareStatement)
                String sql = "insert into
ProductKind(KindId,KindName) values(?,?)";
                //使用带参数的 SQL 语句创建
PreparedStatement 对象
                PreparedStatement ps = con.
prepareStatement(sql);
                //设置 SQL 语句中的参数值
                BufferedReader in = new
BufferedReader(new InputStreamReader(System.
in));
                System.out.println("请输
入产品分类号：");
                try {
                    String kindId = in.
readLine();
                    ps.setString(1, kindId);
                    System.out.println(
"请输入产品名称：");
                    String kindName = in.
readLine();
                    ps.setString(2,
kindName);
                    //第4步,执行SQL语句
                    ps.executeUpdate();
                } catch (IOException e) {
                    // TODO Auto-generated
catch block
                    e.printStackTrace();
                }
```

```
                System.out.println
("添加成功！");
                // 第 5 步：释放资源
                ps.close();
                con.close();

            } catch (SQLException e) {
                e.printStackTrace();
            }
        }
    }
```

Step 2 保存并运行程序。出现图 11-11 所示。

图 11-11 程序执行结果

从程序的运行可以看到，输入"0006"和"生活用品"，就可以将这条记录添加到数据库中。在 SQL Server 中执行"select * from productkind"语句，其结果如图 11-12 所示。通过图 11-12 可以发现，记录已经插入到表中。

	KindId	KindName
1	0001	洗化
2	0002	食品
3	0003	衣服纺织
4	0004	家电
5	0005	母婴
6	0006	生活用品

图 11-12 查看表中的记录

11.2.4 ResultSetMetaData 接口

前面使用 ResultSet 接口类的对象来获取了查询结果集中的数据。但 ResultSet 功能有限，如果想得到诸如查询结果集中有多少列、列名分别是什么，就必须使用 ResultSetMetaData 接口。

ResultSetMetaData 是 ResultSet 的元数据，通过 getMetaData()方法从 ResultSet 获得元数据。方法如下。

```
ResultSetMetaData rsmd=rs.getMetaData( );
```

所谓元数据就是数据的数据，"有关数据的数据"或者"描述数据的数据"。

ResultSetMetaData 常用的方法如下。

◆ public int getColumCount() throws SQLException

返回所有字段的数目。

◆ public String getColumName (int colum) throws SQLException

根据字段的索引值取得字段的名称（编号从 1 开始）。

◆ public String getColumTypeName (int colum) throws SQLException

根据字段的索引值取得字段的类型。

【任务 3】通过 ResultSetMetaData 获得 Sales 数据库中表 ProductKind 的字段个数和每个字段的名称和类型。

Step 1 在项目 Charpter11 中，创建类文件 MetaDataTest，输入如下代码。

```
package com.bjl;

import java.sql.Connection;
import java.sql.DriverManager;
import java.sql.ResultSet;
import java.sql.ResultSetMetaData;
import java.sql.SQLException;
import java.sql.Statement;

public class MetaDataTest {
    public static void main(String[] args) {
        try {
            //第1步：注册驱动（只做一次）
            Class.forName("com.microsoft.jdbc.sqlserver.SQLServerDriver");
        }
        catch (ClassNotFoundException e) {
            System.out.println("无法找到驱动类");
        }
        try {
            //第2步：建立连接(Connection)
            Connection con = DriverManager.getConnection(
                "jdbc:microsoft:sqlserver://localhost:1433;databaseName=Sales",
                                "sa", "123456");
            // 第3步：创建执行 SQL 的语句(Statement)
            Statement st = con.createStatement();
            // 第4步：执行语句
            String sql = "select * from ProductKind";
            ResultSet rs = st.executeQuery(sql);
            //第5步，得到该结果集的元数据
            ResultSetMetaData rsm = rs.getMetaData();
            System.out.println("该结果集共返回"+rsm.getColumnCount()+"个字段");
            for(int i=1;i<=rsm.getColumnCount();i++) {
                System.out.print("这一列的名称和类型是："+rsm.getColumnName(i)+",");
                System.out.println(rsm.getColumnTypeName(i));
            }
            // 第6步：释放资源
            rs.close();
            st.close();
            con.close();

        } catch (SQLException e) {
            e.printStackTrace();
        }
    }
}
```

Step 2 保存并运行程序，结果如图 11-13 所示。

图 11-13　ResultSetMeta 的运行结果

11.2.5　CallableStatement 接口

CallableStatement 对象为所有的 DBMS 提供了一种以标准形式调用已储存过程的方法。已储存过程储存在数据库中，对已储存过程的调用是

CallableStatement 对象所含的内容。这种调用是用一种换码语法来写的，有两种形式：一种形式带结果参数，另一种形式不带结果参数。结果参数是一种输出（OUT）参数，是已储存过程的返回值。两种形式都可带有数量可变的输入（IN 参数）、输出（OUT 参数）或输入和输出（INOUT 参数）的参数，问号将用做参数的占位符。

JDBC 中调用已储存过程的语法如下所示。

```
{call 过程名[(?, ?, ...)]}
```

注意，方括号表示其间的内容是可选项；方括号本身并不是语法的组成部分。

◆ 调用带有参数的存储过程的语法如下。

```
{? = call 过程名[(?, ?, ...)]}
```

◆ 调用不带参数的储存过程的语法如下。

```
{call 过程名}
```

CallableStatement 继承 Statement 的方法（它们用于处理一般的 SQL 语句），还继承了 PreparedStatement 的方法（它们用于处理 IN 参数）。

1. 创建 CallableStatement 对象

CallableStatement 对象是用 Connection 方法 prepareCall 创建的。其语法如下。

```
CallableStatement prepareCall(String
sql) throws SQLException
```

其中，参数 sql 可以是包含一个或多个参数占位符?的 SQL 语句。通常，此语句是使用 JDBC 调用转义语法指定的。

下例创建 CallableStatement 的实例，其中含有对已储存过程 getTestData 的调用。该过程有两个变量，但不含结果参数。

```
CallableStatementcstmt=con.prepareC
all("{callgetTestData(?,?)}");
```

其中，占位符? 为 IN、OUT 还是 INOUT 参数，取决于已储存过程 getTestData。

2. IN 和 OUT 参数

将 IN 参数传给 CallableStatement 对象是通过 setXXX 方法完成的。该方法继承自 PreparedStatement。所传入参数的类型决定了所用的 setXXX 方法（例如，用 setFloat 来传入 float 值等）。

如果储存过程返回 OUT 参数，则在执行 CallableStatement 对象以前必须先注册每个 OUT 参数的 JDBC 类型（这是必需的，因为某些 DBMS 要求 JDBC 类型）。注册 JDBC 类型是用 registerOutParameter 方法来完成的。语句执行完后，CallableStatement 的 getXXX 方法将取回参数值。正确的 getXXX 方法是为各参数所注册的 JDBC 类型所对应的 Java 类型。换言之，registerOutParameter 使用的是 JDBC 类型（因此它与数据库返回的 JDBC 类型匹配），而 getXXX 将之转换为 Java 类型。

```
CallableStatementcstmt=con.prepareC
all("{callgetTestData(?,?)}");
    cstmt.registerOutParameter(1,java.s
ql.Types.TINYINT);
    cstmt.registerOutParameter(2,java.s
ql.Types.DECIMAL,3);
    cstmt.executeQuery();
    bytex=cstmt.getByte(1);
    java.math.BigDecimaln=cstmt.getBigD
ecimal(2,3);
```

上述代码先注册 OUT 参数，执行由 cstmt 所调用的已储存过程，然后检索在 OUT 参数中返回的值。方法 getByte 从第一个 OUT 参数中取出一个 Java 字节，而 getBigDecimal 从第二个 OUT 参数中取出一个 BigDecimal 对象（取小数点后面三位）。

CallableStatement 与 ResultSet 不同，它不提供用增量方式检索大 OUT 值的特殊机制。

【任务 4】在数据库 Sales 中编写一个存储过程，该存储过程要求有一个输入参数用来表示分类号，根据该分类号得到分类的名称，并将该名称作为输出参数输出。用 CallableStatement 调用该存储过程。

Step 1 在数据库中根据要求创建存储过程 p_getKindName，存储过程代码如下。

```
Create procedure p_getKindName
@kindId char(4),@kindName varchar(30)
output
    as
```

```
begin
    select @kindName = kindname from
ProductKind
    end
```

Step 2 在数据库中通过以下的语句进行测试，出现图 11-14 所示的界面，表示存储过程创建成功。

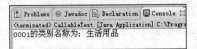

图 11-14 存储过程的运行结果

```
declare @kindname varchar(30)
exec p_getKindName '0001',@kindName
output
print @kindName
```

Step 3 在项目 Charpter11 中，创建类文件 CallableTest，输入如下代码。

```
package com.bjl;

import java.sql.CallableStatement;
import java.sql.Connection;
import java.sql.DriverManager;
import java.sql.SQLException;

public class CallableTest {
    public static void main(String[]
args) {
        try {
            //第1步：注册驱动 (只做一次)
            Class.forName("com.micr
osoft.jdbc.sqlserver.SQLServerDriver");
        }
    catch (ClassNotFoundExce- ption e) {
            System.out.println("无法
找到驱动类");
        }
        try {
            // 第2步：建立连接(Connection)
            Connection con = DriverManager.
getConnection(
    "jdbc:microsoft:sqlserver://localho
st:1433;databaseName=Sales", "sa", "123456");
            //第3步：创建执行存储过程的
CallableStatement 对象
    CallableStatement cstmt = con.prepareCall
("{call p_getKindName(?,?)}");
            // 向第一个 IN 参数传递值
            cstmt.setString(1, "0001");
```

```
            // 向第二个 OUT 参数注册
            cstmt.registerOutParame
ter(2, java.sql.Types.VARCHAR);
            // 只要不是返回集的都用
executeUpdate 方法
            cstmt.executeUpdate();
            // 取到第二个 OUT 参数的值
            String kindName = cstmt.
getString(2);
            System.out.println("000
1 的类别名称为: " + kindName);
            // 第4步，关闭资源
            cstmt.close();
            con.close();

        } catch (SQLException e) {
            e.printStackTrace();
        }
    }
}
```

Step 4 保存并运行程序，结果如图 11-15 所示。

```
Problems @ Javadoc  Declaration  Console
<terminated> CallableTest [Java Application] C:\Progre
0001的类别名称为: 生活用品
```

图 11-15 CallableStatement 调用存储过程

11.2.6 JDBC 事务

1. 事务概述

所谓事务是指一组逻辑操作单元，是用户定义的一个操作序列。这些操作要么都做，要么都不做，是一个不可分割的工作单位。事务有四大属性（ACID）。

◆ 原子性（Atomicity）：指事务是一个不可分割的工作单位，事务中的操作要么都发生，要么都不发生。

◆ 一致性（Consistency）：事务必须使数据库从一个一致性状态变换到另一个一致性状态。

◆ 隔离性（Isolation）：一个事务的执行不能被其他事务干扰。

◆ 持久性（Durability）：一个事务一旦被提交，它对数据库中数据的改变就是永久性的，接下来的其他操作和数据库故障不应该对其有任何影响。

通过事务，数据库能将逻辑相关的一组操作绑定在一起，以便服务器保持数据的完整性。事务通常是以 begintransaction 开始，以 commit 或 rollback 结束。commint 表示提交，即提交事务的所有操作。具体地说，就是将事务中所有对数据的更新写回到磁盘上的物理数据库中去，事务正常结束。rollback 表示回滚，即在事务运行的过程中发生了某种故障，事务不能继续进行，系统将事务中对数据库的所有已完成的操作全部撤销，滚回到事务开始的状态。

2. JDBC 事务处理机制

JDBC 中同样使用 COMMIT 和 ROLLBACK 语句来实现事务。COMMIT 用于提交事务，ROLLBACK 用于回滚事务。

通过这两个语句可以确保数据完整性；数据改变被提交之前预览；将逻辑上相关的操作分组。RollBack 语句数据改变被取消使之在一次事务中的修改前的数据状态可以被恢复。

为了让多个 SQL 语句作为一个事务执行，应按照以下基本步骤。

（1）调用 Connection 对象的 setAutoCommit(false)方法以取消自动提交事务。

（2）在所有的 SQL 语句都成功执行后，调用 commit()方法。

（3）如果出现异常，可以调用 rollback()方法回滚事务。

```
try {
    conn.setAutoCommit(false);
//第一步：将自动提交设置为 false
    ps.executeUpdate("修改 SQL");
//执行修改操作
    ps.executeQuery("查询 SQL");
//执行查询操作
    conn.commit();
//第二步，调用 commit 方法手动提交
    } catch (Exception e) {
    conn.rollback();
//一旦其中一个操作出错都将回滚,使两个操作都不成功
```

```
        e.printStackTrace();
    }
```

【任务 5】在任务 2 的基础上，连续输入两条记录，要求这两条记录要么都成功，要么都失败。

Step 1 在项目 Charpter11 中创建类 Insert Data By Tran，输入如下的代码。

```
package com.bjl;

import java.io.BufferedReader;
import java.io.IOException;
import java.io.InputStreamReader;
import java.sql.Connection;
import java.sql.DriverManager;
import java.sql.PreparedStatement;
import java.sql.SQLException;

public class InsertDataByTran {
    public static void main(String[] args) {
        try {
            //第1步：注册驱动 (只做一次)
            Class.forName("com.microsoft.jdbc.sqlserver.SQLServerDriver");
        } catch (ClassNotFoundException e) {
            System.out.println("无法找到驱动类");
        }
        Connection con = null;
        PreparedStatement ps = null;
        try {
            //第2步:建立连接(Connection)
            con = DriverManager
                .getConnection(
    "jdbc:microsoft:sqlserver://localhost:1433;databaseName=Sales",
                    "sa", "123456");
            // 第 3 步：创建执行 SQL 的语句(PrepareStatement)
            String sql = "insert into ProductKind(KindId,KindName) values(?,?)";
            // 使用带参数的 SQL 语句创建PreparedStatement 对象
            ps=con.prepareStatement(sql);
            // 设置 SQL 语句中的参数值
            BufferedReader in = new BufferedReader(new InputStreamReader(
                System.in));
            // 将自动提交设置为 false
```

```
            con.setAutoCommit(false);
            for (int i = 0; i < 2; i++) {
                System.out.println(
"请输入产品分类号: ");
                try {
                    String kindId = in.
readLine();
                    ps.setString(1,
kindId);
                    System.out. println
("请输入产品名称: ");
                    String kindName =
in.readLine();
                    ps.setString(2,
kindName);
                    // 第4步, 执行SQL语句
                    ps.executeUpdate();
                } catch (IOException e) {
    // TODO Auto-gen erated catch block
                    e.printStackTrace();
                }
            }
            // 当上面的两个操作成功后手
动提交
            con.commit();
            System.out.println("添加成功! ");

        } catch (SQLException e) {
            try {
                con.rollback();
            } catch (SQLException e1) {
                // TODO Auto-genera-
ted catch block
                e1.printStackTrace();
            } // 一旦其中一个操作出错都
将回滚, 使两个操作都不成功
            e.printStackTrace();
        }finally{
            // 第5步: 释放资源
            try {
                ps.close();
                con.close();
            } catch (SQLException e) {
                // TODO Auto-generated
catch block
                e.printStackTrace();
            }
        }
    }
```

```
    }
}
```

Step 2 保存并运行程序。先输入如图 11-16 所示的数据,事务正常提交;再输入如图 11-17 所示的数据,事务回滚(原因是类别编号超出了允许的长度)。

图 11-16 两条记录同时插入数据库

图 11-17 第二条记录出现了异常

Step 3 查看数据库,可以看出 0007 和 0008 插入了数据库,但是 0009 和 000010 并没有成功插入,如图 11-18 所示。其中起重要作用的就是事务。

图 11-18 添加完 Jar 包后项目的变化

11.3 上机实训

1. 实训内容

创建图 11-19 所示的界面,用来完成对 productKind 表的操作。

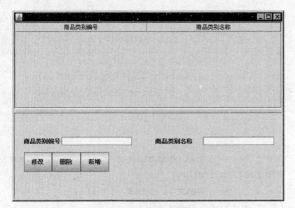

图 11-19　创建界面

2. 实训目的

本实训要求掌握 JDBC 对数据库进行填、删、改、查的操作，具体实训目的如下。

- ◆ 掌握 JDBC 操作数据库的步骤。
- ◆ 掌握 Statement、ResultSet、Prepared Statment 的用法。

3. 实训要求

（1）程序一开始执行，就在 JTable 中显示记录。

（2）在文本框中输入信息，单击"新增"按钮可以添加记录。

（3）选中某一条记录，在上面的列表框中显示具体的内容，并能修改或者删除数据。

4. 完成实训

Step 1　启动 Eclipse，并创建项目 Charpter11，也可以利用已创建的项目。

Step 2　创建 Charpter11_Shixun 类，代码如下。

```java
package com.bjl;

import java.awt.event.ActionEvent;
import java.awt.event.ActionListener;
import java.awt.event.ComponentAdapter;
import java.awt.event.ComponentEvent;
import java.awt.event.MouseEvent;
import java.awt.event.MouseListener;
import java.sql.Connection;
import java.sql.DriverManager;
import java.sql.ResultSet;
import java.sql.SQLException;
import java.sql.Statement;
import java.util.Vector;

import javax.swing.JButton;
import javax.swing.JFrame;
import javax.swing.JLabel;
import javax.swing.JPanel;
import javax.swing.JScrollPane;
import javax.swing.JSplitPane;
import javax.swing.JTable;
import javax.swing.JTextField;
import javax.swing.table.DefaultTableModel;

public class Charpter11_Shixun extends
JFrame {
    static JSplitPane jsplitp ;
    JTextField text1 = new JTextField();
    JTextField text2 = new JTextField();
    JTextField hidden = new JTextField();
    JTable table = new JTable();
    Vector colName;
    DefaultTableModel  dtm  =  new
DefaultTableModel();
    /**
     * @param args
     */
    public static void main(String[]
args) {
        new Charpter11_Shixun().setVisible
(true);
    //jsplitp.setDividerLocation(0.5);
    }

    public  Charpter11_Shixun(){
        this.setSize(1000, 500);
        this.add(initCommand());
    }

    public JSplitPane initCommand(){
    JScrollPane sp = new JScroll Pane
(setTable());
        jsplitp = new JsplitPane (JSplitPane.
VERTICAL_SPLIT,true,sp,setInfo());
        jsplitp.addComponentListener(new
ComponentAdapter() {
            public void componentResized
(ComponentEvent e) {
        jsplitp.setDividerLocation(0.5);
```

```
        }
    });

        return jsplitp;
    }

    public JTable setTable(){
         colName = new Vector();
    colName.add("商品类别编号");
    colName.add("商品类别名称");

        try {
            // 第1步：注册驱动 (只做一次)
            Class.forName("com.microsoft.
jdbc.sqlserver.SQLServerDriver");
        }
    catch (ClassNotFoundException e) {
            System.out.println("无法
找到驱动类");
        }
        try {
            // 第2步：建立连接(Connection)
            Connection con = DriverManager.
getConnection( "jdbc:microsoft:sqlserver:
//localhost:1433;databaseName=Sales",
"sa", "123456");
        //第3步：创建执行 SQL 的语句 (Statement)
    Statement st = con.create Statement();
            // 第 4 步：执行语句，因为是
select 语句，所以使用 executeQuery 方法
            String sql = "select * from
ProductKind";
        ResultSet rs = st.execu teQuery(sql);
            //第5步:处理执行结果(ResultSet)
            Vector data = new Vector();
            while (rs.next()) {
                String kindId = rs.
getString("KindId");
                String kindName = rs.
getString(2);

                data.add(kindId);
                data.add(kindName);
            }
            // 第 6 步：释放资源
            rs.close();
```

```
            st.close();
            con.close();

        } catch (SQLException e) {
            e.printStackTrace();
        }


        //ProductAction action =new
ProductAction();
            Vector data = null;
// = action. query();


            dtm.setDataVector(data, colName);
            table.setModel(dtm);
            table.addMouseListener(new
MouseListener(){

            @Override
            public void mouseClicked
(MouseEvent e) {
        int row = table.getSelectedRow();
                String productId =
(String)dtm.getValueAt(row, 0);
                String productName =
(String)dtm.getValueAt(row, 1);
            text1.setText(productId);
            text2.setText(productName);
            }

            @Override
            public void mouseEntered
(MouseEvent e) {
        // TODO Auto-generated method stub

            }

            @Override
            public void mouseExited
(MouseEvent e) {
        // TODO Auto-generated method stub

            }
            @Override
            public void mousePressed
(MouseEvent e) {
        // TODO Auto-generated method stub
```

```
                }

            @Override
            public void mouseReleased
(MouseEvent e) {
        // TODO Auto-generated method stub

                }

        });
        return table;
    }

    public JPanel setInfo(){
        JPanel jp = new JPanel();
        jp.setLayout(null);

        JLabel label1 = new JLabel("
商品类别编号");
        label1.setBounds(20, 49, 100, 18);

        text1.setBounds(100, 49, 150, 18);
        jp.add(label1);
        jp.add(text1);

        JLabel label2 = new JLabel("
商品类别名称");
        label2.setBounds(300, 49, 100, 18);
        text2.setBounds(400, 49,150, 18);
        jp.add(label2);
        jp.add(text2);

        JButton but1 = new JButton("修改");
        but1.setBounds(20, 80, 60, 40);
        but1.addActionListener(new
ActionListener(){

            @Override
            public void actionPerformed
(ActionEvent e) {

    // TODO Auto-generated method stub
                String productId = text1.
getText();
```

```
            String productName =
text2.getText();
                //将 productId 的记录的
productname 修改为新的值，参照任务 2 的代码
                }

        });
        JButton but2 = new JButton("删除");
        but2.setBounds(80, 80, 60, 40);
        but2.addActionListener(new
ActionListener(){
            @Override
            public void actionPerformed
(ActionEvent e) {
        // TODO Auto-generated method stub
                String productId =
text1.getText();
                //将 productId 的记录删除，
参照任务 2 的代码
                }
        });
        JButton but3 = new JButton("新增");
        but3.setBounds(140, 80, 60, 40);
        but3.addActionListener(new
ActionListener(){
            @Override
            public void actionPerformed
(ActionEvent e) {
        // TODO Auto-generated method stub
                String productId =
text1.getText();
                String productName =
text2.getText();
                //将 productId 和 pro-
ductName 添加到表中，参照任务 2 的代码
                }
        });
            jp.add(but1);
        jp.add(but2);
        jp.add(but3);
        return jp;
    }

    }
```

Step 3 保存并运行程序。

提示：一般情况下，操作数据库的代码都写成一个单独的类，这样就可以减少很多代码的编写。读者可自行参考其他的资料。

11.4 练习与上机

1. 选择题

（1）JDBC 驱动程序的种类有（   ）。

    A. 2 种　　　　　　　B. 3 种

    C. 4 种　　　　　　　D. 5 种

（2）接口 Statement 中定义的 execute 方法的返回类型是（   ）。

    A. ResultSet　　　　　B. int

    C. boolean　　　　　　D. void

（3）下面关于 ResultSet 说法错误的是（   ）。

    A. 查询结束后，所有的结果数据将一次被存储在 ResultSet 对象中

    B. Statement 对象 close 后，由其创建的 ResultSet 对象将自动地 close

    C. 查询结束后，ResultSet 中的游标指向第一条记录，因此要先调用一次 next 才有可能取得记录

    D. ResultSet 的方法 getString（   ）用于取得该列的数据的字符串形式

（4）**JDBC** 编程的异常类型有（   ）。

    A. SQLError　　　　　B. SQLException

    C. SQLFatal　　　　　D. SQLTruncation

（5）典型的 JDBC 程序按（   ）顺序编写。

    A. 注册驱动　　　　　B. 执行语句

    C. 处理执行结果　　　D. 释放资源

    E. 建立连接

    F. 创建执行 SQL 的语句

2. 实训操作题

在数据库中创建表 Student，表的结构如下。

列名	数据类型	长度	主键	允许空	默认值	说明
stuno	Char	10	是	否		学号
stuname	Varchar	20		是		姓名
stusex	Char	2		是		性别
stuhome	Varchar	100		是		家庭住址
stuphone	Varchar	20		是		联系电话
stuhomephone	Varchar	20		是		家庭电话

（1）向表中添加部分测试数据。

（2）编写程序以显示 Student 表中的所有记录。

（3）编写程序向 Student 表中添加一条数据。

（4）使用 PreparedStatment 删除某一个学号的学生记录。

（5）创建存储过程，该存储过程的功能是根据学号得到学生的家庭地址。编写程序并调用该存储过程。

（操作目的：使用 JDBC 查询数据库、添加数据库、删除数据库、操作存储过程）

附录 练习题参考答案

第1章 Java 基础概述

1. 选择题

题号	(1)	(2)	(3)	(4)	(5)
答案	B	B	A	D	B

2. 实训操作题（略）

第2章 Java 程序基础

1. 填空题

题号	(1)	(2)	(3)	(4)	(5)
答案	5	6	6	score.length-1	c:\\windows\\system

2. 选择题

题号	(1)	(2)	3	(4)	(5)	(6)	(7)	(8)	(9)	(10)
答案	A	B	A	D	A	C	B	B	ABC	B
题号	(11)	(12)	(13)	(14)	(15)					
答案	C	AD	A	D	B					

3. 实训操作题（略）

第3章 面向对象程序设计

1. 选择题

题号	(1)	(2)	(3)	(4)	(5)	(6)	(7)	(8)	(9)	(10)
答案	B	C	B	B	A	C	C	A	A	B
题号	(11)	(12)	(13)							
答案	D	B	B							

2. 实训操作题（略）

第4章 面向对象的高级属性

1. 选择题

题号	(1)	(2)	(3)	(4)	(5)	(6)	(7)	(8)	(9)	(10)
答案	D	C	D	D	B	B	B	C	D	C

2. 实训操作题（略）

第5章 Java 的异常处理机制

1. 选择题

题号	(1)	(2)	(3)	(4)	(5)	(6)	(7)	(8)	(9)
答案	D	A	C	C	A	D	B	C	C

2. 实训操作题（略）

第6章 线程

1. 选择题

题号	(1)	(2)	(3)	(4)
答案	B	C	D	A

2. 实训操作题（略）

第7章 Java 常用 API

1. 选择题

题号	(1)	(2)
答案	B	D

2. 实训操作题（略）

第 8 章　IO 输入输出

1. 选择题

题号	(1)	(2)	(3)	(4)	(5)
答案	B	B	A	C	C

2. 实训操作题（略）

第 9 章　图形用户界面

1. 选择题

题号	(1)	(2)	(3)	(4)	(5)
答案	B	C	D	A	A

2. 实训操作题（略）

第 10 章　简单的网络编程

1. 选择题

题号	(1)	(2)	(3)	(4)	(5)	(6)
答案	C	D	D	A	B	C

2. 实训操作题（略）

第 11 章　Java 数据库操作

1. 选择题

题号	(1)	(2)	(3)	(4)	(5)
答案	C	B	B	B	AEFBCD

2. 实训操作题（略）